Hunde sind wie Bücher.
Man muss nur in ihnen lesen können,
dann kann man viel lernen.

Oliver Jobes

Konrad-Zuse-Straße 3, D-54552 Nerdlen/Daun
Telefon: 06592 957389-0
Kontakt: info@kynos-verlag.de
www.kynos-verlag.de

Grafik & Layout: Kynos Verlag und Céline Lintz

Gedruckt in Lettland

1. Auflage 2025
ISBN 978-3-95464-343-1

Bildnachweis siehe Seite 216

Mit dem Kauf dieses Buches unterstützen Sie die
Kynos Stiftung Hunde helfen Menschen
www.kynos-stiftung.de

HERZLICH
WILLKOMMEN

in meinem Buch

Die Entscheidung, einen Hund bei sich aufzunehmen, ist von enormer Bedeutung und bringt eine Mischung aus Vorfreude und großer Verantwortung mit sich. Eine gründliche Vorbereitung und umfassende Recherche legen den Grundstein für ein harmonisches Zusammenleben mit Ihrem neuen vierbeinigen Familienmitglied. Mit diesem Buch möchte ich nicht nur Ihre Begeisterung für das Hundeabenteuer entfachen, sondern Ihnen auch einen strukturierten Leitfaden und Überblick bieten, um Sie bei den richtigen Entscheidungen auf diesem aufregenden Weg zu unterstützen.

Ich wünsche Ihnen eine wundervolle und spannende Zeit bei der Vorbereitung auf dieses einzigartige Abenteuer Hund!

Viel Spaß beim Lesen ...

Ihre Céline Lintz

INHALTSVERZEICHNIS

GEDANKEN ZUM HUNDEKAUF
Erste Überlegungen

Soll es wirklich ein Hund sein? 6
Seien Sie ehrlich zu sich selbst 12
Die Bedürfnisse des Hundes 20
Was kostet ein Hund? 30
Was für ein Hund soll es sein? 33

HUNDERASSEN UND -ZUCHT
Was man vorher wissen und worauf man achten sollte

Rasseeigenschaften und was sie bedeuten 49
Ein Überblick über die Hunderassen 63
Krankgezüchtet 90
Fellfarben beim Hund 96
Worauf muss man beim Züchter achten? 100
Die Entwicklung vom Welpen zum Junghund 110
Kaufpapiere, Impfpässe, Zuchtpapiere 118
Illegaler Welpenhandel 123

WENN DER HUND ANKOMMT
Ankunft und Organisation

Einzug des Hundes in ein neues Zuhause 129
Das richtige Futter finden 156

WISSENSWERTES

Wichtiges und Interessantes im Zusammenleben mit unseren Hunden

Wie findet man die richtige Hundeschule? 171
Verstehst du mich? 174
Hund und Kind 176
Hunde und andere Haustiere 188
Hund und Recht 191
Reisen mit Hund 195
Kastration beim Hund 201
Das respektvolle Miteinander als Hundebesitzer 211

Über die Autorin 214
Dank 214
Buchtipps 215
Quellenverweise und Bildnachweis 216

Soll es wirklich ein Hund sein?

Erste Überlegungen

Wer erwägt, sich einen Hund anzuschaffen, sollte im Vorfeld einige wichtige Überlegungen anstellen. Denn die Entscheidung für einen Hund sollte nicht nur auf die Wahl der Rasse beschränkt sein, sondern auch berücksichtigen, ob man tatsächlich einen Hund in den Alltag integrieren kann und möchte. Damit Sie später nicht enttäuscht, unglücklich oder überfordert sind, behandelt dieses Buch eine Vielzahl von Überlegungen und Anregungen. Dazu gehören unter anderem Aspekte wie die Organisation des eigenen Lebens (Tagesabläufe, Zeitmanagement), die persönlichen Eigenschaften und die Mentalität des potenziellen Hundehalters sowie die Auswahl des geeigneten Hundes (Rasse, Eigenschaften, Alter, Herkunft) und die Erwartungen an das Leben mit einem Hund. Eine gründliche Selbstreflexion ist unerlässlich für die harmonische und glückliche Beziehung zwischen Mensch und Hund.

Dieses Buch bietet Ihnen fundiertes Grundwissen und praktische Unterstützung rund um die Anschaffung und Haltung eines Hundes. Sie erhalten einen umfassenden Überblick über alle wichtigen Aspekte, die vor der Hundeanschaffung berücksichtigt werden sollten.

Die Vorstellung des Zusammenlebens

Einen Hund an der Seite zu haben kann das Leben ungemein bereichern und uns etwas schenken, was nur schwer in Worte zu fassen ist. Dennoch besteht oft eine große Lücke zwischen unseren Erwartungen und der Realität, was zu Enttäuschungen und Frustration führen kann. Dies liegt häufig an unrealistischen Vorstellungen oder einer idealisierten Herangehensweise. Leider führt dies oft dazu, dass Tierheime überfüllt sind und Hunde unglücklich zurückbleiben.

Viele Menschen, die sich einen Hund wünschen, stellen sich diesen kleinen, süßen Welpen vor, der sich abends auf der Couch friedlich an einen kuschelt, einen in jeder Situation durchs Leben begleitet und zum besten Freund wird. Natürlich wird er auch der besterzogene Hund in der ganzen Nachbarschaft und ein toller Zuhörer sowie ein guter Spielpartner für die Kinder. Und er wird Sie beschützen und andererseits keiner Fliege etwas zuleide tun. Die Kaninchen im Garten interessieren ihn natürlich nicht, genauso wenig wie die Katze des Nachbarn. In dieser idealen Welt kann man dem Hund sagen, was man möchte und er hält sich dran. Nach ein bisschen Training ist mit ihm alles möglich und alles ist geprägt von Freude, Freundschaft, Liebe und Leckerlis.

Doch dann kommt die Realität: Man verbringt den ganzen Tag damit, einem kleinen Tornado hinterherzujagen, der seinem Alter entsprechend nur Unsinn im Kopf hat. Sobald er aufwacht, findet er es höchst amüsant, mit seinen kleinen spitzen Milchzähnchen in alles hineinzubeißen, was er finden kann – sei es ein Tischbein oder die menschliche Haut. Immer wieder findet man kleine Pfützen und Häufchen in der Wohnung, die er heimlich hinterlassen hat. Und als ob das nicht genug wäre, entscheidet er selbst, wann er kuscheln möchte und wann nicht. Die Vorstellung von Kleidung ohne Hundehaare ist mittlerweile nur noch eine Illusion und es ist schon eine halbe Ewigkeit her, seit die Schuhe dort sind, wo man sie ausgezogen hat. Die Zeitung, die man morgens lesen wollte, liegt nun in tausend Fetzen im Hundekörbchen und man kann sich kaum daran erinnern, wann man das letzte Mal durchgeschlafen hat. Na, wer wollte noch mal einen Hund? Wenn man die Welpenzeit überstanden hat, beginnen die endlosen Diskussionen mit einem hormongesteuerten Teenager-Hund, der plötzlich so tut, als hätte er seinen eigenen Namen vergessen und es für extrem unterhaltsam hält, mit gefundenen Kleidungsstücken im Maul herumzuspielen. Er hat einen Heidenspaß daran, das Hauskaninchen zu jagen oder – obwohl man es ihm längst abgewöhnt hatte – dem Kind das Schulbrot aus der Hand zu klauen. Alles, was man ihm mühevoll beigebracht hat, scheint auf einmal aus seinem Gedächtnis gelöscht zu sein.

Okay. Jetzt mal unter uns. Die Wahrheit, wie es ist, einen Welpen zu haben liegt wahrscheinlich irgendwo zwischen diesen beiden

Varianten. Dennoch wird die realistische Seite einfach oft unterschätzt und mit einem Schulterzucken abgetan. Leider sind viele Menschen, insbesondere diejenigen, die sich nicht darauf vorbereitet haben, schnell überfordert und geben auf. Häufig werden Hunde im Alter von einem Jahr – also in der Pubertät – wieder abgegeben.

Die Entscheidung, einen Hund zu haben, bedeutet immer, eine Vielzahl von Verpflichtungen und Verantwortungen einzugehen, selbst wenn man sich für einen erwachsenen Hund entscheidet und nicht für einen Welpen. Gerade dann sollte einem bewusst sein, dass auch bei diesem Hund weitere Erziehung und Training erforderlich sind und dass er ebenfalls Beschäftigung benötigt. Wer also einen Hund nur haben möchte, weil er süß aussieht, sollte dieses Buch jetzt zur Seite legen und sich vielleicht ein Kuscheltier kaufen.

Um Ihnen eine Schockerfahrung bei der Konfrontation mit der Realität des Hundelebens zu ersparen, bei der möglicherweise alles im Chaos und in Tränen endet, möchte ich Ihnen mit diesem Buch helfen, sich bestmöglich auf das Thema Hund vorzubereiten. Mein Ziel ist es, dass Sie voller Vorfreude in ein zufriedenes Leben mit Ihrem neuen besten Freund starten können.

Der Zeit- und Arbeitsaufwand

Zeit und Arbeitsaufwand sind etwas, das sehr gerne unterschätzt wird. Klar weiß man, dass ein Hund Gassi gehen muss – aber Theorie und praktischer Alltag sind oft zwei verschiedene Dinge. Haben Sie aktuell jeden Tag ein paar Stunden, die Sie entbehren können? Denn das ist ungefähr die Zeit, die Ihr Hund jeden Tag für sich beanspruchen wird. Und können und wollen Sie den Hund auch in Ihren Alltag integrieren?

Hund mit Vollzeitjob – geht das?

Viele Menschen fragen sich, ob Hund und Vollzeitjob miteinander vereinbar sind. Als Erstes: Es macht einen Unterschied, ob Ihr Arbeitgeber es Ihnen erlaubt, Ihren Hund mit zur Arbeit zu nehmen oder nicht. Wenn ja, ist es kein Problem, Vollzeitjob und Hund miteinander zu verbinden. Stellen Sie sich aber bitte darauf ein, dass der Hund auch lernen muss, sich an der Arbeitsstelle angemessen zu verhalten. Tut er das nämlich nicht, kann dies schnell zu Problemen führen und unter Umständen wird die Mitnahme des Hundes wieder untersagt. Kann man den Hund nicht mit zur Arbeit nehmen, wird es schon etwas schwieriger. Wer in Vollzeit arbeitet, hat nämlich wenig Zeit für den Hund. Selbst wenn Sie absolut geregelte Arbeitszeiten haben und Überstunden eher eine Seltenheit sind, müsste Ihr Hund oft mindestens 8–10 Stunden am Stück alleine bleiben. Das sollte man keinem Hund zumuten und davon ist auch dringend abzuraten.

Eine Möglichkeit wäre an dieser Stelle eine Hundebetreuung. So kann man den Hund beispielsweise bei einem privaten Hundesitter, einem Bekannten oder einer Hundetagesstätte (vorausgesetzt man bekommt auch einen freien Platz) abgeben. Dadurch könnte der Hund in der Zeit Ihrer Abwesenheit trotzdem spazieren gehen und wäre betreut.

Aber Achtung! Denn Sie sollten auch in diesem Fall nicht vergessen, dass Sie von den sieben Tagen der Woche nur zwei Tagen komplett mit Ihrem Hund verbringen. Das bedeutet, dass nicht Sie die Hauptperson sind, die den Hund erziehen und trainieren muss. Sollten Sie also einen Nachbarn oder Bekannten fragen, ist es wichtig, dass dieser auch bereit ist, mit dem Hund zu arbeiten und Training umzusetzen. Sie sollten außerdem auch Lust und Energie haben jeden Tag mit Ihrem Hund Zeit zu verbringen und Spazieren zu gehen. Schließlich hat er Sie den ganzen Tag nicht gesehen. Zusätzlich sollte beachtet werden, dass die Fremdbetreuung des Hundes auch vorher getestet werden muss. Denn nicht jeder Hund geht stressfrei in eine Hundepension oder zu einem Hundesitter. Hier sollte man sich Zeit nehmen und einen Plan B in der Tasche haben.

Fazit

Sich einen Hund ins Leben zu holen, obwohl man in Vollzeit arbeitet, sollte gut durchdacht werden. Denn es bedarf sehr guter Planung und darf nicht auf Kosten des Hundes gehen. Wenn man den Hund mit zur Arbeit nehmen kann oder einen Weg findet, ihn nur für kurze Zeiten alleine zu lassen, ist dies in der Regel aber kein Problem.

Teilzeithund

Eine Alternative zu einem eigenen Hund ist ein – naja, nennen wir es mal einen Teilzeithund. Zum Beispiel könnten sich zwei Personen unterschiedlicher Haushalte gemeinsam einen Hund anschaffen, um ihn sich zu teilen. So besteht die Option, dass immer, wenn einer keine Zeit hat, der andere für den Hund da ist. Für manche Hunde ist das tatsächlich kein Problem, sie kommen damit klar. Hier sei aber direkt gesagt: Ob das Ganze funktioniert, kommt immer auf den Hund an. Denn nicht jeder Hund ist für dieses Art der Haltung geeignet und könnte darunter leiden. Hunde, die eine sehr starke Bindung zu einer Person aufbauen, können unter Umständen richtig Stress bekommen. Daher ist diese Variante abhängig von Mensch und Hund.

Hundebesitzer auf Zeit

Wer feststellt, dass ein Hund seine Möglichkeiten übersteigen würde oder sich nicht sicher ist, ob er wirklich dauerhaft Spaß an einem Hund hat, der sollte sich überlegen, Hundebesitzer auf Zeit zu werden. Man könnte zum Beispiel einem Bekannten anbieten, dessen Hund mal als Urlaubsvertretung zu übernehmen oder sich in einem Tierheim anbieten, regelmäßig mit einem Hund spazieren zu gehen. So bekommt man ein Gefühl dafür, wie es ist, einen Hund zu haben. Außerdem freuen sich viele dieser Hunde sehr über eine Gassirunde.

Einen Überblick bekommen

Um realistisch einzuschätzen, wie viel Zeit ein Hund benötigt, verschaffen Sie sich einen Überblick über Ihren Alltag – zum Beispiel in einem Wochenplaner. Wann arbeiten Sie? Wann verbringen Sie Zeit mit Familie, Freunden oder Hobbys? Überlegen Sie dann, wann der Hund Zeit braucht: morgens 30 Minuten früher aufstehen, regelmäßige Gassirunden, Unternehmungen in der Freizeit. Besprechen Sie in der Familie, wer welche Aufgaben übernimmt. Eine klare Aufgabenverteilung sorgt dafür, dass jeder genau weiß, was zu tun ist, und hilft dabei, den Aufwand gerecht zu verteilen. So weiß jeder, welche Arbeit auf ihn zukommt, es kommt weniger zu Streitigkeiten und alle arbeiten im Team zusammen. Wenn die Aufgaben klar und fair aufgeteilt sind, lässt sich der Hund problemlos in den Alltag integrieren, ohne dass jemand überlastet wird oder der Hund zu kurz kommt.

Wie sieht nun Ihre Wochenendplanung aus? Denken Sie daran, dass der Hund nicht regelmäßig und über längere Zeiträume alleine sein sollte. Er sollte stattdessen in Ihren Alltag integriert werden. Stellen Sie sich vor, wie eine Woche mit einem Hund aussehen könnte, und bedenken Sie, dass dies möglicherweise 15 Jahre lang so sein könnte. Das bedeutet, dass Sie bei jedem Wetter und zu jeder Jahreszeit mit Ihrem Hund rausgehen müssen, egal ob es dunkel oder hell, heiß oder kalt ist. Sie müssen Ihren Hund einplanen und beschäftigen.

Wenn Sie beispielsweise am Freitagabend um 17:00 Uhr zu Freunden gehen und bis spät in die Nacht oder sogar bis zum nächsten Morgen wegbleiben möchten, können Sie Ihren Hund nicht einfach für 10 Stunden alleine lassen. In diesem Fall müssten Sie einen Hundesitter organisieren oder schauen, ob Sie den Hund mitnehmen können. Beachten Sie jedoch, dass es nicht immer möglich ist, den Hund beispielsweise in ein Lokal mitzunehmen. Schreiben Sie all diese Überlegungen auf und stellen Sie sich vor, wie sich Ihr Leben durch einen Hund verändern würde.

Dieses Vorgehen wird Ihnen helfen, einen realistischen Eindruck von den zeitlichen Anforderungen eines Lebens mit Hund zu bekommen.

Variante 1: Wochenplaner

Beispielplan einer Familie: Mia (15 Jahre), Mama, Papa

UHRZEIT	Montag	Dienstag	Mittwoch	Donnerstag	Freitag	Samstag	Sonntag
Morgens (6:00 Uhr – 9:00 Uhr)	Papa Gassi gehen	Papa Gassi gehen	Mama + Mia Gassi gehen	Papa Gassi gehen	Papa + Mia Gassi gehen		
Vormittags (9:00 Uhr – 12:00 Uhr)		Hund zu Oma	Hund zu Oma		Hund zu Oma	Papa Gassi gehen	Zusammen Gassi gehen
Mittags (12:00 Uhr – 17:00 Uhr)	Mama Gassi gehen	Hund zu Oma	Hund zu Oma/ Spielen oder-Trainieren		Hund zu Oma	Spielen oder-Trainieren	Spielen oder-Trainieren
Abends (17:00 Uhr – 21:00 Uhr)	Hunde schule	Zusammen Gassi gehen	Mama Gassi gehen	Zusammen Gassi gehen	Zusammen Gassi gehen	Hund zu Oma	Zusammen Gassi gehen
Spätabends (21:00 Uhr – 23:00 Uhr)							

Variante 2: Aufgabenplaner

Aufgabe	Häufigkeit	Zuständigkeit
Gassi gehen (morgens)	Täglich ca. 20–30 Minuten	Mama
Gassi gehen (mittags)	Täglich ca. 30–60 Minuten	Papa
Gassi gehen (abends)	Täglich ca. 20–30 Minuten	Wir alle zusammen
Füttern 2-3 x täglich	Portionsgröße beachten	Morgens Mia, abends Mama
Wasser auffüllen	Einmal täglich	Morgens Mia, abends Mama
Spielen und Beschäftigung	Täglich mind. 20 Minuten	Wochenende Mia, Mittwoch Mama
Hundeschule/Training	1–2 x wöchentlich	Montags Papa
Fellpflege	Wöchentlich/je nach Bedarf	Mia am Wochenende

TIPPS ZUM WOCHENPLANER

- Aufgaben verteilen: Jeder in der Familie sollte Verantwortung übernehmen, um den Alltag zu erleichtern.
- Zeitpuffer einplanen: Auch spontane Bedürfnisse wie zusätzlicher Auslauf oder unerwartete Tierarztbesuche sollten berücksichtigt werden.
- Lern- und Spielzeit nicht vergessen: Mentale und körperliche Auslastung ist genauso wichtig wie Futter und Gassi gehen.

Download der Blanko-Tabelle zum Ausdrucken:

Seien Sie ehrlich zu sich selbst

Wenn Sie mit dem Gedanken spielen, einen Hund bei sich aufzunehmen, sollte sich zunächst einmal mit sich selbst auseinandersetzen. Denn die Entscheidung, einen Hund in sein Leben zu integrieren, sollte gut durchdacht sein und auf einem tiefen Verständnis der eigenen Bedürfnisse und Motivationen beruhen. Auf diese Weise kann man sicherstellen, dass man eine liebevolle und erfüllende Beziehung zu seinem Hund aufbaut und ihm ein glückliches und gesundes Leben ermöglicht. Jetzt fragen sich sicher manche Leser: Was hat das denn dieses Kapitel bitte mit meinem Hundekauf zu tun? Warum muss ich mich denn mit mir selbst auseinandersetzen, wenn ich einen Hund kaufen möchte? Nun – eine Menge!

Sie haben sicher schon einmal den Spruch gehört: „Hunde sind unser Spiegel zur Seele!". Was sich so schön tiefgründig anhört, kann uns im Alltag gerne mal einen Strick drehen. Denn Hunde spiegeln uns – und das gnadenlos. Unsere Ängste, unsere Unsicherheiten, unterdrückten Frust, Ungeduld oder sogar Wut. All diese Emotionen, die im Alltag immer wieder auftauchen und die wir vielleicht sogar vor anderen zu verbergen versuchen – der Hund spürt sie, er weiß um sie und er wird darauf reagieren! Im Grunde ist es genauso wie bei Kindern. Ist man beispielsweise von Natur aus ein sehr angespannter, eher hektischer oder sehr emotionaler Mensch, braucht man sich nicht wundern, wenn das Kind bzw. der Hund ebenfalls mit Stress und Hektik reagiert. Dies könnte sich durch Bellen, Unruhe oder Überdrehtheit äußern. Zum Beispiel kann Ihnen ein Hund, der von Natur aus sehr reizempfindlich ist, dann „durch die Decke" gehen.

Dazu kommt, dass ein Hund immer versuchen wird, Schwächen in seiner Gruppe auszugleichen, um es zu stabilisieren. Er erkennt direkt, wenn jemand nicht in der Lage ist, eine Situation zu regeln und nimmt sich ihr dann selbst an. Leider kann das dann dazu führen, dass

Hunde im Alltag immer wieder in Schwierigkeiten geraten, weil sie andere anpöbeln, aggressiv reagieren, nervös werden oder völlig überdrehen. Und das vielleicht nur, weil sie auf ihren Besitzer reagieren. Daher ist es wirklich wichtig, ehrlich mit sich selbst zu sein und sich zu hinterfragen – und erst danach eine Entscheidung für oder gegen einen Hund zu treffen. Ein Hund muss schließlich auch zu einem passen. Daher sollten Sie sich Fragen stellen wie: „Wie bin ich als Mensch?"

Wer einen Hund führen möchte, sollte sich seiner eigenen Fähigkeiten und Eigenschaften bewusst sein, denn die eigene Persönlichkeit und Verhaltensweise prägen die Beziehung zum Hund. Warum möchten Sie einen Hund? Was sind Ihre Beweggründe, und welche Erwartungen haben Sie damit verbunden? Sind Sie in der Lage, einen Hund zu führen? Führungsqualitäten wie Geduld, Konsistenz, Selbstbewusstsein, klare Kommunikation, Empathie, Gelassenheit und die Fähigkeit, den Hund in seiner „Sprache" zu verstehen, sind für ein harmonisches Zusammenleben mit Hunden absolut notwendig. *(Mehr dazu auf den nächsten Seiten.)* Eine entspannte Führung vermittelt dem Hund Sicherheit, besonders in stressigen oder neuen Situationen. Wer sich einen Hund holt, trägt die Verantwortung für das Wohlbefinden und die Sicherheit des Hundes und muss dies bei jeder Entscheidung bedenken. (Buchtipp: *Wie Hunde sich an unserer Seite entfalten können – Forschung im Dienst des Mensch-Hund-Teams* von Udo Gansloßer und Kate Kitchenham.)

Es geht beim Hundekauf also nicht nur um die Frage: „Welche Rasse passt zu mir?", sondern auch darum, sich über die eigenen Bedürfnisse, Beweggründe und Fähigkeiten im Klaren zu sein. Nur wenn Sie sich all diese Fragen beantworten, können Sie die richtige Entscheidung für sich treffen. Aber keine Sorge, falls Sie sich bei einigen Themen angesprochen fühlen oder denken: „Oje – ich weiß nicht, ob ich das alles kann und weiß!" Man kann an allem arbeiten! Wichtig ist, dass Sie sich bewusst sind, wie relevant diese Überlegungen für die Entscheidung für einen Hund sind und dass Sie bereit sein sollten, sich selbst kritisch zu hinterfragen und gegebenenfalls an sich zu arbeiten. Ihre Persönlichkeit sollte bei der Wahl Ihres Hundes eine Rolle spielen.

Der wahre Wunsch hinter dem Hundekauf

Der Gedanke hinter einem möglichen Hundekauf kann schon vieles vorhersagen. Denn der Grund, warum man sich einen Hund ins Haus holen möchte, ist oft gebunden an bestimme Erwartungen. Es kann sein, dass jemand sich einen Hund wünscht, um Einsamkeit zu überwinden und eine treue Begleitung zu haben. Andere mögen sich nach Freundschaft, Liebe und Bindung sehnen und sehen in einem Hund einen loyalen Freund, der bedingungslose Zuneigung bietet. Für manche Menschen ist ein Hund ein Spielgefährte und eine Quelle der Freude und des Vergnügens, der ihnen hilft, Stress abzubauen und sich zu entspannen. Andere wiederum sind einfach von der Natur und dem Verhalten von Hunden fasziniert und sehen in der Haltung eines Hundes ein erfüllendes Hobby und eine Bereicherung ihres Lebens. Es ist wichtig, sich bewusst zu sein, warum man sich einen Hund wünscht und welche Bedürfnisse man mit einem Hund erfüllen möchte. Auf diese Weise kann man sicherstellen, dass man die Verantwortung der Hundehaltung ernst nimmt und die richtige Motivation hat, um für das Wohl und Glück des Hundes zu sorgen. Sich über die Motivation hinter dem Wunsch nach einem Hund klar zu werden, ist wichtig, um sicherzustellen, dass man den Anforderungen und der Verantwortung gerecht werden kann. Ein Hund bringt nicht nur viele Verpflichtungen mit sich, sondern eben auch eigene Bedürfnisse, und wenn die Entscheidung aus impulsiven oder unrealistischen Erwartungen getroffen wird, können Frustration, Überforderung und Unzufriedenheit die Folge sein – für Mensch und Tier. Wer sich beispielsweise einen Hund hauptsächlich aus Einsamkeit wünscht – was an sich legitim ist – könnte jedoch vielleicht enttäuscht sein, wenn der Hund auch Training, Bewegung und klare Grenzen braucht und eben nicht nur zufrieden auf der Couch sitzt, mit fernsieht und kuschelt. Wer sich einen Hund als reinen Spielgefährten für die Kinder holen möchte, könnte enttäuscht und sogar besorgt sein, wenn der Hund das Verhalten der Kinder nicht immer richtig einordnen kann und dadurch unerwünschte Reaktionen zeigt – etwa durch Schnappen oder Ziehen an der Kleidung. Ohne das nötige Wissen der erwachsenen Bezugspersonen über Hundeverhalten und Führung kann es schnell zu Missverständnissen kommen. Oder wenn sich jemand einen Hund aus rein optischen Gründen holt, weil er ihn beeindruckend findet, kann dies schnell zu einem Problem werden und zu unerwünschten Verhaltensproblemen führen, weil der Hund vielleicht Bedürfnisse hat, die der Halter gar nicht erfüllen kann. Oft werden solche Hunde dann abgegeben, weil sie an der Leine zerren, nicht wissen wohin mit ihrer Energie oder sogar aggressives Verhalten wie Beißen zeigen. Letztendlich leidet sowohl das Wohlbefinden des Hundes als auch die Freude des Halters, wenn die grundlegenden Anforderungen an ein artgerechtes Zusammenleben nicht erfüllt werden. Daher ist es wichtig, sich bewusst zu machen, welche Ansprüche und Bedürfnisse man selbst hat und welche man an den Hund stellt.

Der Hund als Kindersatz

Es gibt Menschen, die sich einen Hund anschaffen, um ihn als eine Art Ersatz für ein Kind zu haben. Das ist wahrscheinlich der Grund, weshalb die Nachfrage nach immer kleineren und sehr süßen Hunden steigt. Menschen, die sich einen Hund aus diesem Grund holen, wollen sich um jemanden kümmern und das Gefühl bekommen, gebraucht zu werden. Der Hund als Individuum geht aber leider hierbei meist verloren, da seine Wünsche dabei meist zweitrangig werden, sofern sie überhaupt noch vorkommen. Der Mensch geht dann in seiner „Elternrolle" auf, sodass er den Hund gar nicht mehr als Hund wahrnehmen kann. So ein Wunsch nach einem Hund als Kindersatz kann beispielsweise aufkommen, wenn die Kinder ausgezogen sind und man alleine ist. Dieser Verlust soll so kompensiert und die Traurigkeit darüber überwunden werden. Der Hund wird jedoch nicht nur das Kind nicht ersetzen können, er wird auch die Trauer spüren und könnte anfangen beispielsweise Sie beschützen zu wollen, was wiederum zu Problemen mit Besuchern oder anderen Personen führen könnte. Denn auch hier greift das bereits angesprochene Thema, dass Hunde versuchen, Schwächen in ihrer Familie auszugleichen.

Der Hund als Partnerersatz

Auch kommt es nicht selten vor, dass sich Menschen einen Hund als eine Art „Partnerersatz" anschaffen. Meist ist dies mit der Vorstellung verbunden, einen Partner an der Seite zu haben, der selbst keine Anforderungen stellt und einfach nur da ist. Aber auch hier wird dem Hund eine Aufgabe zugewiesen, der er weder gerecht werden kann und es sicher auch nicht will. Einen Hund haben zu wollen, weil man einsam ist, ist ganz bestimmt nicht falsch, es geht lediglich darum, dass man niemals aus den Augen verlieren sollte, dass ein Hund ein Lebewesen mit eigenen Wünschen und Bedürfnissen ist, und dass auch diese nicht zu kurz kommen dürfen. Und ganz wichtig: Nur, weil der Hund etwas erträgt, heißt es nicht, dass er es auch mag!

Wollen wirklich alle einen Hund?

Oft wird der Hundewunsch in einer Familie von nur einem Familienmitglied ausgesprochen. Das Kind wünscht sich einen Spielkameraden oder die Mutter einen Hund, mit dem die Kinder schmusen können. Doch es ist wichtig darauf zu achten, dass wirklich alle Familienmitglieder den Hund wollen. Kinder versuchen oft, ihre Eltern zu überreden, weil sie sich so sehr einen Hund wünschen. Sie können quengeln oder weinen und versuchen, die Eltern zum Nachgeben zu bewegen. Doch ein unüberlegtes Nachgeben führt dann meist dazu, dass die Eltern genervt sind, weil zum Schluss die ganze Arbeit der Hundebetreuung an ihnen hängen bleibt. Diese genervte oder gereizte Stimmung könnte sich möglicherweise auf die ganze Familie übertragen. Der Hund wiederum wird dies merken und darauf mit seinem Verhalten reagieren. Das kann wiederum die Familie insgesamt stressen. Ein Teufelskreis beginnt. Aus diesem Grund sollte man sich vor der Anschaffung eines Hundes gemeinsam mit der Familie alle Aspekte und Konsequenzen sorgfältig durchdenken und besprechen. Es sollten klare Regeln für den Umgang mit dem Hund festgelegt werden, die unter Umständen schriftlich oder visuell dargestellt werden, um sie für alle Familienmitglieder deutlich zu machen. Jedes Familienmitglied sollte sich darüber im Klaren sein, welche Verantwortung die Aufnahme eines Hundes mit sich bringt und bereit sein, seinen Beitrag zu leisten. Nur durch eine gemeinsame Anstrengung aller Familienmitglieder kann eine erfolgreiche Hundeerziehung gewährleistet werden. Es ist entscheidend, dass die Familie als Einheit auftritt und gemeinsam handelt, um dem Hund ein stabiles Umfeld zu bieten. Andernfalls kann die fehlende Einheitlichkeit und Konsistenz innerhalb der Familie für den Hund belastend sein und langfristige Probleme verursachen.

Wer bin ich?

Ihre Persönlichkeit, Ihre Eigenschaften und Ihre Art zu sein, sind entscheidende Faktoren dafür, welcher Hund am besten zu Ihnen passt und welche Art von Beziehung Sie mit Ihrem Hund entwickeln können. Eine ehrliche und realistische Selbstreflexion ist von entscheidender Bedeutung, um sicherzustellen, dass Sie und Ihr zukünftiger Hund gut zusammenpassen und eine harmonische Beziehung aufbauen können. Es ist wichtig zu verstehen, dass es bei der Auswahl eines Hundes nicht darum geht, ob man „richtig" oder „falsch" ist, sondern darum, wer man als Individuum ist und welche Bedürfnisse und Eigenschaften man hat. Eine gründliche Selbstreflexion hilft Ihnen dabei, die Art von Hund zu identifizieren, die Ihren Lebensstil, Ihre Vorlieben und Ihre Fähigkeiten am besten ergänzt. Wenn die Persönlichkeit und die Bedürfnisse des Hundes stark von Ihren eigenen abweichen, kann es schwieriger sein, eine enge Bindung aufzubauen und die Erziehung des Hundes erfolgreich umzusetzen. Ein Hund, der nicht zu Ihrem Lebensstil und Ihren Erwartungen passt, kann Verhaltensprobleme entwickeln, die für Sie als Halter belastend sein können. Deshalb ist es von entscheidender Bedeutung, dass potenzielle Hundebesitzer sich selbst gründlich kennenlernen und ehrlich einschätzen, um sicherzustellen, dass sie den richtigen Hund für ihre individuellen Bedürfnisse und Fähigkeiten auswählen. Eine gute Passung zwischen Mensch und Hund ist der Schlüssel zu einer glücklichen und erfüllten Beziehung für beide Seiten.

Im Kern ist es vergleichbar mit der Wahl eines Partners – oft ist es nicht allein das äußere Erscheinungsbild, in das wir uns verlieben, sondern die Persönlichkeit und Eigenschaften eines Menschen. Mit anderen Worten: Je besser Sie sich selbst verstehen, desto klarer wird Ihnen, wonach Sie bei einem Hund eigentlich suchen müssen. (Ich lehne mich jetzt weit aus dem Fenster und behaupte, dass es bei der Partnerwahl genau so ist). Und, je besser Sie sich selbst kennen, umso eher können Sie später auch die Ursache von auftretenden Problemen beim Hund erkennen. Frei nach dem Motto: Hör auf, den Spiegel zu putzen, wenn Du Dreck im Gesicht hast.

Bei der Selbsteinschätzung kann es auch hilfreich sein, sich Feedback von außerhalb zu holen. Auch ein guter Hundetrainer kann das machen. Denn wir selbst schätzen uns nicht selten anders ein als Außenstehende. Und auch, wenn es vielleicht schwer fällt, hören Sie auf das Feedback von Personen Ihres Vertrauens und versuchen Sie offen dafür zu sein. Denn unser Selbstbild ist sehr oft davon geprägt, wie wir sein wollen. Das bringt einen aber nicht weiter. Daher – Hand aufs Herz: Sind Sie eher ein energiegeladener Mensch oder eher ein gemütlicher? Sind Sie eher aktiv oder eher etwas bequemer? Welchen Lebensstil haben Sie im Allgemeinen? Sind Sie ein sensibler Mensch? Können Sie Kleinigkeiten schon an die Decke bringen oder sind Sie auch bei Stress die Ruhe selbst? All diese

Faktoren sind die Grundlage für die Auswahl des für Sie richtigen Hundes. Je ähnlicher sich Hund und Halter in Ihrer Art sind, desto besser passen sie zusammen. Versuchen Sie sich selbst zu verstehen und realistisch einzuschätzen, denn ein Hund wird Sie gnadenlos mit sich selbst konfrontieren. Und auch wenn es manchmal weh tut, so ehrlich mit sich selbst zu sein – ja, ich weiß, wir geben alle unser Bestes – so erspart es Ihnen und Ihrem Hund später eine Menge Stress.

Wenn der Hund zum „Mensch" wird

Der Begriff „Vermenschlichen" ist bestimmt jedem schon einmal untergekommen. Er bedeutet, dass wir unserem Hund zuschreiben, wie ein Mensch zu denken und somit auch, mit bestimmten Absichten zu handeln. Man erwartet von ihm, wie ein Mensch zu leben und menschliche Bedürfnisse zu teilen. Kurz: Der Hund ist in unserer Gesellschaft weit entfernt davon, ein Gebrauchstier zu sein, das gehalten wird, um den Mensch bei seiner Arbeit zu unterstützen. Nicht zuletzt, weil viele Aufgaben des Hundes mittlerweile einfach nicht mehr benötigt werden. Und da der Hund ein unglaublich anpassungsfähiges, einfühlsames, sehr soziales und oft geduldiges Tier ist, wird heute von ihm erwartet, vor allem ein Seelentröster und Sozialpartner des Menschen zu sein. Er soll bei uns sein, unsere Hobbys und Interesse teilen und sich als perfekt erzogener Partner in unseren Alltag integrieren. Und wäre das nicht genug, verlangen wir von ihm etwas, was wir oft nicht einmal selbst schaffen – absolute Gefühlskontrolle und ein völliges Zurückstecken der eigenen Bedürfnisse. Wenn der Hund das nicht schafft, sind wir sehr schnell enttäuscht oder sogar sauer, weil der Hund nicht so funktioniert, wie wir uns das vorstellen. Das Verständnis dafür, was ein Hund tatsächlich ist, scheint in unserer Gesellschaft immer mehr verloren zu gehen. Problematisch wird es, wenn wir in Hunde menschliche Gedanken und Handlungen hineininterpretieren. So kann es sein, dass wir unseren Hunden vorwerfen, Dinge aus Bosheit, Faulheit oder „mit voller Absicht" zu tun oder „einen ärgern zu wollen".

Auch der bereits erwähnte Gedanke des Strebens des Hundes nach Macht hält sich leider wacker und das nur, weil wir Menschen es von uns selbst kennen. Aber Hunde nehmen ihre Welt ganz anders wahr als wir und es ist wichtig, dass wir lernen, das zu verstehen und auch zu akzeptieren. Denn nur dann werden wir in der Lage sein, unseren Hund richtig zu führen, ihn gut zu erziehen und fair zu behandeln. Wir müssen lernen, dem Hund Raum zu lassen und ihm zugestehen, dass er ein Hund ist und ihm keine menschlichen Gedanken unterstellen. Es ist daher wichtig, dass wir lernen, unser Hunde als eigenständige Persönlichkeit wahrzunehmen und zu akzeptieren, dass ein Hund ganz eigenen Bedürfnisse und Wünsche hat.

Die Sache mit der Führung

Wer später mal einen gut erzogenen Hund haben möchte, auf den er sich jederzeit verlassen kann und der zuverlässig alle Kommandos befolgt, wird nicht drumherumkommen, sich mit seiner eigenen Führungsqualität auseinander zu setzen. Viele Menschen denken, dass einen Hund zu führen – also „anzuführen" – etwas ist, was lediglich ein paar richtiger Worte und Kom-

mandos bedarf. Doch das ist nur ein kleiner Teil von dem, was erforderlich ist, wenn man ein guter Hundeführer sein möchte. Denn Führung hat vor allem etwas mit der eigenen inneren Haltung zu tun. Jemandem, der souverän handelt, bei dem man sich wohlfühlt, der sich wenig von anderen beeindrucken lässt und dabei noch Ruhe ausstrahlt, wird immer jemand sein, dem man gerne folgt. Eine solche Person strahlt Selbstbewusstsein und vor allem Sicherheit aus. Wer also ein sicherer Hundeführer sein möchte, sollte in der Lage sein, ruhig zu bleiben und sich nicht von den Gefühlen seines Hundes mitreißen zu lassen. Ist der Hund aufgeregt oder ängstlich, sollten Sie selbst gelassen bleiben können! Sie sollten einen Plan von dem haben, was Sie tun und was Sie wollen. Seien Sie immer ein Vorbild für Ihren Hund.

Vielleicht fragen Sie sich einmal selbst, wie Sie in einer Konfliktsituation reagieren? Neigen Sie zu Gefühlsausbrüchen? Knallen bei Ihnen manchmal Türen? Ja? Nein? Es geht hier gar nicht mal um eine Bewertung. Es geht um die ehrliche Selbsteinschätzung. Sie sollten sich bewusst darüber sein, wo Ihre Grenzen sind und woran Sie vielleicht arbeiten sollten. Denn Ihren Hund anzuschreien wird Ihnen allenfalls Probleme bringen. Sie sollten lernen, alle Themen mit Ihrem Hund ruhig zu klären und den Überblick zu behalten. Es kann auch sein, dass Sie jemand sind, der bei Streitereien zwar ruhig bleibt, aber vielleicht die eigene Wut einfach nur herunterschluckt, weil Sie das Gefühl haben, dass es ja eh nichts bringt? Oder vielleicht trauen Sie sich nicht, Dinge anzusprechen? Ihr Hund wird das spüren und Ihre Wut oder Unsicherheit wahrnehmen. Und das kann seine eigene Unsicherheit noch verstärken, was sich dann wieder in seinem Verhalten negativ äußern wird.

Wenn Sie Ihren Hund zu einem ruhigen und gehorsamen Begleiter erziehen möchten, ist es wichtig, sich darüber bewusst zu sein, wo Ihre Stärken und Schwächen liegen. Überlegen Sie, ob Sie dazu bereit und in der Lage sind, ehrlich mit sich selbst zu sein. Für Ihren Hund ist es entscheidend, dass Sie Konflikte ruhig und souverän lösen können. Hunde benötigen ruhige und konsequente Führungspersonen, die auch in stressigen Situationen die Ruhe bewahren können. Falls Sie dazu nicht in der Lage sind, ist dies erst einmal nicht schlimm, aber Sie sollten bereit sein sich in diesem Bereich Wissen anzueignen und daran zu arbeiten.

Das vermeintliche „Streben nach Macht“

Folgen ist eine freiwillige Entscheidung des Hundes und nicht etwas, was man sich mit Aggression oder Strafen erzwingen kann. Der Satz „Du musst dem Hund zeigen, wer der Boss ist“ ist veraltet, wird aber leider immer noch oft als richtig angesehen. Doch Ihr Hund strebt selbst (mit Ausnahme von sehr wenigen seltenen Exemplaren) nicht nach der absoluten Rudelherrschaft, auch nicht, wenn er etwas tut, was Sie nicht möchten. Was manchmal wie absichtliche Ignoranz oder Sturheit von Seiten des Hundes aussehen kann, hat nicht selten ganz andere Ursachen als das Streben nach Macht. Denn häufig liegt die Ursache für ein solches Verhalten eher in Missverständnissen wie: „Wenn du es nicht tust, muss ich es eben tun“. Der Hund führt also oft unerwünschte Handlungen aus, weil wir die Situation selbst nicht erkennen und den Hund mit der Lösung des Problems alleine lassen. Dies kann vielleicht daran liegen, dass wir dem Hund nicht beigebracht haben, wie er sich verhalten soll, oder dass uns das nötige Hundewissen fehlt, um die Situation richtig einzuschätzen. Vielleicht entspricht sein Verhalten auch gerade seiner genetischen Veranlagung und er tut genau das, wofür er Ursprünglich mal gezüchtet wurde – aber eben nicht, weil er nach Macht strebt.

Fazit

Einen Hund zu führen bedeutet nicht, sich die Macht zu „erkämpfen“ und sie mit allen Mitteln – vielleicht sogar aggressiv – zu verteidigen. Denn entgegen vieler Behauptungen sind aggressive Rudelmitglieder in den Rängen sogar eher sehr niedrig eingeordnet. Einen Hund zu führen bedeutet viel Verantwortung und das Vorhandensein bestimmter Fähigkeiten wie: Selbstsicherheit, Ruhe,

Wissen, Authentizität, Souveränität und konsequentes Verhalten. Hunde brauchen jemanden, der in der Lage, ist die Aufgabe der Führung zu übernehmen.

Grundvoraussetzungen

Natürlich sollten vor dem Kauf eines Hundes auch einige Grundvoraussetzungen erfüllt sein. Dazu zählen finanzielle, gesundheitliche, rechtliche und organisatorische Aspekte. Es ist wichtig, Fragen wie diese zu berücksichtigen: Haben Sie die Erlaubnis, einen Hund in Ihrer Wohnung zu halten? Können Sie sich die finanziellen Kosten für einen Hund leisten? Besteht möglicherweise eine Hundeallergie oder Angst in der Familie? Es gibt noch viele weitere Überlegungen anzustellen. In diesem Buch werden diese Themen ausführlich behandelt, inklusive Checklisten, die Ihnen einen Überblick über die wichtigsten Punkte verschaffen werden.

Die Bedürfnisse des Hundes

Jeder, der davon träumt, einen Hund zu besitzen, hat meist bereits eine genaue Vorstellung davon, wie dieser aussehen und sein soll. Es ist jedoch wichtig zu erkennen, dass auch ein Hund individuelle Bedürfnisse hat, die erfüllt sein müssen, damit er ein zufriedenes und stressfreies Leben führen kann. Die Abstimmung dieser Bedürfnisse zwischen Hund und Halter ist entscheidend für eine enge Bindung zwischen beiden.

Vor diesem Hintergrund ist es entscheidend, nicht nur zu überlegen, wie der perfekte Hund für Sie sein soll, sondern auch zu reflektieren, welchen Einsatz Sie für Ihren Hund zu leisten bereit sind. Sind Sie bereit, sich intensiv mit Ihrem Hund zu beschäftigen, um seine Bedürfnisse zu verstehen und zu erfüllen? Sind Sie bereit, Zeit und Energie zu investieren, selbst wenn es Ihnen nicht immer danach zumute ist? Wenn Ihre Antwort auf diese Fragen positiv ausfällt, dann haben Sie bereits einen soliden Grundstein gelegt.

Aber was passiert eigentlich, wenn ich meinen Hund nur nach dem Aussehen kaufe und seine Bedürfnisse nicht beachte? Viele Leute denken: „Ach, so schlimm wird es schon nicht sein. Freunde von mir haben auch so einen Hund und bei denen klappt es ja auch." Oder sie sagen „Die Nachbarn haben auch einen Hund dieser Rasse und der ist auch total unkompliziert." Als (zukünftiger) Hundebesitzer sollten Sie sich überlegen, ob und inwieweit Sie bereit sind, Verantwortung für einen Hund zu übernehmen. Ganz ehrlich, wer einen Hund nicht artgerecht beschäftigen und seinen Bedürfnissen nachkommen kann oder will, der sollte besser keinen Hund haben. Und das völlig abhängig davon, welche Rasse es sein soll. Denn in erster Linie ist ein Hund immer ein Hund – ein Lebewesen mit verschiedenen Grundbedürfnissen. Und die sind bei allen Hunden gleich. Erst dann kommen unterschiedliche, rassebestimmte Ansprüche hinzu und zum Schluss hat er auch ganz persönliche Bedürfnisse – wie jedes Individuum.

Um einen Überblick über Bedürfnisse zu bekommen, hilft uns die Maslowsche Bedürfnispyramide. Sie ist sowohl in der Humanpsychologie als auch für Hunde (in leicht abgeänderter Form) anwendbar.

Maslowsche Bedürfnispyramide

Die Maslowsche Bedürfnispyramide ist eine der bekanntesten sozialpsychologischen Theorien. Sie beschreibt verschiedene Ebenen von Bedürfnissen, die eine Person erfüllen muss, um ein Gefühl von Wohlbefinden und Erfüllung zu erreichen. Diese Ebenen umfassen physiologische Bedürfnisse wie Nahrung und Schlaf, Sicherheitsbedürfnisse, soziale Bedürfnisse nach Zugehörigkeit und Liebe, das Bedürfnis nach Wertschätzung und Anerkennung sowie das Streben nach Selbstverwirklichung und persönlichem Wachstum.

Obwohl Mensch und Hund sich in vielen Aspekten unterscheiden, gibt es doch einige Parallelen in der Struktur ihrer psychischen Bedürfnisse, die sich durchaus mit diesem Modell erklären lassen können. Sie kann uns also daher als Orientierungshilfe dienen, um die Bedürfnisse eines Hundes besser zu verstehen und sicherzustellen, dass alle Ebenen seiner Bedürfnisse erfüllt sind, um ein gesundes und glückliches Leben zu ermöglichen. Ähnlich wie beim Menschen können auch Hunde verschiedene Bedürfnisse haben, die auf verschiedenen Ebenen der Maslowschen Pyramide liegen.

Zum Beispiel haben Hunde grundlegende physiologische Bedürfnisse nach Futter, Wasser und einem sicheren Schlafplatz. Sie benötigen auch Sicherheit und Geborgenheit, soziale Interaktion mit anderen Hunden oder Menschen, Anerkennung und Wertschätzung durch ihre Besitzer sowie die Möglichkeit, ihre natürlichen Instinkte und Fähigkeiten auszuleben, was der Selbstverwirklichung entspricht. Es ist wichtig zu erkennen, dass die Bedürfnisse eines Hundes, genau wie beim Menschen, sehr individuell sein können und sich von Hund zu Hund unterscheiden können. Einige Hunde benötigen möglicherweise mehr soziale Inter-

Maslowsche Bedürfnispyramide

aktion und Zugehörigkeit, während andere mehr Freiheit und Raum für ihre natürlichen Verhaltensweisen benötigen.

Bei der Bedürfnispyramide unterscheidet Maslow zwei unterschiedliche Arten von Bedürfnissen: Den Defizitbedürfnissen und den Wachstumsbedürfnissen. Die Unterscheidung zwischen Defizitbedürfnissen und Wachstumsbedürfnissen sowie die Betonung der Bedeutung, beide Arten von Bedürfnissen zu erfüllen, um Zufriedenheit und Erfüllung im Leben zu erreichen, ist äußerst wichtig.

1. Defizitbedürfnisse

Defizitbedürfnisse beziehen sich auf grundlegende psychologische und physische Bedürfnisse, die erfüllt sein müssen, um ein Gefühl von Sicherheit, Stabilität und Wohlbefinden zu gewährleisten. Diese Bedürfnisse bilden die Basis der Bedürfnispyramide. Die Erfüllung dieser Defizitbedürfnisse schafft ein Gefühl von Sicherheit, Zufriedenheit und Stabilität im Leben eines Lebewesens. Erst wenn diese grundlegenden Bedürfnisse erfüllt sind, kann ein Individuum nach höheren Stufen der Selbstverwirklichung und persönlichen Entwicklung streben.

2. Wachstumsbedürfnisse

Wachstumsbedürfnisse werden auch als Selbstverwirklichungsbedürfnisse bezeichnet. Sie beziehen sich auf das Streben nach persönlichem Wachstum, Erfüllung und Selbstverwirklichung. Diese Bedürfnisse treten erst in den Vordergrund, nachdem die grundlegenden Defizitbedürfnisse erfüllt sind. Wachstumsbedürfnisse zielen darauf ab, das individuelle Wachstum und die persönliche Entwicklung zu fördern und dazu beizutragen, dass ein Individuum sein volles Potenzial entfaltet. Sie sind eng mit der Selbstentfaltung, dem Streben nach Erfüllung und dem Streben nach einem sinnerfüllten Leben verbunden.

Es ist wichtig anzumerken, dass Wachstumsbedürfnisse individuell variieren können und stark von den persönlichen Werten, Interessen und Lebenszielen eines Menschen abhängen. Die Erfüllung dieser Bedürfnisse kann dazu beitragen, ein Gefühl von Lebenszufriedenheit, Erfüllung und Sinn zu schaffen.

Was bedeutet das jetzt für meinen Hund?

Genau wie wir Menschen auch haben Hunde ein grundlegendendes Bedürfnis nach physischen und psychischen Gesundheit. Das sollte auch jedem von uns klar sein, aber es ist auch wichtig zu erkennen, dass auch Hunde Wachstumsbedürfnisse haben können, die über ihre grundlegenden Überlebensbedürfnisse hinausgehen. Obwohl das Bedürfnis nach Selbstverwirklichung bei Hunden möglicherweise nicht so ausgeprägt ist wie bei Menschen, können sie dennoch Freude, Erfüllung und Sinn in verschiedenen Aktivitäten finden, die ihren natürlichen Instinkten und Fähigkeiten entsprechen. Die Betonung der Erfüllung von Bedürfnissen auf beiden Ebenen der Bedürfnispyramide ist entscheidend, um sicherzustellen, dass sowohl Mensch als auch Hund ein erfülltes und zufriedenes Leben führen können. Dies erfordert ein Verständnis für die individuellen Bedürfnisse und Vorlieben von Mensch und Hund sowie die Bereitschaft, Wege zu finden, um diese Bedürfnisse bestmöglich zu erfüllen und eine harmonische Beziehung aufzubauen. Ein Labrador beispielsweise möchte vielleicht Dinge apportieren und damit Erfolgserlebnisse haben. Dazu könnte man Dummytraining mit dem

Hund machen oder ihn im Alltag Dinge tragen lassen. Am besten man erarbeitet gemeinsam Trainingsziele und feiert Erfolge und teilt Misserfolge. So kann man Ich-Bedürfnisse des Hundes befriedigen.

Worum es geht ist, sich Gedanken darüber zu machen, was der Hund braucht. Darauf zu achten, wie er auf bestimmte Dinge reagiert und ein Gefühl dafür zu bekommen, was ihn zufrieden, ausgeglichen und glücklich macht.

Das natürliche Bedürfnis nach Ruhe

Auch wenn vielen Hunden oft eine Aufgabe im Alltag fehlt, so gibt es Hunde, deren Halter es gut meinen und sie durchgehend beschäftigen. Wenn der Hund nach der Agilitystunde, gefolgt vom zweitündigen Spaziergang, immer noch völlig überdreht und gar nicht müde zu sein scheint, denkt er: Der Fall ist klar, der Hund muss mehr ausgelastet werden.

Doch was für den Laien eine sinnvolle Lösung scheint, ist für den Hund in dieser Situation absolut fatal. Denn ein Hund braucht Ruhe. Nicht selten überdrehen Hunde aus Überforderung und Übermüdung! Sie finden keine Ruhe mehr. Sie haben nicht gelernt, wie man Pausen macht und es hat auch niemand darauf geachtet, dass sie lernen, herunterzufahren. Und genau wie bei Kindern führen Schlafmangel und fehlende Ruhephasen zu Stress. Frei nach dem Motto „Nach müd' kommt blöd!" Die Folge: Die Hunde sind nicht mehr in der Lage, Ruhe zu finden und suchen sich häufig eine dopamingesteuerte Ersatzhandlung, was sich dann in Hyperaktivität (Unruhe, Überdrehtheit, Konzentrationsmangel), starkem Hüten oder Jagen („Balljunkies") bis hin zu starken Stereotypien (Bellen, im Kreis rennen, Rute jagen, Gegenstände hüten) äußert. Und während das Wort „Auslastung und Beschäftigung" in aller Hundeschul-Munde ist, hört man die Worte „Ruhe & Pause" leider viel zu selten.

Denn was viele nicht wissen: Im Gegensatz zu Menschen haben Hunde ein deutlich höheres Ruhebedürfnis und benötigen deutlich mehr Schlaf, um sich ausreichend zu erholen und ihre körperliche und geistige Gesundheit zu erhalten. Während der Mensch mit 6–8 Stunden Schlaf sehr entspannt auskommt, brauchen Hunde 17–21 Stunden Schlaf oder Ruhe. Allein dies verdeutlicht noch mal die Notwendigkeit eines geeigneten Schlaf-

platzes und eines ruhigen, ungestörten Umfelds, in dem der Hund sich zurückziehen und entspannen kann. Es ist wichtig, dies zu berücksichtigen und sicherzustellen, dass der Hund Zugang zu einem geeigneten Schlafplatz hat und die Möglichkeit bekommt, ausreichend Ruhe zu finden. Wenn Hunde nicht genug Schlaf oder Ruhe bekommen, kann dies zu Stress, Unruhe und Verhaltensproblemen führen. Daher ist es wichtig, die Bedürfnisse des Hundes nach Ruhe und Erholung ernstzunehmen und sicherzustellen, dass er die Möglichkeit hat, sich ausreichend auszuruhen und zu schlafen. Dies trägt nicht nur zum Wohlbefinden des Hundes bei, sondern auch zur Förderung einer gesunden Beziehung zwischen Hund und Besitzer.

Vor allem, wenn Hunde überdrehen und hyperaktives Verhalten an den Tag legen, führt dies bedauerlicherweise immer wieder fehlerhafterweise zur falschen Annahme, der Hund müsse noch mehr ausgelastet werden. Menschen suchen sich also immer mehr Aktivitäten aus, bei denen es immer schneller, stärker, weiter geht. Für die meisten Hunde ist aber genau das dann kontraproduktiv. Sie fangen dann oft schon auf dem Parkplatz an völlig aufzudrehen. Fiepsend und quietschend vor Aufregung werden sie danach über den Parcours gehetzt. Völlig neben sich vom Hormonkick aus Dopamin und Adrenalin, schläft der Hund anschließend kurz während der Autofahrt ein, dreht aber zuhause wieder total auf. Der Halter denkt, der Hund hat noch nicht genug und geht wieder mit ihm spazieren. Ein Teufelskreis beginnt. So verlieren Hunde, allen voran die Arbeitsrassen, die von Zucht aus nicht von alleine aufhören können und nicht müde werden, völlig die Fähigkeit für ruhiges, konzentriertes Arbeiten und die Möglichkeit, sich anschließend zu entspannen und vor allem zu schlafen. Sie können es einfach nicht mehr. Und die Halter denken, wäre der Hund müde, würde er doch schlafen. Nein, würde er nicht. Er kann es nicht. Entweder, weil er es nie gelernt hat, weil er einfach viel zu überdreht ist oder weil er im lauten Familienalltag vielleicht wirklich keine Ruhe findet.

Ja, es stimmt, manche Hunde werden nicht richtig oder gar nicht beschäftigt und Langeweile und Isolation prägen den Alltag. Das kann ebenfalls zu Stress führen. Doch man sollte überprüfen und darauf achten, dass der Hund auch die nötige Ruhe bekommt, die er braucht. Vor allem, wenn es sich um Hunderassen handelt, die von Natur aus anfällig für Hyperaktivität sind, wie beispielsweise die Hütehunderassen. Gerade für sie sollte das Erlernen von Ruhe ein absolutes Muss sein und im ersten Lebensjahr Priorität Nr. 1 haben.

Ist ein aufgeregter Hund auch immer ein fröhlicher Hund?

In unserem Alltag begegnen wir oft aufgeregten Hunden. Dies zeigt sich zum Beispiel in extrem überschwänglichen Begrüßungen, in lautem Quietschen, wenn man kurz davor steht, dem Hund seinen Ball zu werfen oder darin, dass er es kaum schafft, sich mal fünf Minuten trotz anwesenden Besuches hinzulegen und zu schlafen. „Ach, wie der sich freut" kommt dann meistens aus dem Mund der Besitzer. Doch ist das wirklich Freude?

Trifft man im Gegenzug einen völlig ruhigen Hund, der bei Besuch liegend den Kopf hebt statt ihn überschwänglich schreiend über den Haufen zu rennen und den generell so leicht nichts aus der Ruhe bringt, scheinen wir ihm sehr schnell eine gewisse Depressivität zuzuschreiben. Schließlich springt er ja nicht bei jedem Menschen in die Höhe, um ihn zu begrüßen, sondern schaut nur kurz hoch, um sich dann mit einem Schwanzwedeln auf den Rücken zu drehen, um vielleicht noch eine kurze Krauleinheit abzufangen. Trotzdem werden diese Hunde oft nicht als glücklich empfunden, sondern als resigniert. Aber warum?

Die Ursache dieser Fehlinterpretation liegt in einem großen Denkfehler. Nämlich dem, dass angenommen wird, dass sich Glücklichsein immer durch Aufregung äußert, obwohl diese beiden Dinge völlig unabhängig voneinander existieren können. Wer aufgeregt ist – ist aufgeregt. Punkt. Wer glücklich ist – ist glücklich. Natürlich kann man auch aufgeregt sein, weil man glücklich ist und sich über etwas freut. Das bedeutet aber im Gegenzug nicht, dass man auch immer glücklich ist, wenn man aufgeregt ist. Es mag auf uns Menschen wirklich charmant wirken, wenn uns unser süßer Liebling so überschwänglich begrüßt und viele Hunde freuen sich auch wirklich, dass Sie wieder da sind. Und seien wir ehrlich – wir genießen es ja auch selbst, so viel scheinbar unendlich große Liebe entgegengebracht zu bekommen – wer will das nicht?

Dennoch gilt es zu unterscheiden – und zwar um des Hundes willen – wann der Hund sich freut und wann er einfach nur aufgedreht ist. Denn zum einen kann ein zu extremes, distanzloses aufgedrehtes Verhalten auch sehr respektlos sein und zum anderen bedeutet dauerhafte Aufregung durch den ganzen Tag auch dauerhaften Stress für den Hund. Und das kann wiederum schwerwiegende Folgen für die Gesundheit und das Verhalten des Hundes haben.

Mein Hund ist „glücklich“, wenn er mit dem Ball spielen kann

Auch Spielzeug – insbesondere das Ballwerfen – ist so ein Thema. Mal abgesehen davon, dass nur wenige Hunde wirklich mit dem Ball „spielen“, sondern ihm lediglich stupide hinterherjagen, wenn er geworfen wurde. Ihn dann wiederbringen und ihn wieder geworfen bekommen (übrigens, auch so kann man seinem Hund das Jagen antrainieren) und so weiter. Das führt für viele Hunde jedoch nicht zu Spaß, sondern es bringt sie einfach nur völlig zum Durchdrehen. Jedes Mal, wenn sie einen Ball sehen. Auch hier wird Aufregung mit Freude gleichgesetzt. Nicht selten hört man als Hundetrainer den Satz „Ach mein Hund, der liebt ja Bälle. Und, wenn der einen Ball sieht, ist alles aus“. Daraufhin wird der Ball herausgeholt und man beobachtet, wie der Hund beim Anblick des Balles riesige Augen bekommt, anfängt auf und abzuspringen und sich mit Fiepsen und Quietschen überschlägt. Doch auch wenn wir es hineininterpretieren, der Hund ist in diesem Moment nicht glücklicher mit Ball, als ohne den Ball! Er ist eben nur aufgeregt!

An dieser Stelle sei noch mal gesagt, dass es durchaus Hunde gibt, die mit einem Ball wirklich spielen und echten Spaß haben können. Sie werfen ihn sich hoch, springen drauf, hüpfen durch die Gegend. Aber diese Hunde sind entspannt – sowohl in ihrem Blick als auch in ihrer Körpersprache. Und das wichtigste – sie können den Ball auch mal bei Seite legen und was anderes machen.

Die Hormone, die bei den sogenannten „Balljunkies“ beim Anblick eines Balles ausgeschüttet werden, sind also keine Glückshormone – es sind Selbstbelohnungshormone.

Balljagen kann Spaß machen – wenn es nicht zur Sucht und somit zu einem Stressfaktor wird.

Genau die, die auch bei uns bei Suchtverhalten ausgeschüttet werden. Es ist wie eine Droge und der Hund ist in diesem Moment einfach nur high. Lapidar gesagt: Er ist geil aufs Ballspielen – und dreht deshalb durch. Jetzt könnte man sagen: Ach lass ihn doch, dann trägt er halt den ganzen Tag den Ball mit sich herum, er ist eben völlig verrückt aufs Ballspielen. Ist doch egal. Nun, nicht ganz. Denn wie bereits gesagt – Aufregung bedeutet immer Stress. Und Stress wird bei Regelmäßigkeit immer gesundheitliche und/oder verhaltenstechnische Folgen haben. Daher braucht man sich nicht zu wundern, wenn ein Hund, der bei jedem Gassigehen stundenlang den Ball geworfen bekommt, irgendwann kaum noch zu beruhigen ist. Vielmehr ist zu erwarten, dass er nach einiger Zeit Auffälligkeiten im Verhalten zeigt. An dieser Stelle sei noch einmal erwähnt, dass es nicht grundsätzlich schlecht ist, mit einem Hund Ball zu spielen. Es geht hier darum, den Unterschied zwischen einem glücklichen und entspannten Hund und purer Aufregung zu erkennen. Vor allem Hütehunde sind sehr empfänglich für diese Art von „Suchtverhalten“, weshalb vor allem bei ihnen tendenziell vom Ballspiel abgesehen werden sollte, vor allem im ersten Lebensjahr.

Wie erkenne ich jetzt den Unterschied?

Ohne hier ausführlich auf das Thema Stress beim Hund eingehen zu können – denn das würde hier jetzt den Rahmen sprengen –, kann man grob sagen, dass Timing und die Körpersprache den Unterschied zwischen einem kurzen, entspannten Freuen und einem gestressten Aufgedrehtsein machen. Ein Hund, der schwanzwedelnd aufsteht, jemanden begrüßt und danach direkt in der Lage ist, sich wieder zu entspannen, der war in einem gesunden Maß freudig aufgeregt. Er hat sich gefreut, freundlich begrüßt, und dabei respektvoll die gebührende Distanz gewahrt. Das Energielevel ist kontrollierbar und im Maß geblieben, sodass der Hund sich auch schnell wieder beruhigen konnte. Hingegen ist es ein Zeichen von Stress, wenn ein Hund beim Ballspielen oder bei der Begrüßung an der Tür mit großen Augen an einem hochspringt, einen anspringt, fiepst und bellt und völlig „out of order“ ist. Eine Ansprache ist dann meist nicht mehr möglich und der Hund schafft es auch nicht, sich innerhalb kurzer Zeit wieder zu beruhigen und herunterzufahren. Wenn Sie sich hier unsicher sind oder mehr darüber erfahren möchten, wie Sie solche Situationen vermeiden oder ihnen entgegenwirken können, wenden Sie sich am besten an die Hundeschule Ihres Vertrauens. (Mehr dazu siehe ab Seite 171.)

Fazit

Ein aufgedrehter Hund ist nicht automatisch ein glücklicher Hund. Aufregung bedeutet auf Dauer immer Stress und es ist wichtig, dass der Hund auf einem ansprechbaren Erregungslevel bleibt und sich auch selbst schnell wieder beruhigen und herunterfahren kann. Auch hier kann Kenntnis über die Körpersprache des Hundes sehr hilfreich sein.

Ein Hund braucht ein starkes „Rudel“

Ein Hund möchte einen starken Familienverband haben. Dies bedeutet zu allererstes eine Person, die ihn anleitet und ihm Orientierung und Sicherheit gibt. Eben einen „Anführer“. Manche Menschen neigen jedoch dazu, ihren Hund mit Liebe zu überhäufen und würden alle Probleme am liebsten „weglieben“. Doch das verstehen Hunde nicht. Sie interpretieren das als Schwäche und wie bereits erwähnt, versucht ein Hund Schwächen im Rudel immer auszugleichen. Dazu gehören auch Trauer, Unsicherheiten, Angst, Stress, Wut oder Frust beim Herrchen oder Frauchen. All dies verursacht nicht nur, dass der Hund an Stellen einspringt, an denen er eigentlich nicht eigenständig handeln sollte, sondern auch, dass man aufgrund seiner Instabilität gar nicht in der Lage ist, dem Hund Sicherheit und Führung zu vermitteln. Denn eine unsichere, gestresste oder ängstliche Person würde nie eine Gruppe anleiten, geschweige denn, dass ihr irgendein Gruppenmitglied folgen würde. Hunde sind soziale Tiere, die eine klare und sichere Führung benötigen, um sich wohlzufühlen und Orientierung im Alltag zu finden. Eine souveräne Führungsperson gibt dem Hund Sicherheit, unterstützt ihn

dabei, stressige Situationen besser zu bewältigen. Dies wiederum stärkt das Vertrauen zwischen Mensch und Tier. Doch nicht jeder Mensch ist eben von Anfang an ein „perfekter" Hundeführer – genauso wenig wie jeder Hund von Beginn an ein souveräner Begleiter ist. Aber darf man sich jetzt erst einen Hund holen, wenn man innerlich erleuchtet ist, im perfekten Ying und Yang schwebt, weiß, was man im Leben will, mit dem Universum eins ist und sein inneres Lama gechannelt hat?

Nein, natürlich nicht! Der entscheidende Punkt ist: Hunde können lernen, auch unter herausfordernden Umständen stabil und verlässlich zu agieren. Dies zeigt sich besonders bei Assistenzhunden, die oft Menschen mit Einschränkungen unterstützen. Diese Hunde werden speziell darauf trainiert, ihre Aufgaben unabhängig von der Unsicherheit oder den Emotionen ihrer Bezugsperson zu erfüllen. Dieses Verhalten basiert allerdings auch auf einem strukturierten, gut aufgebauten Training, das Vertrauen, klare Kommunikation und gezielte Übungen kombiniert. Auch Kinder handeln nicht immer überlegt und vorhersehbar und auch damit können Hunde umzugehen lernen.

Damit ein Hund diese Stabilität erlernt, muss er wissen, was von ihm erwartet wird. Unsicherheiten beim Hund lassen sich durch wiederholtes Üben und positive Verstärkung abbauen.

Dafür braucht es wiederum Geduld und Konsequenz. Eine starke Beziehung zwischen Mensch und Hund ist die Basis für jedes gute Training. Dafür braucht es Vertrauen und Verständnis.

Fazit:

Hunde sind unglaublich lern- und anpassungsfähig – vorausgesetzt, wir geben ihnen die richtige Unterstützung und klare Anleitung. Das gelingt jedoch nur, wenn wir uns selbst reflektieren, unsere Bedürfnisse und die des Hundes kennen und lernen, unseren Hund wirklich zu verstehen. Außerdem braucht es Geduld, Konsequenz und die Bereitschaft, stetig dazuzulernen, um unseren Hund sicher und souverän anzuführen. Die Entwicklung eines Hundes, sei es zum treuen Alltagsbegleiter oder auch zu einem spezialisierten Arbeitshund, ist ein gemeinsamer Prozess, der von beiden Seiten Engagement, Vertrauen und Zeit erfordert.

Was passiert, wenn ich meinem Hund nicht geben kann, was er braucht?

Die Nicht-Erfüllung der Bedürfnisse eines Hundes kann in vielfältigen Verhaltensproblemen resultieren, die sein Wohlbefinden sowie das Zusammenleben mit dem Halter beeinträchtigen können. Wie bei Menschen kann anhaltender Stress beim Hund zu einer Vielzahl von unerwünschten Verhaltensweisen führen, die sich negativ auf die Lebensqualität auswirken können. Diese Verhaltensweisen können eine Vielzahl von Formen annehmen, angefangen bei eher harmlosen wie übermäßigem Bellen, Zerren an der Leine oder Unruhe bis hin zu ernsteren Problemen wie Aggression, destruktivem Verhalten und sogar Stereotypien. Stereotypien sind repetitive Verhaltensweisen, die ohne klare Funktion wiederholt werden, wie zum Beispiel Lecken oder Schwanzjagen, und können ein Zeichen von chronischem Stress sein. Darüber hinaus kann die Nicht-Erfüllung der Bedürfnisse eines Hundes zu Spannungen und Konflikten in der Beziehung zwischen Hund und Halter führen. Ein unglücklicher oder gestresster Hund kann Schwierigkeiten haben, Anweisungen zu befolgen, sich zu konzentrieren und mit seinem Halter zusammenzuarbeiten. Dies kann das Training erschweren und das Zusammenleben belasten. Es ist wichtig, dass Hundebesitzer die Bedürfnisse ihres Hundes ernst nehmen und sicherstellen, dass sie angemessen erfüllt werden. Dazu gehören unter anderem ausreichend Bewegung, mentale Stimulation, soziale Interaktion und eine ausgewogene Ernährung. Kommen Sie den Bedürfnissen Ihres Hundes nicht nach, entsteht beim Hund – wie bei Ihnen auch – Frust. Und dieser Frust kann, wenn er dauerhaft ist, zu enormem Stress bis hin zu gesundheitlichen Folgen führen.

Fazit

Je besser Ihre Bedürfnisse mit denen Ihres Hundes übereinstimmen, desto einfacher fällt Ihnen das Zusammenleben mit Ihrem Hund. Wie in einer Beziehung zwischen zwei Menschen führen gemeinsame Interessen auch zu Spaß für beide Parteien. Kompromisse und gegenseitige Rücksichtnahme machen die Beziehung aus. Achten Sie neben Ihren eigenen Wünschen auf die Ihres Hundes und schauen Sie, dass er in Ihrem Alltag nicht zu kurz kommt und genug Ruhe findet. Ihr Alltag ist sein ganzes Leben.

Was kostet ein Hund?

Eigentlich ist es fast unmöglich, auf diese Frage eine konkrete Antwort zu geben. Denn wie viel ein Hund monatlich kostet, ist von extrem vielen Faktoren abhängig.

So frisst ein großer Hund natürlich viel mehr als ein kleiner. Außerdem kostet qualitativ hochwertiges Futter mehr als einfaches. Manche Versicherungen sind bei bestimmten Hunden aufgrund bekannter rassetypischer Erkrankungen teurer. Die Hundesteuer variiert von Kommune zu Kommune und ist auch abhängig davon, ob Ihr Hund auf der Liste für gefährliche Hunde in Ihrem Bundesland steht oder nicht. Auch kann Ihnen niemand sagen, ob und wie oft Ihr Hund krank werden wird und Tierarztkosten sind ebenfalls von Praxis zu Praxis unterschiedlich und nicht unerheblich. Tierärzte haben eine feste Gebührenordnung (GOT), welche im Internet zu finden ist, aber die Gebühren wurden in 2022 erheblich angehoben. Doch jeder Tierarzt kann selbst entscheiden, ob er den ein-, zwei- oder dreifachen Satz abrechnet. Meist entscheidet auch der Einzelfall, welcher Satz berechnet wird, je nach Aufwand oder Schwierigkeit. Auch kostet der Tierarzt an Wochenenden oder bei Notfällen ebenfalls mehr als zu den normalen Praxiszeiten.

Auch die Anschaffungskosten für den Hund und die benötigte Ausstattung können stark variieren. Die Qualität der Ausstattung spielt dabei eine entscheidende Rolle. Es ist daher nahezu unmöglich, genau zu bestimmen, wie viel Ihr Hund Sie kosten wird. Um Ihnen jedoch einen ungefähren Richtwert zu geben, finden Sie auf der nächsten Seite eine Tabelle zur groben Übersicht, basierend auf einem gesunden, mittelgroßen Mischlingshund und hochwertiger Ausstattung.

Natürlich kann man für den Hund von Billigware bis Luxusartikel alles bekommen. Allerdings sollte man vom Kauf von Billigwaren absehen, da der Preis meist die Qualität bestimmt und manche Materialien gesundheitlich nicht unbedenklich sind. Ebenso ist vom Kauf sehr preiswertem und dann oft minderwertigem Futter abzuraten, da Sie dieses „gesparte" Geld im Nachhinein meist in Form von Tierarztkosten wieder ausgeben müssen. Das ist auch der Grund, warum in der folgenden Berechnung von recht hochwertigen Futter ausgegangen wird.

ANSCHAFFUNG & ZUBEHÖR

(In dieser Berechnung wird von einem mittelgroßen, gesunden Hund ausgegangen)

Hund *(in dieser Berechnung vom Züchter)*	ca. 1000–1800 €
Fressnäpfe (2 Stück, Fressnapf & Trinknapf)	ca. 25 €
Leine	ca. 25 €
Halsband (je nach Material und Qualität)	ca. 20 €
Geschirr (je nach Material und Qualität)	ca. 40 €
Schleppleine	ca. 15 €
Schlafplatz (je nach Größe)	ca. 80 €
(Plus weitere Kosten für andere Dinge wie Kotbeutel, Zeckenzange, Bürste, Decken, Leckerlis, Spielzeug, Sicherheitsgurt oder Hundebox fürs Auto und andere Dinge)	bis mehrere hundert Euro

LAUFENDE KOSTEN — MONAT / JAHR

(Wenn keine besonderen Krankheiten anfallen)

Futter (je nach Gewicht – hier gute Qualität)	ca. 50€–100€ / ca. 600 €
Hundesteuer (variiert je nach Kommune)	– / ca. 0–200 €
Haftpflichtversicherung (variiert je nach Versicherung)	ca. 5 € / 50 €
(Zusätzlich können je nach Bedarf Versicherungen wie OP-Versicherung oder eine Tierkrankenversicherung abgeschlossen werden. Hier sind die Kosten abhängig von Anbieter und Alter sowie Rasse des Hundes)	ca 15 €–25 € / 200–300 €
Jährlicher Standard – Gesundheitscheck beim Tierarzt (Die Kosten werden unter Umständen von der Tierkrankenversicherung übernommen, wenn eine abgeschlossen wird)	– / ca. 100–200 € (Abhängig von Tierarzt und Behandlung)

ZUSÄTZLICHE KOSTEN, DIE ANFALLEN KÖNNEN

Tierarztkosten (rechnen Sie auch ohne große Krankheiten immer mit leichten Verletzungen, leichte Erkrankungen usw. bis hin zu großen Tierarztkosten (für Unfälle, schwere Erkrankungen, Operationen)	Unter hundert bis mehrere Tausend Euro
Impfungen (variiert nach Impfstoff und Hersteller)	ca. 30–80 €

HINWEIS: Diese Tabelle dient nur als grober Richtwert und ist am Ende von sehr vielen verschiedenen Faktoren abhängig. Daher sind die Angaben nicht verbindlich!

FRAGEN, DIE SIE SICH VOR DEM HUNDEKAUF STELLEN SOLLTEN:

- **Bin ich bereit und in der Lage, mich die nächsten 10–15 Jahre um einen Hund zu kümmern?**
- **Wollen alle in der Familie einen Hund?** Alle Personen, die einen Hund möchten, sollten auch die Zeit, den Willen und die (rechtliche) Erlaubnis haben, sich um ihn zu kümmern (Kinder).
- **Bin ich mir bewusst darüber, wie sich mein Alltag durch einen Hund verändern würde und bin ich dauerhaft bereit, meine Zeit dafür zu investieren?**
- **Warum möchte ich einen Hund?** Was ist mein Gedanke hinter dem Hundekauf und welche Erwartungen stelle ich an den Hund? Und sind diese realistisch?
- **Was sind mein Bedürfnisse im Alltag?** Was bin ich bereit zu geben und welche Erwartungshaltung habe ich gegenüber meinem Hund?
- **Bin ich körperlich in der Lage und bereit, meinem Hund und seinen Bedürfnissen gerecht zu werden?** Längere Spaziergänge, Training, Spielen, Größe und Gewicht des Hundes (kann ich ihn an der Leine aus eigener Kraft halten?)
- **Hat jemand in der Familie Angst vor Hunden? Ist das vereinbar?**
- **Kann ich damit leben, immer wieder Hundehaare, Sand und Dreck in meiner Wohnung zu finden und deshalb öfters zu putzen?**
- **Habe ich genug Zeit für meinen Hund?** (Wie lange arbeite ich? Bin ich bereit einen Großteil meiner Freizeit mit dem Hund zu verbringen, bzw. meinen Urlaub danach auszurichten?
- **Darf ich in meiner Wohnung / meinem Haus einen Hund halten? Habe ich mit meinem Vermieter gesprochen?** (siehe Kapitel „Hund und Recht")
- **Hat ein Familienmitglied eine Tierhaarallergie?** (Eventuell vorher testen lassen)
- **Bietet meine Wohnsituation genug Auslauf und Spaziermöglichkeiten?** (zum Beispiel Feld oder Wald)
- **Wie lange muss der Hund in meinem Alltag alleine bleiben und muss ich eine Betreuung organisieren?** Ist die Betreuung für meinen Hund geeignet und ist sie unter Umständen auch bereit, mit dem Hund zu arbeiten?
- **Habe ich Freunde und Bekannte, die sich in Ausnahmefällen um den Hund kümmern können?** Wenn ich tagsüber wegmuss / wenn ich mit mal etwas unternehme, wo der Hund nicht mitkann / wenn ein Notfall ist / wenn Überstunden anfallen?
- **Kann ich mir die Anschaffung, monatliches Futter, Versicherungen, Tierarztkosten und Hundeschule leisten?** (Siehe Kapitel „Was kostet ein Hund")
- **Habe ich mich über meine Wunschrasse genau informiert?** Weiß ich, welche Bedürfnisse der Hund mit sich bringt? Kann ich ihnen gerecht werden? Steht meine Wunschrasse in meinem Bundesland auf der Liste der gefährlichen Hunde? Gibt es Auflagen, die ich für meine Rasse erfüllen muss (beispielsweise einen Hundeführerschein)?

Was für ein Hund soll es sein?

Die Entscheidung ist gefallen – es soll ein Hund werden. Wichtig ist: Lassen Sie sich Zeit bei der Suche. Nehmen Sie keinen Hund einfach nur, weil er „niedlich" ist und schon gar nicht, weil Sie Mitleid haben. Überstürztes Handeln ist beim Hundekauf immer fehl am Platz.

Hat man nun die Entscheidung für einen Hund getroffen, stellt sich die Frage: „Was soll es für einer sein?". Bevor man sich aber gleich Gedanken über die Rasse macht, sollte man sich erst mal bewusst darüber werden, ob man eigentlich einen Welpen oder einen erwachsenen Hund haben möchte. Keines von beidem ist besser oder schlechter, sondern die Frage ist: Was wollen Sie und was stellen Sie sich vor?

Der Welpe

Viele Menschen sind entzückt, wenn sie einen kleinen, tapsigen Hundewelpen auf dem Arm halten. Doch in diesem Moment scheinen sich viele nicht darüber im Klaren zu sein, dass dieser Welpe heranwachsen und größer werden wird. Das Heranwachsen eines Hundes erfordert ein beträchtliches Maß an Geduld, Zeit, Wissen und Konsequenz. Vorausgesetzt man findet einen guten Züchter, hat man beim Welpen den großen Vorteil, dass der Hund von Anfang an von Ihnen sozialisiert, trainiert und erzogen wird. Sie legen also den Grundstein. Der Nachteil ist: Der Hund wird von Anfang an von Ihnen sozialisiert, trainiert und erzogen. Und das braucht Wissen, Geduld und Zeit. Der Züchter übernimmt nur die ersten Wochen, dann ist man selbst dran! Und wenn man das nicht richtig macht, hat das Folgen.

Mit einem Welpen im Haus ist es ein bisschen wie mit einem kleinen Kind. Er braucht Aufmerksamkeit und Erziehung. Er hat vieles noch nicht gelernt, und man kann nach einer Woche nicht einfach wieder arbeiten gehen und den Hund stundenlang alleine lassen. Ein Welpe kann zum Beispiel noch nicht sehr lange einhalten und muss daher mehrmals am Tag ausgeführt werden – auch nachts. Es dauert immer eine Weile, bis der Zwerg komplett stubenrein ist und nur noch dreimal am Tag raus muss. Außerdem hat ein Welpe noch jede Menge Quatsch im Kopf und sucht sich auch liebend gerne selbstständig Beschäftigung – und das gerne mit seinen spitzen Zähnchen. Ihn mit ins Büro zu nehmen ist fast utopisch, insbesondere wenn man hofft, dass er die ganze Zeit schläft, während man selbst wie gewohnt seiner Arbeit nachgeht.

Einen Welpen großzuziehen sollte zeitlich und kräftemäßig auf keinen Fall unterschätzt werden. Und nach der Welpenzeit kommt ja noch die Pubertät. Leider haben so manche Hundebesitzer genau dann ihre Lust und auch ihre Geduld bereits endgültig verloren, um sich mit dem mittlerweile ausgewachsenen „Pubertier" weiter auseinander zu setzen und geben den Hund wieder ab. Das Zusammenleben gestaltet sich so anders als erhofft und erwartet. Immer wieder wird an dieser Stelle mit einer Kastration versucht, die Situation zu „reparieren". Doch das funktioniert nicht. (Mehr dazu im Kapitel „Kastration"). Fragen Sie mal Eltern, wie sie sich mit ihren pubertierenden Teenagern fühlen. Manche würde sie gerne einfach mal weggeben. Aber sie tun es nicht, sondern atmen tief durch und sagen sich, dass es nur die Hormone sind. Man liebt sein Kind trotz der schwierigen Phasen und man macht mehr oder weniger geduldig weiter. Und ist es eines Tages doch geschafft, ist man stolz, dass man so lange durchgehalten hat. Bis ein Hund vollständig erwachsen ist, dauert es etwas zwei bis drei Jahre. Die Pubertät ist übrigens am intensivesten miteinem bis eineinhalb Jahren. Seien Sie sich bewusst, dass diese Zeit eine sehr fordernde sowie trainings- und erziehungstechnisch aufwendige Zeit wird, die sich aber, wenn man sie richtig angeht und meistert, auch lohnt! Und trotz aller Anstrengung: Es ist etwas Wunderschönes, einen Hund von Anfang an aufwachsen zu sehen und ihn von klein auf in der Familie zu haben. So kann man ihn selbst prägen und ihm alle Regeln von Kindesbeinen an beibringen und ihm alles zeigen, was wichtig für ihn ist. Das kann übrigens deutlich einfacher sein, als zu versuchen, das bei einem bereits ausgewachsenem Hund nachzuholen.

Der Junghund

Sehr oft werden Hunde leider bereits im Alter von etwa einem Jahr wieder abgegeben. Der Grund liegt meist in der Pubertät des Hundes, denn das ist oft eine sehr anstrengende Zeit, die viel Geduld erfordert. Halter, die ihren Hund in dieser Zeit abgeben, sind oft solche, die sich ohne Vorbereitung einen (süßen) Welpen gekauft haben und dann feststellen, dass der Hund sie nun überfordert. Sowohl Vorbereitung als auch ein frühzeitiges Aufzeigen von Regeln und Grenzen hätten wahrscheinlich geholfen. Doch wenn ein Hund als „Kind" (der süße Welpe) machen darf, was er will, darf man sich nicht wundern, wenn er später auch macht, was er will. Aber selbst wenn man sich wirklich Mühe gegeben hat, ist es ganz normal, dass der Hund in seinem pubertären Hormonrausch vieles wieder vergisst. Das meint er nicht böse, das sind eben Hormone. Bei uns Menschen ist das schließlich nicht anders. Es ist schon tragisch, dass an dieser Stelle Halter kapitulieren und sich entscheiden, den Hund wieder abzugeben. Natürlich können auch andere Gründe dahinter stehen, wenn Hunde wieder abgegeben werden – ein Umzug oder veränderte Lebensumstände. Doch man könnte sich fragen, ob das wirklich nicht schon vorher absehbar war. Es gibt selten jemand zu, dass es einfach zu viel Arbeit war. Deshalb ist es so wichtig, im Vorfeld zu bedenken, dass ein Hund in die oft anstrengende Pubertät kommt.

Falls Sie den Hund zu sich holen, wenn er in der Pubertät ist, sollte Ihnen bewusst sein, dass Sie ihn in der wahrscheinlich anstrengendsten Zeit seines Lebens kennenlernen. Doch seien Sie gewiss, wenn Sie mit Geduld, Einfühlungsvermögen und Konsequenz an die Sache herangehen, wird es sich bestimmt lohnen. Denn die Pubertät kann durchaus eine Chance sein, dem Hund beizubringen, dass es für vieles eine gute Lösung gibt. Er testet in dieser Zeit einfach Grenzen aus. Und auch wenn das anstrengend ist, so ist es eine Chance, ihm in dieser wichtigen Phase durch eine liebevolle, aber konsequente Begleitung ein solides Fundament fürs Leben zu legen. Und – die Pubertät geht vorbei! Hier zahlen sich Geduld und Verständnis immer aus. Übrigens, wenn Sie beim Kauf eines pubertierenden Hundes unsicher über dessen Verhalten sein sollten,

suchen Sie sich unbedingt einen Experten, der Ihnen hilft, den Junghund einzuschätzen.

Der erwachsene Hund

Ein bereits ausgewachsener Hund kann viele Vorteile mit sich bringen. Denn im Gegensatz zu einem Welpen besteht die Möglichkeit, dass man nach einer Eingewöhnungsphase wieder in den Alltag zurückkehren kann. Vor allem, wenn der erwachsene Hund den Alltag, die Geräusche und Gerüche usw. durch seine Vorbesitzer bereits kennt. Auch kann eine gute Vor-Erziehung viel Arbeit sparen. Im Idealfall ist der Hund bereits stubenrein und kann sogar schon ein paar Stunden alleine zuhause bleiben.

Allerdings sollte man bei einem erwachsenen Hund immer beachten, dass er eben schon eine Vorgeschichte hat. Dies muss nicht immer etwas Negatives bedeuten. Manche Hunde haben zwar bereits eingefahrene Verhaltensweisen, die man nicht so einfach wieder loswird oder sie sind schlecht sozialisiert worden. Aber diese Erfahrungen können auch ein Vorteil sein, wenn der Hund beispielsweise bereits Kinder kennen gelernt hat oder bereits zuhause bleiben kann. Trotzdem sollte man hier beachten, dass auch ein erwachsener Hund erst mal eine Eingewöhnungszeit braucht und sich in seinem neuen Zuhause zurechtfinden muss. Das ist aber individuell verschieden und muss von Fall zu Fall betrachtet werden. Wer einen erwachsenen Hund zu sich nimmt, sollte sich vorher genug Zeit nehmen, den Hund kennenzulernen. Es ist wichtig, sich genau anzuschauen, wie der Hund sich in bestimmten Situationen verhält. Wer sich unsicher ist, sollte einen Profi, der den Hund einschätzt, hinzuziehen.

Für eine intensive Bindung zum Hund spielt es übrigens keine Rolle, woher Sie Ihren Hund haben, wie alt er ist und wie viele Hundebesitzer er vor Ihnen hatte.

Kann ich einem alten Hund überhaupt noch etwas beibringen?

Eine Frage, die sich mancher stellt und eben auch ein Mythos, der sich hartnäckig hält: Einem alten Hund könne man nichts mehr beibringen. Aber das stimmt nur bedingt und es muss unterschieden werden, um welches Thema es dabei geht.

Es gibt Dinge, die nur sehr schwer im Alter nachzuholen sind oder nachträglich korrigiert werden können, da sie fest im Gehirn verankert sind. Hierzu gehört unter anderem das Sozialverhalten des Hundes im Umgang mit dem Mensch oder die Stressanfälligkeit. Auch über die Jahre angewöhnte Verhaltensweisen sind nur mit sehr viel Arbeit und einer Menge Geduld wieder zu verändern – wenn überhaupt. Je älter ein Hund ist, desto schwerer wird es, Gewohnheiten zu ändern oder Verhalten zu korrigieren.

Dennoch, einem erwachsenen Hund kann man durchaus noch eine Menge Dinge beibringen. Regeln im Haushalt, neue Kommandos oder entspannt an der Leine laufen sind dabei kein Problem. Ist der Hund bereits im Seniorenalter, kann es natürlich sein, dass das Lernen dieser Dinge etwas länger dauert. Dann wäre es gut, sich auf das Wichtigste zu begrenzen, um ihm und sich selbst nicht zu viel Stress zuzumuten. Wie weit man mit dem Hund letztendlich kommt, hat immer auch etwas mit dem Charakter des Hundes, seinem Alter, dem neuen Halter (also Ihnen) sowie Geduld und Ausdauer zu tun. Daher kann man nie sagen, wie lange es dauert, bis man eine bestimmte Verhaltensweise bei dem Hund verändern kann bzw. ob es überhaupt möglich ist. Und auch hier gilt: Wenn man sich nicht sicher ist, einen Profi zurate ziehen, der mit einem gemeinsam den Hund vor dem Kauf besichtigt und einem hilft, den Hund zu beurteilen.

Der Tierheimhund

Unsere deutschen Tierheime platzen aus allen Nähten und sind voll mit Hunden, die auf ein neues tolles Zuhause warten. Dazu eine Vorbemerkung: Nicht alle Tiere werden aufgrund von Problemen abgegeben. Somit ist auch nicht jeder Hund, der im Tierheim gelandet ist, ein Problemhund. Auch wenn Tierheimhunde nicht den besten Ruf haben, so finden sich darunter viele, deren Besitzer krank waren, sich haben scheiden lassen oder verstorben sind. Und es gibt auch die Menschen, die sich aus einer Laune heraus einen Hund anschaffen, ohne sich vorher zu überlegen, was das alles nach sich zieht. Und wenn sie dann keine Lust mehr haben oder es zu anstrengend wird, geben sie ihren Hund ins Tierheim. Doch all diese Hunde können durchaus als Familien- oder Anfängerhund geeignet sein und verstehen sich möglicherweise gut mit Kindern, lieben es auf der Couch zu schmusen oder warten nur darauf, wieder joggen zu gehen. Natürlich gibt es – bedauerlicherweise – auch manche Hunde aus dem Tierheim, die bedingt durch ihre Vorgeschichte wirklich ernsthafte Probleme haben. Diese Hunde sollten auch nur in Erfahrene Hände abgegeben werden. Aber das Tierheimpersonal achtet in der Regel drauf, dass Hunde nur in passende Hände abgegeben werden.

Ebenso ist nicht jeder Hund, der im Tierheim auffällig oder überdreht wirkt, gleich gestört. Es ist zu bedenken, dass die Hunde im Tierheim oft nicht den Auslauf, die Ruhe und die Aufmerksamkeit bekommen, die sie benötigen. Zwar gibt es auch im Tierheim Gassigänger, aber nicht jeder Hund kommt dabei zum Zug. Das kann dann aufs Gemüt schlagen und den Hund stressen. Die Hunde warten nur darauf, endlich ein ruhiges und verlässliches Zuhause zu finden. Daher sollte man einen Hund aus dem Tierheim nie nach dem ersten Eindruck beurteilen. Nehmen Sie sich

Zeit und lernen Sie den Hund in Ruhe kennen. Gehen Sie mit ihm spazieren und das auch mal über einen längeren Zeitraum. Und vor allem, zögern Sie nicht, sich einen guten Hundetrainer zu suchen, um den Hund von ihm einschätzen zu lassen. Außerdem kann es gut sein, dass Ihr Hund nicht im Tierheim um die Ecke auf Sie wartet. Daher schauen Sie auch mal in jenen, die etwas weiter weg sind.

Worauf sollte ich achten?

Wie gesagt ist es schwierig, einen Hund aus dem Tierheim wirklich richtig einzuschätzen. Auf jeden Fall ist zu erwarten, dass er bei Ihnen ein anderer wird, als in seinem Leben zuvor, insbesondere der Zeit im Tierheim, in der er sicherlich hohem Stress ausgesetzt war. Im Tierheim kann es laut und hektisch sein, es kann zu Konflikten mit Artgenossen kommen und wenn Hunde in eine Einzelbox kommen, ist das eine große psychische Belastung. Vor allem die sensiblen Hunde können dann in wahrsten Sinne des Wortes durchdrehen. Dabei ist zu bedenken, dass ein Hund bis zu 21 Stunden Ruhe benötigt. Sie können sich sicherlich vorstellen, wie stark dieser Schlaf- und Ruheentzug den Hund stressen kann und auf sein Gemüt schlägt. Kurz um: im Tierheim zu leben bedeutet Stress. Der eine Hund kommt damit besser klar, der andere schlechter. Tierheimmitarbeiter können Ihnen einiges über den jeweiligen Hund berichten, das Ihnen helfen wird, die für Sie richtige Wahl zu treffen. Deshalb fragen Sie nach.

Eine gute Vorbereitung auf den Tierheimbesuch ist wichtig. Versuchen Sie Ihre Gefühle wie Mitleid und Mitgefühl wahrzunehmen und lassen Sie sich nicht von diesen leiten. Vermeiden Sie auch überstürzte Entscheidungen. Nehmen Sie sich Zeit. Und wenn Sie erst wenig Hundeerfahrung haben, sollten Sie sich für einen ruhigen Hund entscheiden, der gerne mit Ihnen zusammen arbeiten möchte. Lernen Sie den Hund immer auch außerhalb des Zwingers kennen. Meist hat ein Tierheim eine Wiese oder ein Freilaufgehege, wo man viel Platz hat, sich zu begegnen. Der Hund sollte sich Ihnen gegenüber respektvoll verhalten und weder aufdringlich sein noch „herumpöbeln". Das Einbeziehen eines professionellen Hundetrainer ist zu empfehlen, da er Ihnen helfen wird, den Hund objektiv einzuschätzen. Denn auch die Hunde müssen sich verstehen. Gehen Sie gemeinsam spazieren und machen sich ein Bild vom Miteinander. Und es empfiehlt sich immer noch einmal eine Nacht darüber zu schlafen und die finale Entscheidung erst am nächsten Tag zu treffen.

Wie funktioniert die Vermittlung?

Bevor Sie den Hund Ihrer Wahl aus dem Tierheim tatsächlich mitnehmen können, werden Ihnen erst einmal einige Fragen über sich und Ihre Lebenssituation gestellt. Damit soll sichergestellt werden, dass man als Hundehalter auch geeignet ist und der Hund nicht nach ein paar Wochen wieder zurückgebracht wird. Auch deshalb ist es wichtig, den Hund vorher ein paar Mal zu besuchen, um ihn wirklich kennenzulernen.

Meist wird ein Kaufvertrag für das Tier gemacht und man muss eine Schutzgebühr bezahlen. Es ist möglich, dass nach dem Kauf des Tieres ein Tierheimmitarbeiter zu Ihnen nach Hause kommt, um zu überprüfen, ob es dem Hund bei Ihnen auch wirklich gut geht. Übrigens manche Tierheime bieten zunächst ein paar Testtage bei Ihnen Zuhause an, was sehr zu empfehlen ist.

Hund mit Vorbesitzer

Immer wieder gibt es Hundehalter, die Ihren Hund abgeben wollen oder müssen und dies nicht übers Tierheim tun, sondern selbst ein gutes zuhause finden möchten. Der Hund mit Vorbesitzer hat den Vorteil, dass man im Idealfall weiß, was auf einen zukommt, sofern der Vorbesitzer die Fakten auf den Tisch legt. Denn er kennt die Verhaltensweisen des Hundes und woran man noch arbeiten bzw. worauf man achten muss. Dennoch, lernen Sie den Hund kennen. Schauen Sie, wie er sich verhält Wie aufgeregt ist er? Kommt er schnell wieder runter? Wie ist er draußen? Wie verhält er sich gegenüber anderen Hunden oder Kindern? Ist er draußen sehr auf den Halter fixiert? Hat er seine Nase nur auf dem Boden? Wie gut hört er, wenn man ihn ruft?

Beim Privatkauf gilt „gekauft wie gesehen“. Deshalb lassen Sie sich nicht durch Sätze wie diese beruhigen: „Der ist sonst nie so!“ oder „Das macht der normalerweise nicht.“ Stellen Sie sich darauf ein, dass der Hund sich bei Ihnen Zuhause erst einmal genauso verhält, wie Sie es beim Vorbesitzer auch gesehen haben. Daher lassen Sie sich auch zeigen, was er kann. Welche Befehle kennt er? Bleibt er ruhig, wenn er alleine ist? Lässt er sich problemlos anfassen? Aber Vorsicht: Lassen Sie sich auch nicht überrumpeln! Immer wieder habe ich erlebt, dass einem der Hund quasi in die Hand gedrückt wird. Aber schließlich möchten Sie mit dem Hund für den Rest seines Lebens zusammensein. Da sollte die Chemie zwischen Ihnen beiden auch passen. Also nichts überstürzen!

Wo finde ich am besten Hunde aus privater Hand?

Sicherlich empfiehlt sich eine Suche im Internet, aber auch über Aushänge oder die Zeitungen kann man Angebote finden. Vorsicht ist allerdings grundsätzlich geboten, weil illegaler Welpen- bzw. Hundehandel lauern. Prüfen Sie die Seriosität der Anbieter! (Siehe Kapitel *Illegaler Welpenhandel* und

das Kapitel *Worauf muss man beim Züchter achten?*) Meiden Sie insbesondere Hundehalter, die nichts über Sie wissen möchten und ihren Hund einfach nur loswerden wollen, lieber gestern als heute. Womöglich möchten sie, dass der Hund gleich beim ersten Besuch mitgenommen werden soll. Doch nehmen Sie sich Zeit, lernen Sie den Hund kennen, und achten Sie darauf, dass es dem Halter wichtig ist, wohin sein Tier kommt.

Unbedingt Vorsicht ist geboten bei Welpen mit Vorbesitzern, zum Beispiel weil es diesen angeblich nach nur wenigen Wochen zu viel geworden sei. (Siehe Kapitel *Illegaler Welpenhandel*).

Der Auslandshund

Einen Hund aus dem Auslandstierschutz zu holen wird immer beliebter. Ein häufiger Grund dafür ist, dass man etwas Gutes tun möchte. Ein Hund wird aus einer Notlage gerettet oder sogar vor dem Tod bewahrt. Wenn es gut läuft, hat man neben der guten Tat auch einen süßen Hund bekommen, der sich wunderbar einlebt, sich in sein neues Körbchen kuschelt und einfach nur froh ist, ab jetzt sein Leben genießen zu dürfen.

Doch so traumhaft sich diese Vorstellung anhört: Die Realität ist oft anders. Daher sollte man auf eine Vermittlung aus dem Ausland gut vorbereitet und nicht „blauäugig" herangehen. Das unterscheidet sich nicht von einem Kauf vom Züchter, aus dem Tierheim oder vom Vorbesitzer. „Mitleidskäufe" sind selten eine gute Idee! Gut überlegtes Vorgehen mit Vernunft und vielleicht auch Beratung zahlen sich aus.

Der „dankbare" gerettete Hund

Menschen, die einen Hund aus dem Ausland „retten", erwarten häufig einen „dankbaren" Hund. Also einen, der sich aus purer Dankbarkeit immer einwandfrei benimmt und immer brav das macht, was ihm gesagt wird. Denn schließlich ist er jetzt sicher und bestimmt einfach nur froh, einen warmen Platz zum Schlafen und genug Fressen zu haben. Er kommt ja aus viel schlechteren Verhältnissen – wie hoch können seine Ansprüche da schon sein? Doch Sie vermuten

es schon, diese Vorstellung von einem „dankbaren“ Hund ist Wunschdenken. Zwar sind viele Hunde bestimmt sehr glücklich über ihr neues Zuhause, doch ein Auslandshund wird sich verhalten wie jeder andere Hund auch. Dazu kommt, dass viele Hunde aus dem Ausland bereits traumatisierende Erfahrungen gemacht haben. Manche wurden misshandelt oder haben unter Hunger gelitten. Selbst, wenn der Hund bislang nur in einem Tierheim gewesen ist, kann es gut sein, dass er Ängste und Unsicherheiten mitbringt, die auch in einem neuen Umfeld zu Herausforderung werden können. Wer sich also einen Hund aus dem Ausland holt, sollte sich darauf einstellen, dass der Neuankömmling eine Menge Training und Geduld benötigt.

Daher ist es wichtig, sich im Vorfeld mit dem Thema gut auseinanderzusetzen und bereit zu sein, mit dem Hund geduldig zu arbeiten, zu lernen und sich mit ihm zu beschäftigen.

Außerdem sollte man sich klar machen, dass nicht jeder Straßenhund aus dem Ausland unbedingt gerettet werden muss. Viele dieser Hunde haben gelernt, sich in ihrer Umgebung zurechtzufinden und leben dort ein relativ ausgeglichenes Leben. Eine Rettung bedeutet für die Hunde immer auch ganz anderes Umfeld und kann für sie statt einer Verbesserung auch manchmal Stress und Orientierungslosigkeit bedeuten. Ein Hund, der sein Leben lang in Freiheit gelebt hat, kann Schwierigkeiten haben, sich an das Leben an der Leine und in einer engen Wohnung anzupassen. Das ist nicht nur für den Hund problematisch, sondern auch für den Halter eine Herausforderung.

Außerdem sollte man sich bewusst sein, dass manche Tierschutzorganisationen leider mit emotionalen Druckmitteln arbeiten. Sie setzen auf Schuldgefühle, indem sie betonen, dass Tiere getötet werden, wenn sie nicht „gerettet“ werden. Manche Tötungsstationen oder fragwürdige Organisationen finanzieren sich sogar durch solche Methoden.

Natürlich gibt es auch viele seriöse Tierschutzprojekte, die wertvolle Arbeit leisten und Unterstützung verdienen. Aber nicht jeder Hund auf der Straße ist unglücklich, und eine wohlüberlegte, verantwortungsvolle Entscheidung ist für alle Beteiligten das Beste.

Achtung: Viele Auslandshunde werden als „Labrador-Mischlinge“ verkauft, obwohl es sich hierbei oft um Herdenschutzhund-Mischlinge handelt. Das ist sehr problematisch, da Herdenschutzhunde wegen ihres starken Revierverhaltens und ihrer hohen Eigenständigkeit absolut nicht in Anfängerhände gehören. Sie wurden über Generationen darauf gezüchtet, eigenständig Herden zu schützen und im Notfall bis zum Ende zu verteidigen. Im Alltag kann das für Besitzer herausfordernd sein: Diese Hunde reagieren häufig skeptisch auf fremde Menschen und Tiere, verteidigen „ihr" Zuhause intensiver und brauchen oft mehr Platz und Bewegung, als in einem typischen Haushalt möglich ist. Wenn man sich unvorbereitet auf solch einen Hund einlässt, kann das zu Missverständnissen und Überforderung führen – sowohl für Mensch als auch für Hund.

Pflegestelle werden anstatt adoptieren?

Viele Tierschutzorganisationen sind neben einem endgültigen Zuhause für Hunde im Ausland eine Hoffnung. Oft vermitteln sie Pflegestellen. Pflegestellen nehmen Hunde auf und kümmern sich so lange um sie, bis ein neues Zuhause für sie gefunden worden ist. Das Verfahren hilft den Organisationen, Hunde kennenzulernen und zu sehen, wie sie sich in einer Familie in Deutschland verhalten würden. So sind sie besser zu vermitteln. Oft ist allerdings Hundeerfahrung Voraussetzung, wenn man sich als Pflegestelle anbieten möchte. Denn Hunde aus dem Ausland können Verhaltensauffälligkeiten zeigen, die es erfordern, mit Wissen, Zeit und Geduld auf sie einzugehen und sie zu trainieren. Durch Pflegestellen wird es möglich, die Hunde in einem Inserat gut zu beschreiben, um für sie ein gutes und passendes Zuhause zu finden.

Woher bekommt man einen Auslandshund?

An einen Hund aus dem Ausland kommt man in der Regel über Tierheime in Deutschland oder direkt über die Tierschutzorganisationen. Hier gibt es zwei Varianten. Entweder der Hund ist bereits in Deutschland in einer Pflegestelle oder er befindet sich noch im Ausland. Ist der Hund bereits in Deutschland in einer Pflegefamilie, bekommt man in der Regel eine realistische Einschätzung zu seinem Verhalten. Denn die Pflegefamilien können den Hund meist schon ganz gut einschätzen, wissen, wie er im Alltag reagiert und können so helfen, unerwünschte „Überraschungseffekte" gering zu halten.

Ins Foto verliebt – „Der ist so süß!"

Fast alle Anbieter stellen Bilder der zu vermittelnden Tiere ins Internet. So kann sich der zukünftige Hundebesitzer in Deutschland die Hunde ansehen und möglicherweise entscheiden. Doch Entscheidungen, ohne den Hund jemals live gesehen oder erlebt zu haben, sind keine gute Idee. Das ist am Ende wie Lotto spielen. Zwar kann der Anbieter auf der Website beschreiben, welche Charakterzüge der Hund hat, doch eine Garantie gibt es weder dafür, ob die Beschreibung überhaupt der Wahrheit entspricht noch dafür, ob der Hund sich in Deutschland genau so verhalten würde. Denn nicht selten sind Auslandshunde mit all den neuen Reizen und Eindrücken in Deutschland, wie Straßen, Menschenmassen und ähnlichem zumindest anfänglich so überfordert, dass sie nur noch ein zitterndes Bündel sind. Und das, obwohl sie im Tierheim im Prinzip unauffällig waren. So ein verängstigter Hund kann eine aufnehmende Familie durchaus überfordern. Doch das Geld ist bezahlt, der Vertrag unterschieben und der Hund ist auch schon da. Das kann dann dazu führen, dass der Hund zeitnah wieder abgegeben wird und erneut im Tierheim landet. Daher adoptieren Sie niemals einen Hund nur aufgrund von Fotos! Ein Anbieter, der seriös ist, würde immer auch auf den persönlichen Kontakt bestehen, da es ihm um das Wohl des Hundes geht. Mitleid und Druck als Mittel, um eine Adoption zu erreichen, sind unseriös. Für eine gute Entscheidung ist es wichtig, den Charakter des Hundes einschätzen zu können, und das ist nur durch süße Fotos einfach nicht möglich.

Voraussetzungen für eine Adoption

Verantwortungsbewusste Anbieter, in der Regel Tierschutzvereine, werden überprüfen, ob Sie als zukünftiger Hundehalter geeignet sind. Denn auch sie möchten nicht, dass der Hund im Nachhinein von Tierheim zu Tierheim weitergereicht wird. Seriöse Anbieter habe ein Interesse daran, dass der Hund nicht nur für kurze Zeit, sondern die nächsten 10–15 Jahre ein gutes Zuhause bekommt. Wer beispielsweise in Vollzeit berufstätig ist, sollte Ideen haben, wie eine angemessene Betreuung sichergestellt wird. Es wird in der Regel darauf geachtet, dass der Hund nicht länger als fünf Stunden alleine bleiben muss. Auch sollte es für Krankheitsfälle und andere Situationen Betreuungslösungen für den Hund geben. All dies wird normalerweise von einem Anbieter in einem Vorgespräch geklärt und auch überprüft.

Der Transport nach Deutschland

Der Transport nach Deutschland ist immer eine Strapaze für den Hund. Aber sie ist unvermeidbar. Wenn man den Hund nicht selbst abholen kann, sollte versucht werden, professionelle Autofahrten, die manchmal bis zu 15 Stunden oder mehr dauern und oft ohne Pause sind, zu vermeiden. Es ist auch möglich, den Transport über einen Flug, meistens mithilfe von Urlaubern als Flugpaten, durchzuführen. Generell sollte versucht werden, den Transport so angenehm wie möglich für den Hund zu gestalten. Sprechen Sie am besten mit dem von Ihnen ausgewählten Vermittler (in der Regel Tierschutzvereine) über die Möglichkeiten.

Wie unterscheidet man seriöse Vereine von unseriösen?

Es ist nicht einfach, auf einen Blick zu erkennen, ob eine Hilfsorganisation seriös ist oder nicht. Auf deren Website kann man jedoch gute Informationen finden. Daher lohnt es sich, einmal etwas genauer hinzuschauen. So benötigen Tierheime und Tierschutzorganisationen, die Hunde aus dem Ausland einführen möchten, beispielsweise eine Erlaubnis nach § 11 Abs. 1 S. 1 Ziffer 5 Tierschutzgesetz Dies ist in Deutschland Pflicht und sollte auf der Website genannt sein, auch wenn der Sitz des Vereins im Ausland ist. Diese Erlaubnis wird vom zuständigen Veterinäramt vergeben und stellt sicher, dass Tierschutzvorgaben eingehalten werden. Der § 11 regelt, dass jede Person, die gewerblich oder umfangreich Tiere vermittelt oder transportiert, eine Genehmigung braucht, um die Einhaltung tierschutzrechtlicher Standards zu gewährleisten. Auch klärt ein seriöser Vermittler über Fakten wie mögliche Krankheiten der Tiere, die Vereinsarbeit oder den Vermittlungsablauf auf.

Wie funktioniert die Vermittlung?

Der häufigste Fall ist wahrscheinlich, dass man einen Hund im Internet findet und dann den Anbieter bzw. die Vermittlungsorganisation kontaktiert. Ein seriöser Verein wird sich daraufhin mit Ihnen in Verbindung setzen und Ihnen verschiedene Fragen zu Ihrer persönlichen Situation stellen – meist in Form eines Fragebogens. So kann der Anbieter überprüfen, ob der Hund zu Ihnen passen könnte.

Bei manchen Organisationen schließt sich ein persönlicher Kontakt in Form eines Hausbesuches an. Dabei geht es um die Qualität des Zuhauses für den Hund. Sind alle Checks erfolgreich verlaufen, steht der Vermittlung nichts mehr im Wege. Sofern der anbietende Verein Ihnen jedoch keine Fragen stellt und Ihnen den Hund ohne Vorkontakt vermitteln möchte, sollte man von der Organisation Abstand nehmen, weil das unseriös ist.

Sofern der gewünschte Hund noch im Ausland ist, wird er nach Erledigung der Formalitäten nach Deutschland gebracht. Ist er bereits in Deutschland in einer Pflegestelle, wäre ein erstes Kennenlernen im Vorfeld der Vermittlung möglich und er könnte dort von Ihnen selbst abgeholt werden.

Auslandshund und Kastrationspflicht

In vielen Verträgen wird der Käufer dazu verpflichtet, den Hund kastrieren zu lassen. In Deutschland gibt es jedoch keine Kastrationspflicht und außerdem können solche Verträge gegen das Tierschutzgesetz verstoßen, weil das Gesetz in Deutschland eine Kastration nur dann erlaubt, wenn sie medizinisch notwendig ist oder durch triftige Gründe gerechtfertigt werden kann. Eine generelle Kastrationspflicht allein aus vertraglichen Gründen erfüllt diese Voraussetzungen nicht automatisch, da sie den Eingriff als Standardverfahren vorschreibt, ohne auf das individuelle Wohl des Tieres einzugehen. Daher ist diese Verpflichtung nichtig. Grundsätzlich ist das Kastrieren im Ausland bei Straßenhunden durchaus positiv zu sehen, da so einer unkontrollierten Vermehrung der Hunde entgegengewirkt werden kann. Kommen die Hunde aber als Haustiere nach Deutschland, tut man ihnen aus verhaltensbiologischer Sicht, vor allem bei einer Frühkastration, keinen Gefallen. Die Gefahr wäre groß, dass die Hunde Ängste und Unsicherheiten entwickeln oder vertiefen. (Weitere Informationen siehe Kapitel „Kastration").

Adoptieren oder doch lieber spenden?

Tierschutzorganisationen im Ausland zu unterstützen ist eine gute Sache. Das hilft vielen Tausend Hunden und anderen Tieren zu leben und zu überleben. Daher freuen sich Hilfsorganisationen über jeden, der sie unterstützt. Diese Unterstützung kann auf unterschiedlichste Arten geschehen. Adoption eines Tieres ist eine von ihnen. Allerdings

sollten Sie sich überlegen ob es die zu Ihnen passende ist. Ein Tier zu übernehmen ist eine langfristige Aufgabe und Tierschutzorganisationen sind auf dauerhafte Unterstützung angewiesen. Doch wenn der Hund im Ausland gerettet wird und dann in einem deutschen Tierheim landet, ist niemandem geholfen. Da es ebenso wichtig ist, die Situation der Tierheime im Ausland zu verbessern, kann die Übernahme einer Patenschaft oder einfach eine Spende sehr helfen. Dadurch können Kastrationsprojekte finanziert werden, Aufklärungsarbeit vor Ort ermöglicht werden oder einfach die Versorgung der Hunde sichergestellt werden.

Und ja – trotzdem freuen sich Tierschutzorganisationen auch über die Vermittlung von Hunden, damit sie wieder Platz haben, um andere Hunde von der Straße zu retten. Aber bitte bedenken Sie, dass auch unsere Tierheime oft bis zum Anschlag voll sind. Daher lohnt es sich, immer auch vor Ort zu suchen.

Der Rassehund

Vielleicht haben Sie schon eine recht konkrete Vorstellung davon, wie Ihr künftiger Hund aussehen und welche Eigenschaften er haben soll. Rassehunde sind Hunde, die für einen bestimmten Zweck und nach einem bestimmten Aussehen gezüchtet werden. Ursprünglich sollten sie dem Menschen helfen, Nahrung zu beschaffen oder ihn und sein Hab und Gut beschützen. Andere wiederum sollten einfach nur da sein und gut aussehen. Mittlerweile geht es beim Kauf leider häufig eher um die Optik als danach, wie der Hund ist. Und das führt nicht selten zu Problemen. Die Nachfrage nach Rassehunden ist heutzutage riesig und es gibt mittlerweile über 350 anerkannte Rassen. Wer sich solch einen Hund kauft, hat den Wunsch, einen Hund mit einem gewissen Aussehen oder gewissen Eigenschaften zu bekommen. Leider ist mit einem Rassehund oft die Annahme verbunden, dass jeder Hund exakt so aussieht und sich genau nach der Rassebeschreibung verhält. Oder man hat einen Hund dieser Rasse erlebt und erwartet, dass jeder Hund dieser Rasse genau so ist. Doch das ist ein Irrtum.

Sind die alle Hunde einer Rasse gleich?

Viele Leute sind der Meinung, dass „Rassehund“ bedeutet, dass der Hund mit der Beschreibung im Internet immer übereinstimmt. Doch „bedauerlicherweise“ liest sich nicht jeder Hund seine Rassebeschreibung durch und bringt immer seine ganz persönlichen Charakter und Eigenheiten mit. Mal abgesehen davon, dass für einen entspannten und gehorsamen Hund nicht immer die Rasse ausschlaggebend ist, sondern vielmehr die Erziehung und das Wesen des Menschen, der ihn führt.

So kann ein Australian Shepherd vom richtigen Züchter in den richtigen Händen ein superlieber, entspannter und treuer Gefährte sein, während er bei einem anderen Besitzer ein völlig hyperaktiver Hund außerhalb jeglicher Kontrolle geworden wäre. Denn die Rasse ist nie so entscheidend wie die Erziehung und Haltung, die ein Hund erfährt.

Auch Züchter und die Elterntiere spielen eine große Rolle. Ein Hund, der von der Rassebeschreibung her eigentlich sehr entspannt sein sollte, kann also auch extrem nervös werden, weil die Elterntiere schon sehr gestresst waren, die Aufzucht einfach katastrophal gewesen ist und der Welpe einfach nicht erzogen wurde. Daher sollte man immer eine wichtige Sache im Kopf haben: Die Entscheidung für die richtige Rasse (wenn man sich für einen reinrassigen Hund entscheidet) ist wichtig und sollte durchdacht sein, damit die grundlegenden Eigenschaft des Hundes und dessen Energie zu Ihnen passt, aber die Auswahl des Züchters, Ihr Wissen, Sie als Mensch und Ihr Umgang mit dem Hund sind mindestens genauso ausschlaggebend dafür, wie Ihr Hund sich entwickelt.

Der Rassehund und seine genetische Gesundheit

Es werden viele Diskussionen um das Thema Rassehund geführt. Die einen behaupten, Mischlinge seien die „gesünderen“ Hunde und dass es ja sowieso schon so viele Hunde gäbe, da müsse man ja nicht noch „nachproduzieren“. Auf der anderen Seite wird behauptet, kontrollierte Zucht sei der einzige Weg, die Gesundheit des Hundes zu kontrollieren. Aber was stimmt jetzt eigentlich? Ist der Rassehund gesünder oder doch der Mischling?

Als allererstes sollte festgehalten werden, dass jeder Hund im Laufe seines Lebens erkranken kann. Auch wenn ein Hund gesund ernährt wird und ein entspanntes Leben hat, kann er krank werden. Worauf man allerdings Einfluss haben kann, sind die Krankheiten,

die der Hund haben könnte, weil er sie von vorherigen Generationen vererbt bekommen hat. Jetzt könnte man sagen, dass das doch ganz einfach ist. Ist ein Hund krank und zeigt Symptome, nimmt man ihn aus der Zucht und verhindert so, dass diese Krankheit an die nächste Generation weitergegeben werden kann. Doch leider ist die Genetik nicht ganz so einfach, wie man das gern hätte. Das liegt schlicht und einfach daran, dass viele Merkmale gekoppelt vererbt werden, also bei einem oder beiden Elterntieren auf ihrer DNA eine Krankheit liegt, man sie aber nicht sehen kann, weil sie nicht ausgebrochen ist. In der Genetik nennt man das genotypisch (also nur auf den Genen liegend, als Erbbild) und phänotypisch (also dass es nicht nur in den Genen liegt, sondern es auch im Erscheinungsbild zu sehen ist). In der Hundezucht heißt das, nur weil ein Hund optisch krankheitsfrei ist, bedeutet das nicht, dass er es genetisch ebenfalls ist. Er kann also Krankheiten vererben, ohne sie selbst zu haben und das über mehrere Generationen hinweg. Auch wenn viele Züchter es gern behaupten – es ist nicht möglich, Krankheiten gänzlich zu kontrollieren oder auszuselektieren. Ganz egal, wie kontrolliert man züchtet. Denn dafür ist die Genetik viel zu komplex. Man kann lediglich versuchen, jene Tiere bei denen Krankheiten augenscheinlich auftreten oder bei denen man sie testen kann, von der Zucht auszuschließen. Vielfalt ist hier das Zauberwort für gesunde Hunde.

Man weiß heute, je vielfältiger, also je größer der Genpool ist, desto geringer ist das Risiko für vererbbare Krankheiten. Es ist zwar auch keine Garantie für absolut gesunde Hunde, aber die Chance, dass Krankheiten auftreten, ist deutlich geringer. Jetzt haben Züchter allerdings ein Problem. Denn wenn man nur Hunde verpaaren möchte, die sich ähnlich sehen, also einer Rasse angehören, muss man automatisch mit einem kleineren Genpool arbeiten. Schließlich möchte man ja, dass die Nachkommen wie ihre Elterntiere aussehen. Man kann also nur Tiere miteinander verpaaren, die dasselbe Aussehen haben und das bedeutet zwangsläufig Verwandtschaft, wenn auch aus verschiedenen Generationen. Mehrfach ausgezeichnete Zuchtrüden dienen oft als Samenspender oder Deckrüde für zahlreiche Welpen, was ebenfalls nicht dazu beiträgt, den Genpool zu vergrößern.

Der Genpool eines Rassehundes ist also immer deutlich kleiner als bei einem Mischling, egal, von wo von wo die Elterntiere der Rasse kommen. Bei einer Rasse entsteht zwangsläufig Inzucht und dies führt unweigerlich zu erhöhtem Krankheitsrisiko. Die einzige Chance, die ein Züchter hat, um einigermaßen gesunde Hunde zu züchten, ist die Verfolgung der Ahnenreihe und das Dokumentieren der Zucht in den Papieren, um so darauf zu achten, dass bestimmte Krankheiten weitestgehend von der Zucht ferngehalten werden. Ein gute Züchter fährt für einen guten Zuchtrüden oft weite Strecken. So erreicht er zumindest eine kleine genetische Vielfalt, wenn man das so nennen will.

An diesem Punkt könnte man meinen, dass es eigentlich leicht sein sollte, gesunde Hunde zu züchten, in dem man die kranken Hunde aus der Zucht rausnimmt. Doch leider kann man viele genetische Krankheiten im Welpenalter noch nicht nachweisen oder erkennen. So kann es also sein, dass mit den Elterntieren schon über Jahre gezüchtet wurde, bis bei einigen Nachkommen schließlich eine Krankheit auftritt oder nachgewiesen wird. Grundsätzlich gilt, dass sofern es in einer Zucht viele

gesunde Hunde gibt, die Chance groß ist, dass auch die Nachkommen gesund sein werden. Je mehr Tiere genetische Krankheiten zeigen, desto eher werden auch die Welpen krank zur Welt kommen. Der Züchter kann also darauf achten, Hund nicht einzusetzen, wenn Krankheiten zu sehen oder nachweisbar sind.
Zusammenfassend kann man also sagen, dass bei einem Mischling der Genpool wesentlich größer und er bedingt dadurch auch genetisch viel stabiler ist. Trotzdem schließt das natürlich nicht aus, dass ein Mischling ebenso Krankheiten hat und vererbt oder ein Rassehund absolut gesund sein kann. Ein guter Züchter wird sein Bestes tun, um im Rahmen seiner Möglichkeiten gesunde Hunde mit möglichst weitem Genpool miteinander zu verpaaren. Trotzdem sollten Sie sich immer im Vorhinein über rassetypische Krankheiten informieren. (Siehe auch das Kapitel: *Qualzuchten*). Auch deshalb sollte man sich gut informieren, welche Hunde der Züchter miteinander verpaart, in welcher Generation Inzucht vorgekommen ist und inwiefern sich der Züchter über Krankheiten informiert und seine Tiere getestet hat.

Doch trotz aller Genetik hat ein Hund vom Züchter auch Vorteile. So sind sowohl die Mutterhündin als auch der Vater sowie im Idealfall die Tanten, Onkel und Großeltern bekannt, wohnen eventuell sogar beim Züchter und können vor Ort besichtigt werden. Wenn man die Elterntiere, Tanten und Onkel kennt, hat man schon gute Anhaltspunkte dafür, in welche Richtung die Entwicklung des Hundes sowohl genetisch als auch verhaltenstechnisch gehen wird. Bei sehr ruhigen, ausgeglichenen Elterntieren, die gut mit Stress umgehen können, ist die Wahrscheinlichkeit äußerst hoch, dass diese Eigenschaft

auch an den Nachwuchs vererbt wird. Der Züchter kann also gut beeinflussen, welche Eigenschaften er gerne für die Welpen haben möchte und nur Elterntiere verpaaren, die diese Eigenschaften schon mitbringen. Sie sollten aber bedenken, dass es sich genau so auch mit nervösen und kranken Tieren verhält. Ein weiterer sehr großer Vorteil eines Züchters ist es, dass er sich um eine gute Aufzucht und somit Sozialisierung der Welpen kümmern kann und so bereits Grundlagen für das spätere Hundeleben legen kann. Man sagt, ein Drittel des Charakters und der Entwicklung des Hundes macht der Züchter aus, den Rest der Hund selbst und der zukünftige Halter. Soll heißen, dass egal wie gut Training, Führung und Erziehung später ausfallen – dieses eine Drittel ist maßgeblich beteiligt an dem Verhalten und dem Wesen eines Hundes und lässt sich später kaum noch beeinflussen.

Augen auf beim „Rassekauf"

Wenn Sie in Betracht ziehen, sich einen Rassehund anzuschaffen, sollten Sie äußerst vorsichtig sein, da der illegale Welpenhandel floriert und eine beträchtliche Anzahl von Welpen nach Deutschland geschmuggelt wird, um dann von fragwürdigen „Züchtern" verkauft zu werden. Die Anschaffung eines Rassehundes erfordert finanzielle Mittel, daher ist dringend davon abzuraten, sich auf Billigangebote einzulassen. Es ist von grundlegender Bedeutung, dass angehende Hundebesitzer gründliche Recherchen anstellen, potenzielle Züchter persönlich besuchen und sich ausreichend Zeit nehmen, um sicherzustellen, dass sie einen verantwortungsvollen und seriösen Züchter auswählen.

Die Anschaffung eines Rassehundes ist eine langfristige Investition, daher ist es entscheidend sicherzustellen, dass der Hund von einem verantwortungsvollen Züchter stammt, um das Wohlbefinden und die Gesundheit des Tieres zu gewährleisten. Weitere Details darüber, wie man einen guten Züchter erkennt und worauf man achten sollte, werden in späteren Kapiteln genauer erläutert.

Rasseeigenschaften und was sie bedeuten

Meist hat man, wenn man sich einen Hund anschaffen möchte, bereits die ein oder andere Rasse im Kopf. Zum Beispiel, weil man einen solchen Hund bei Freunden oder auch anderswo gesehen oder bereits kennengelernt hat. Danach wird in der Regel im Internet nach einer Rassebeschreibung gesucht, um sich über Eigenschaften und Bedürfnisse der Rasse zu informieren. Und obwohl es meistens recht gut beschrieben wird, sind immer wieder Hundebesitzer im Nachhinein überrascht oder überfordert und sagen etwas wie: „Aber ich wusste ja nicht, dass das so extrem sein würde“. Das liegt oft schlicht daran, dass viele Menschen zwar lesen, was in der Rassebeschreibung steht, sich aber nicht wirklich bewusst darüber sind, was das eigentlich für sie und ihren Alltag bedeutet. Mal abgesehen davon, dass in beispielsweise fast jeder Rassebeschreibung steht, dass diese Rasse ein toller Familienhund ist und sich alles oft unkomplizierter liest, als es dann irgendwie im Alltag auf einmal ist. Daher ist es umso wichtiger zu verstehen und auch zu hinterfragen, was genau da eigentlich in einer Rassebeschreibung genau steht und seien Sie sich darüber im Klaren: Nicht nur Sie haben Erwartungen an den Hund, sondern ein Hund wird – je nach Rasse – auch bestimmte Ansprüche und Erwartungen an Sie haben.

Jeder Züchter, den Sie fragen, wird Ihnen sagen, dass seine Rasse die beste ist – klar, sonst würde er sie ja auch nicht züchten. Aber ein guter Züchter kennt seine Rasse genau und schaut sich sorgsam an, ob sie auch wirklich für Sie geeignet ist. Denn jeder Hund bringt seine ganz individuellen Eigenschaften mit, die weder gut noch schlecht sind. Man sollte sich eben nur bewusst sein, was genau diese Eigenschaften im Alltag bedeuten und sich im Klaren darüber sein, was dies in der Konsequenz bedeutet. Und am Ende, ob dieser Hund zu einem passt. Daher habe ich im Folgenden ein paar der typischen Beschreibungen und Äußerungen unter die Lupe genommen:

Was bedeutet …

„… ist als Familienhund geeignet“?

Bei so gut wie jeder Rassebeschreibung – bis auf wenige Ausnahmen – kann man die Worte: „… ist als Familienhund geeignet“ finden. Dies führt dazu, dass Hundetrainer sich immer wieder mit verzweifelten Besitzern auseinandersetzen müssen, die mit völliger Überforderung und einer Menge Frust in die Hundeschule kommen, weil der Hund überhaupt nicht dem entspricht, was man sich vorgestellt hatten. Aber woran liegt das?

Wenn Sie einen Züchter fragen – egal welcher Rasse – ob seine Hunde für ein Familienleben geeignet ist, wird er sehr wahrscheinlich mit „Ja“ antworten und damit auch richtig liegen. Denn grundsätzlich ist fast jeder Hund, mit ein paar wenigen Ausnahmen, problemlos in eine Familie mit Kindern integrierbar. Vorausgesetzt, dass er richtig aufgezogen wird, man auf seine Bedürfnisse achtet und er seiner Art entsprechend gefördert wird. Immer wieder kommt es jedoch zu massiven Problemen mit Hunden in Familien. Der Grund liegt

darin, dass es ein sehr unterschiedliches Verständnis des Wortes „Familienhund“ gibt.

Viele Menschen, die wissen wollen, ob eine Rasse als „Familienhund“ geeignet ist, meinen damit nicht allein, ob der Hund freundlich zu Kindern ist. Denn das ist eigentlich fast jeder Hund, sofern er Kinder bereits früh kennenlernt, er gut sozialisiert ist und keine schlechten Erfahrungen gemacht hat. Die meisten Menschen meinen mit „Familienhund“ eigentlich die Erwartung, dass der Hund sich ohne eigene Ansprüche problemlos in den Familienalltag integrieren lässt. Man erwartet einen anspruchslosen Hund, der immer geduldig, ruhig und tolerant ist und einfach nur froh ist, überall dabei zu sein. Manche gehen so weit, sich einen Hund zu wünschen, der entspannt mit den Kindern ist und sie nicht jagen oder kneifen will, obwohl sie laut schreiend durch die Wohnung rennen. Einen Hund, der nichts zerstören wird und der mit dreimaligem Gassigehen und viermal Ballwerfen am Tag zufrieden und glücklich ist. Toll wäre dann noch, wenn er sich leicht erziehen lassen würde, er sehr schnell das tut, was man von ihm möchte und das einfach nur deshalb, weil man es möchte und wenn man das ein oder andere Mal inkonsequent in der Erziehung ist – weil man grade mal keine Zeit hat oder im Stress ist – sollte er einen als Führungsperson nicht gleich gänzlich infrage stellen.

Und genau in dieser Unterscheidung zwischen „Familienhund“ und „anspruchs- und bedürfnislosem Hund“ liegt oft ein ganz großes Missverständnis! Denn eigentlich will man wissen, ob der Hund bestimmte Eigenschaften mitbringt, die in den ganz persönlichen Familienalltag gut hineinpassen und die einen das eigene Leben entspannt und ohne Einschränkungen gestalten lassen. Doch das ist eine ganz andere Frage als die, ob der Hund freundlich zu Kindern ist. Daher ist es ganz wichtig, dass Sie sich genau überlegen, was Sie eigentlich wissen möchten, wenn Sie einen Züchter fragen, ob ein Hund als „Familienhund“ geeignet ist. Wollen Sie nur wissen, ob der Hund sich mit Kindern gut verträgt oder wollen Sie wissen, ob er zu Ihnen, Ihrem persönlichen Alltag und dem, was Sie ihm in der Familie bieten können, passt?

Denn nur, wenn Sie die richtigen Fragen stellen, werden Sie auch die richtigen Antworten bekommen können und dann werden Sie zum Schluss auch den zu Ihnen passenden Hund finden.

„… ist nicht für Anfänger geeignet“?

Viele Menschen unterschätzen, was es bedeutet, wenn in der Rassebeschreibung steht, dass der Hund nicht für Anfänger geeignet ist. Was soll schon passieren? Dann gehe ich eben in die Hundeschule und die werden mir schon zeigen, was ich machen soll. Doch leider ist das weit gefehlt!

Als Hundeanfänger sind Sie noch unerfahren. Unerfahren in dem, wie Sie einen Hund zu erziehen haben, und auch darin, die Körpersprache Ihres Hundes zu verstehen und Ihre eigene Körpersprache richtig einzusetzen. So kann es sein, dass Ihnen die Sicherheit und das Selbstbewusstsein Ihrem Hund gegenüber fehlen, was dazu führen würde, dass Sie in kritischen Situationen unsicher, falsch oder gar nicht handeln. Das muss von Ihnen alles erst noch gelernt werden. Sie werden als Hundeanfänger Fehler machen, werden manchmal nicht wissen, was Ihr Hund Ihnen eigentlich sagen will. Sie werden an Stellen, an denen Sie durchgreifen oder konsequent sein müssten, vielleicht nicht reagieren, weil Sie die Situation nicht erkannt oder falsch eingeschätzt haben. Das alles wäre an sich nicht schlimm, da jeder klein anfängt. Doch haben Sie jetzt einen Hund, der Sie infolgedessen gleich als Führungsperson infrage stellt und anfangen wird, selbst zu handeln. Wenn Sie Situationen nicht richtig einschätzen, sind unerwünschte und gesellschaftlich problematische Verhaltensweisen nicht selten vorprogrammiert. Und Hunde, die nicht für Anfänger geeignet sind, tun genau das. Sie verzeihen Erziehungs- und Führungsfehler nur ganz schwer. Sie merken ein Zögern und erkennen, wenn man Situationen nicht richtig einschätzt. Diese Hunde sind selbstbewusst genug, um eigenständig zu handeln. Genau das war schließlich auch gewünscht. Niemand braucht einen Wachhund oder Herdenschutzhund, der erst um Erlaubnis fragt, ob er jetzt wirklich verteidigen soll und das auch okay ist wenn er jetzt bellt oder angreift, wenn sich ein Eindringling nähert. Solch ein Hund hätte schlichtweg seinen Job verfehlt. Wenn sie nun aber als Halter keine sichere, klare und konsequente Führung an den Tag legen – und zwar von Anfang an–, haben Sie als Hundebesitzer einfach ein Problem. Denn ein Hund, der selbstständig entscheidet, ob der andere Hund wegjagt oder angegriffen werden soll oder der eigenständig entscheidet, wer ins Haus darf und wer nicht, den werden Sie nur schwer kontrollieren können. So ein Hund wird auch eigenständig entscheiden, wer ihm was sagen darf oder sogar wer sich Ihnen nähern darf und wer nicht. Denn glauben Sie mir bitte, Sie möchten nicht, dass Sie vor einem fünzig Kilo schweren Hund stehen und ihm sagen, dass er den Besuch doch bitte hereinlassen soll, während er Ihnen ganz klar antwortet: „Nein!“.

Ein Hund braucht authentische und selbstbewusste Führung, die Sie ihm nur dann von Anfang an bieten können, wenn Sie bereits Erfahrung und Wissen im Umgang mit Hunden haben. Deshalb sollte man vor allem als Anfänger zu einem Hund tendieren, der Erziehungsfehler verzeiht. Der, wenn man etwas falsch gemacht hat, sagt „Ok, kein Problem, wir versuchen das einfach noch mal. Du schaffst das schon!“ und der, wenn man ihm etwas sagt, den Anweisungen folgt. Eben weil er gerne zusammenarbeitet und gefallen möchte und in dem Moment nicht sagt „Erklär mir mal, wieso ich mich jetzt auf den nassen Boden setzen soll, nur weil du „Sitz“ sagst?“. Daher beginnen Sie als Anfänger am besten mit einem Hund, der für Anfänger geeignet ist oder Sie eignen sich vor dem Hundekauf so viel Wissen an, dass Sie in der Lage sind, den Hund zu lesen, zu verstehen und zu führen.

Eine Sache noch: Alle Hunde, auch jene, die für Anfänger geeignet sind, haben immer auch eigene Bedürfnisse, die erfüllt werden sollten. Und wirklich jeder Hund, unabhängig von seinem Charakter, braucht eine konsequente Erziehung und eine klare Führung. Wer einen Hund hat, sollte Situationen richtig einschätzen und verstehen können. Dabei geben einem manche Hunde einfach mehr Zeit und den Freiraum, dass man das ein oder andere mit Ihnen zusammen noch lernt. Sie verzeihen, wenn man mal etwas falsch macht und belohnen, wenn man es danach richtig macht. Ein Anfänger sollte Hunderassen suchen, die tolerant sind und sich freuen, wenn sie dem Menschen gefallen.

„... hat eine hohe oder niedrige Reizschwelle“?

Sehr häufig liest man in Rassebeschreibungen etwas über Reizschwellen beim Hund. Diese können als hoch, mittel oder niedrig eingeschätzt werden. Aber was bedeutet das eigentlich?

Die Reizschwelle beschreibt, wie schnell und wie stark ein Hund auf einen von außen kommenden Reiz reagiert. Es geht also darum, wie reizempfindlich und damit auch psychisch belastbar ein Hund ist. Reize von außen können Geräusche, Bewegungen, Schmerzen oder einfach nur ein Kommando vom Halter sein. Alles eben, was um den Hund herum so passiert. Viele Rassen bringen genetisch schon eine bestimmte Reizschwelle mit. Rasseunabhängig kann es aber auch sein, dass ein Hund verschiedene Reizschwellen auf unterschiedliche Reize hat. Er kann also zum Beispiel gegenüber einem lauten Knall empfindlich sein, während Kindergeschrei ihm nichts ausmacht. Auch kann eine Reizempfindlichkeit vom Menschen verursacht worden sein.

Hunde mit hoher Reizschwelle

Hunderassen, denen eine hohe Reizschwelle nachgesagt wird, sind eher die entspannten Vertreter ihrer Art. Für sie muss ein Reiz schon sehr stark sein, um als wichtig genug für eine Reaktion empfunden zu werden. Das bedeutet, sie brauchen immer etwas länger, bis sie überhaupt eine Reaktion zeigen. Schreiende Kinder, Hektik im Alltag oder gestresste Halter lassen diese Hunde mit der richtigen Sozialisierung entspannt und gelassen bleiben. Dadurch wirken sie oft träge, bleiben dafür aber auch eben in stressigeren Situationen eher gelassen.

Die hohe Reizschwelle gilt andererseits natürlich auch für Signale des Halters. So brauchen solche Hunde meist etwas länger, um auf ein Signal zu reagieren. Ein zackiges und direktes Befolgen von Signalen ist nicht unbedingt ihre Stärke. Mit einem leichten Lächeln könnte man fast behaupten, dass es einfach etwas länger dauert, bis das Kommando den weiten Weg vom Gehirn zu den Gliedmaßen findet. Diese hohe Reizschwelle und die damit verbundene Eigenschaft der Gelassenheit sollte allerdings keinesfalls als Trägheit abgetan oder unterschätzt werden. Denn auch wenn

diese Hunde eine ruhige Ausstrahlung haben – wenn sie wollen, können sie extrem durchsetzungsstark sein. Daher gelten sie oft als dickköpfig und schwer erziehbar. Sie wissen meist genau, was sie wollen, und da braucht es schon etwas mehr Überzeugungskraft als nur ein einfaches „weil ich es so sage". Viele Hundebesitzer schätzen jedoch genau diese Eigenschaft. Mit Geduld und Erfahrung können auch diese Hunde natürlich gut erzogen werden – was angesichts ihrer oft beträchtlichen Größe umso wichtiger ist.

Beispiele für typische Rassen mit hoher Reizschwelle: Viele Molosser-Rassen oder Berner Sennenhunde

Hunde mit niedriger Reizschwelle

Hunde mit niedriger Reizschwelle reagieren sehr empfindlich auf ihre Umwelt. Diese Sensibilität lässt sie blitzschnell Reaktionen auf jegliche Außenreize zeigen. Meist trifft dies auf Hunde zu, die diese Eigenschaften und die Fähigkeit der schnellen Reaktion für ihre ursprüngliche Aufgabe brauchten. So können diese Hunde mit einer niedrigen Reizschwelle aber auch viel schneller und stärker auf Anweisungen und Kommandos des Halters reagieren. Sie sind extrem aufmerksam und bekommen durch ihre Sensibilität alles sofort mit. So kann es zum Beispiel sein, dass diese Hunde auf einen kleinen Pfiff hin auf der Stelle kehrt machen und sofort angeflogen kommen, während beispielsweise die Bulldogge – die eher eine hohe Reizschwelle hat – den Reiz im Kopf auszuwerten scheint, ob er jetzt wirklich so wichtig ist und wirklich sofort ausgeführt werden muss. So reichen bei Hunden mit niedriger Reizschwelle auch bei falschem Verhalten meist kleinste Korrekturen, um ein Verhalten abzubrechen, da eben kleinere Reize stärker empfunden werden. Ein „Nein" kann hier also auch viel beeindruckender auf den Hund wirken als auf einen reizunempfindlichen Hund.

Doch die Reizempfindlichkeit kann schnell auch nach hinten losgehen, denn diese Hunde können durch Stress viel leichter Probleme bekommen. Kreischende, rennende Kinder, ein gestresster Halter oder ein hektischer Alltag können für sie zu einem ernsthaften Problem werden. Besonders, wenn man dies nicht beachtet. Auf- oder Anspringen, Bellen, Nervosität, Zerstörung von Dingen, Herumrennen bis hin zu Schnappen oder andere körperliche Reaktionen können die Folge sein. Daher ist vor allem bei Rassen, die bereits genetisch zu einer niedrigen Reizschwelle tendieren, eine gute Aufzucht und Sozialisierung unerlässlich!

Typische Rassen mit niedriger Reizschwelle:
Hütehunde aller Art (Border Collie, Australian Shepherd, Schäferhunde)

Die Beeinflussbarkeit von Reizempfindlichkeit

Wie bereits gesagt bringt jede Rasse eine bestimmte Reizempfindlichkeit mit. Aber auch äußere Bedingungen können diese Empfindlichkeit beeinflussen. Wächst ein Welpe – egal welcher Rasse – in einer extrem reizarmen Umgebung auf, so hat das Auswirkungen auf seine Reizempfindlichkeit. Ebenso, wenn ein Hund in seiner Welpenzeit von Reizen nur so überhäuft wird, sodass er völlig gestresst ist, wird er neuen Reizen gegenüber extrem empfindlich sein. Diese Hunde sind meist sehr nervös und stressanfällig. Die Folge: Sie reagieren auf kleinste Geräusche, Bewegungen und Veränderungen oft unangemessen heftig, sprich mit Stress. Sie regen sich schnell auf, drehen blitzschnell auf und kommen schlecht wieder richtig zur Ruhe. Sehr häufig trifft das vor allem auf Hunde von „Vermehrern“ oder aus illegalem Welpenhandel zu, da diese selten richtig sozialisiert wurden. Daher ist es so wichtig darauf zu achten, dass der Züchter gute Vorarbeit leistet, um später wenig Probleme zu bekommen, da diese häufig nicht mehr rückgängig zu machen sind.

„... braucht viel Auslauf / ist bewegungsfreudig?“

Wird ein Hund in der Rassebeschreibung als bewegungsfreudig bezeichnet oder so beschrieben, dass er viel Auslauf braucht, handelt es sich meist um Hunde, die ein hohes Energielevel haben. Entscheide ich mich für einen bewegungsfreudigen Hund wie beispielsweise einen Schlittenhund (zum Beispiel Husky), ein Windhund (zum Beispiel Saluki, Afghane) oder einen Laufhund (zum Beispiel Dalmatiner), dann muss und will dieser Hund bewegt werden. Am besten seinen Bedürfnissen entsprechend. Das kann bei dem einem Hund das kurze schnelle Sprinten sein und beim anderen der Zughundesport oder Bikejöring oder eine entspannt gejoggte Strecke. Was genau für Ihren Hund geeignet ist, müssen Sie gemeinsam mit ihm herausfinden. Jeden Tag nur eine halbe Stunde ruhiger Spaziergang wird diesen Hunden nicht reichen. Man sollte sich bewusst sein, wenn ein Hund unterfordert ist, wird er seine Energie woanders loswerden. Das kann dann in die Zerstörung von Dingen gehen, in extremes Zerren an der Leine oder auch zu Aggressionen führen und in starken Frust ausarten. Seien sie sich also bewusst darüber, dass sich ein Hund mit dieser Eigenschaft regelmäßig bewegen muss, um glücklich und zufrieden zu sein und das bedeutet auch für Sie, sich sehr regelmäßig zu bewegen. Anschließend darf man sich dann Zuhause gemeinsam entspannen. Und trotzdem brauchen auch Hunde mit einem hohen Energielevel viel Ruhe. Es bedeutet eben nicht, dass Sie von morgens bis abends nur laufen wollen. Würde man dies tun, würde der Hund völlig übermüdet durchdrehen. Die Symptome wären Hyperaktivität und Schlafprobleme.

Daher sollte man immer ein gutes Maß zwischen Bewegung und Ruhe finden. Auch wenn diesen Hunden das manchmal schwer zu fallen scheint, ist es wichtig, dass Sie darauf achten, dass der Hund seine Energie loswerden kann. Das erlaubt ihm danach herunterzufahren und entspannen zu können. Fordern, aber nicht überfordern lautet die Devise.

„... ist sehr intelligent?“

Einen intelligenten Hund zu haben ist doch klasse, denken sich jetzt viele! Wenn ein Hund schlau ist, bedeutet das doch, dass er viel lernt und viele Tricks kann. Wo liegt da denn das Problem? Stimmt, ein Mensch, der darauf angewiesen ist, dass der Hund minimalste Mimiken und Gesten unterscheidet und gefühlt fast schon weiß, was man denkt, für den ist ein intelligenter Hund klasse. Eigenständig auf Lösungen kommen und Mitdenken ist für viele Gebrauchshunde unabdingbar. Aber brauchen wir das in unserem Alltag wirklich? Und kann das nicht vielleicht auch nach hinten losgehen?

Es ist klar, dass ein intelligenter Hund im Alltag mit Aufgaben gefordert und gefördert werden will. So weit, so gut. Aber vielen scheint nicht ganz klar zu sein, dass ein solcher Hund seine Intelligenz auch nutzt, um das zu bekommen, was er will. Auch dann, wenn es nicht in Ihrem Sinn wäre - und das bedeutet auch gerne mal etwas zu tun, was man nicht darf. Einem intelligenten Hund kann nämlich sehr schnell mal langweilig werden. So bringt der Hund sich gerne auch mal selbst bei, Türen oder Schränke zu öffnen, zu verstehen, wann man nicht gesehen wird und erst dann den Müll zu durchwühlen bzw. den Tisch abzuräumen oder man alleine ist. Intelligente Hunde lesen uns unheimlich gut. Sie wissen, was wir tun und wann wir es tun und man hat sogar das Gefühl, dass sie wissen, was wir denken. Und nicht selten erlebt man Hunde, die ihren Besitzer einfach – im wahrsten Sinne des Wortes – austricksen. Intelligenz kann nämlich auch bedeuten, jeden Fehler des Besitzers mitzubekommen und dementsprechend eigenständig und nach eigenem Interesse zu handeln, was einem in der Regel nicht zum Vorteil dienen wird. Daher sollten Sie sich wirklich gut überlegen, ob Sie einen derart intelligenten Hund haben möchten und auch artgerecht fördern und fordern können und wollen. Wer also sagt, dass er genau das braucht, weil man eine spezielle Ausbildungen mit dem Hund machen möchte oder besondere Aufgaben für ihn vorgesehen hat, für den kann so ein Hund genau das Richtige sein. Beispielsweise zählt der Border Collie zu einer der intelligentesten Hunderassen. Doch dieser Hund gehört definitiv nur in erfahrene Hundehände.

„… ist selbstständig?"

Selbstständige Hunde sind Hunde, die dafür gezüchtet wurden, in ihrer Arbeit eigenständige Entscheidungen zu treffen. Denn nicht in jeder Zucht ist es erwünscht, dass der Hund sich ständig beim Halter das „Ok" für sein Handeln einholt. Wenn ein Ridgeback bei der Löwenjagd jedes Mal erst um Erlaubnis fragen würde, wenn er einem Löwen gegenüber steht, würde er schlicht und einfach sterben. Wenn ein Wachhund jedes Mal, wenn eine fremde Person das Grundstück betritt, warten würde, bis der Halter etwas dazu sagt, hätte er seinen Job verfehlt. Auch fragen diese Hunde eher nicht um Hilfe, wenn sie mal nicht weiterkommen oder unsicher sind. Das bedeutet, dass für bestimmte Aufgaben eine selbstständige Denkweise beim Hund unerlässlich ist. Sehr viele Hundehalter mögen diese Eigenschaft an ihrem Tier, weil sie finden, dass genau das ihren Hund ausmacht. So ein Verhalten kann und wird aber zu einem Problem werden, wenn man unwissend ist oder einem das Selbstbewusstsein fehlt, den Hund richtig anzuleiten, denn Hunde merken beides. Weiß man als Halter allerdings mit dieser Eigenschaft umzugehen, verfügt über Erfahrung und Hundewissen und weiß, was auf einen zukommt, kann man zu einem starken Team zusammenwachsen. Konsequenz und Glaubwürdigkeit des Menschen sind absolute Bedingung für diese Hunde. Bei einem selbstständigen Hund sollte immer das, was der Halter erwartet, auch für den Hund Sinn ergeben. Denn der Hund wird oft erst mal hinterfragen, warum er genau das jetzt eigentlich tun soll. Liefert man ihm dann keine plausible Antwort, hat man verloren. Hier ist daher definitiv Hundewissen gefragt.

„… ist sehr sensibel?"

Viele Menschen wissen zwar, was das Wort „sensibel" bedeutet, aber nicht, was es in der Konsequenz im Hundealltag heißt. Im Grunde kann man sagen, ein sensibler Hund ist das gleiche wie ein reizempfindlicher Hund – also einer mit niedriger Reizschwelle. Diese Hunde bekommen einfach alles um sich herum mit und reagieren dementsprechend „sensibel" darauf. Sie spüren unsere Emotionen und übernehmen sie meist direkt. Dies kann – wie bereits bei dem Thema der niedrigen Reizschwelle beschrieben – Vor- und Nachteile mit sich bringen. Der Hund reagiert stark auf kleinste Einwirkungen. Ein ernsthaftes, energisches „Nein" beeindruckt diese Hunde sehr viel schneller als andere Hunde mit weniger Sensibilität. Daher brauchen sie auch eine sanfte Erziehung durch einen emotional stabilen Halter. Die sensiblen Hunde reagieren blitzschnell und bei gutem Training setzen sie Kommandos unmittelbar um. Genau das schätzen viele Halter an ihrem Hund, denn sie brauchen keine starke Hand und können mit kleinsten Gesten und Mimik ihrem Hund vermitteln, was sie wollen. Dies ist zum Beispiel bei einem Border Collie in der Arbeit mit Schafen enorm wichtig. Sie müssen ihn über größere Distanzen und teilweise bei schlechtem Wetter allein durch Pfiffe oder Signale dirigieren können, worauf auch die hohe Geräuschempfindlichkeit der Hunde zurückzuführen ist.

Ein sensibler Hund ist ein perfekter Spiegel der eigenen Gefühle – ob Sie das wollen oder nicht. Sind Sie gestresst, wird Ihr Hund das direkt übernehmen. Ist bei Ihnen Zuhause richtig was los, wird dieser Hund wahrscheinlich Probleme damit haben, tiefenentspannt im Körbchen zu liegen, sondern auch selbst aufdrehen. Oder wird Zuhause laut gestritten, kann es durchaus sein, dass Ihr Hund das auf sich bezieht und sich mit gesenktem Kopf zurückzieht. Viele Hunde werden durch ihr Umfeld stark verunsichert. Ein lauter Haushalt mit wilden Kindern und viel Stress ist für diese Hunde bestimmt nichts. Sie brauchen einen entspannten Halter, der auch in Stresssituationen Ruhe bewahren kann und darauf achtet, dass es dem Hund nicht zu viel wird und er die Ruhe bekommt, die er braucht. Für diese Hunde ist es wichtig, nach der Arbeit mit dem Menschen Familienanschluss zu haben. Bei richtiger Haltung sind sie immer bemüht, auch alles richtig zu machen. Was ins Positive klappt, funktioniert allerdings auch in die andere Richtung. So lassen sich diese Hunde unheimlich schnell von solchen Reizen ablenken, auf die man eigentlich keine Reaktion wünscht. Das können Geräusche, Stimmungsänderungen, Bewegungsreize wie Fahrradfahrer, Kinder oder andere Dinge sein. Beispielsweise kann ein anderer Hund vor dem Haus ein so starker Reiz für Ihren Hund sein, dass er nicht mehr sitzen bleiben kann und es zu starken Reaktionen wie Anspringen, Bellen oder Hinausstürmen kommt. Daher ist hier viel Ruhe, Geduld und Arbeit gefragt. Zählt man zu den gelassenen, selbstsicheren und konsequenten Menschen, dann kann man mit einem sensiblen Hund sehr glücklich werden.

„... braucht eine konsequente Erziehung?"

Immer wieder liest man, dass ein Hund eine konsequente Erziehung braucht. Okay, sollte uns allen ja eigentlich klar sein. Schließlich „weiß man das ja". Man hört es ja auch überall, Aber was bedeutet das eigentlich genau und warum steht das in manchen Rassebeschreibungen noch mal extra drin? Braucht das denn nicht jeder Hund?

Die Antwort auf diese Frage ist einfach Ja. Grundsätzlich sollte jede Erziehung eines Hundes und das Verhalten des Halters konsequent und konsistent sein. Das unterscheidet sich übrigens nicht von der Erziehung eines Kindes. Aber es gibt Hunde, die es einem eher verzeihen, wenn man die Führungsrolle erst noch ein wenig erlernen muss. Sie schauen also über den ein oder anderen „Fehltritt" hinweg und tragen es einem nicht wirklich nach. Und dann gibt es die Hunde, die Inkonsequenz nicht tolerieren. Haben diese Hunde den Eindruck, ihr Mensch sei nicht in der Lage, Situationen gut und richtig zu managen oder zu erkennen, wird dieser schnell als „inkompetent" und „ist zu ignorieren" eingestuft. Und das kann dann durchaus wirklich schnell zu einem Problem werden. Vor allem, weil es sich nicht selten bei diesen Hunden durchaus um sehr große Hunde handelt, die dann wirklich nur noch schwer zu managen sind.

Aber was bedeutet Konsequenz und Konsistenz im Verhalten eigentlich genau?

Konsequenz beschreibt die Fähigkeit, von einer einmal getroffenen Entscheidung nicht mehr abzuweichen, auch wenn es schwierig wird. Im Hundetraining könnte man sagen, wenn der Hund ein Kommando bekommt, erwartet man, dass es immer auf dieselbe Art bis zum Schluss umgesetzt wird. Egal was passiert. Klingt erst mal leicht, ist es aber im Alltag nicht unbedingt immer.

Konsequenz bedeutet also Verlässlichkeit und Beständigkeit, sowohl für Sie selbst als auch für andere.

Konsistenz hingegen bedeutet Beständigkeit und Gleichmäßigkeit im Verhalten oder in der Vorgehensweise. Im Hundetraining heißt das, dass Regeln, Kommandos und Belohnungen immer auf die gleiche Weise angewendet werden. So lernt der Hund schneller und versteht klar, was von ihm erwartet wird.

Es ist ein Verpflichtung dem Hund gegenüber, dass man von ihm erwartet, das Gesagte auch wirklich umzusetzen. Die Voraussetzung hierfür ist natürlich, dass man auch sehr klar weiß, was man eigentlich vom Hund erwartet und möchte. Das ist manchmal gar nicht so einfach, wie man denkt. Man braucht dafür eine genaue Vorstellung von seinem Trainingsziel, was man erreichen möchte. Der Hund kann also in ein und derselben Situation stets die gleiche Reaktion erwarten. Es geht also darum, klar und verlässlich zu handeln, Grenzen zu setzen und einzuhalten und seine Ziele zu kennen und diese zu verfolgen.

Ein einfaches Beispiel:
Stellen Sie sich vor, Sie müssen schnell mal mit Ihrem Hund von A nach B und haben es eilig. Ein Jogger kommt vorbei und Sie geben Ihrem Hund das Signal, sich zu setzen. Ihr Hund zögert, weil er den Jogger spannend findet. Sie wiederholen das Signal, aber Ihr Hund schaut immer noch gespannt auf den Jogger. Der ist mittlerweile ohne Zwischenfall vorbeigejoggt. Konsequent wäre es jetzt, so lange ist also wichtig, geduldig dranzubleiben, bis der Hund sitzt, auch wenn der Grund dafür bereits vorbei ist, also der andere Hund beispielsweise schon längst vorbei gegangen ist. (Dabei sollten wir uns immer vergewissern, dass der Hund die geforderte Leistung auch wirklich erbringen kann – das heißt, dass er bereits dafür trainiert wurde und wir diese Leistung in Anbetracht seines aktuellen Trainingsstands erwarten können. Hier sind

absolute Fairness und eine realistische Einschätzung des Halters gefragt. Wir können von unserem Hund schließlich nicht erwarten, dass er eine Algebra-Abiturarbeit schreibt, wenn wir ihm nicht einmal das Rechnen beigebracht haben.) Und danach soll der Hund so lange sitzen, bis Sie ihm sagen, dass er wieder aufstehen darf. Was würden Sie tun? Unter Zeitdruck?

Wie bereits beschrieben – Konsequenz bedeutet, dass man weiß, was man will und dass man immer das Gleiche erwartet und es jedes Mal auch standhaft bis zum Ende durchzieht. Egal in welcher Situation, egal wie eilig man es hat, egal wie gestresst man ist, egal wie lange es dauert und egal wie oft man es wiederholen muss. Außerdem bleibt man dabei ruhig und geduldig. Ein ausgesprochenes Signal zieht man immer – aber auch wirklich immer – bis zum Schluss durch. Einmal so und einmal anders, weil er beim einen mal halt so süß schaut oder man schnell losmuss, darf es nicht geben. Wenn Sie beim Lesen jetzt schon denken, oh Gott, das schaffe ich nicht, ist ein Hund, der eine wirklich konsequente Erziehung benötigt, sicherlich nichts für Sie.

Aber wo ist jetzt der Unterschied zwischen den Hunderassen?

Nun, es gibt einfach Hunde, die zweifeln grundsätzlichen alles an, was Sie sagen. Und wenn Sie nicht genau wissen, was Sie wollen, werden sie das spüren. Das bedeutet, wenn Sie inkonsequent oder unsicher zu handeln beginnen, werden diese Hunde die Situation das nächste Mal selbst in die Hand nehmen. Sie nehmen Sie nicht mehr ernst und nutzen Ihre nicht klar gesetzten Grenzen immer mehr aus. So kann es sein, dass der Hund anfängt, Sie zu ignorieren oder im schlimmeren Fall, Sie zu korrigieren, wenn Sie beim nächsten Mal eingreifen möchten. Machen Sie sich also am besten Gedanken darüber, wie konsequent Sie sein können und ob Sie das auch wollen.

„... ist temperamentvoll / ist sehr aktiv?“

Bei manchen Hunden merkt man, dass sie voller Energie stecken. Sie sind von Natur aus richtig wuselig und neigen zur Hyperaktivität. Meist sind es Hunde, die, wie bereits erwähnt, eine niedrige Reizschwelle haben und dadurch sehr reizempfindlich sind. Dazu kommt das Bedürfnis nach Bewegung, was zuchtbedingt gewollt ist (durch ihre frühere Aufgabe) und somit in ihren Genen liegt. So bietet sich bei diesen aktiven Rassen Ausdauersport und Hundesportarten wie Zughundesport oder ähnliches an. (Für Zughundesport wie beispielsweise Dogscooting braucht man übrigens keinen Husky. Man kann das auch mit sehr vielen anderen Hunden machen, die das nötige Körpergewicht mitbringen). Aktive, temperamentvolle Hunde brauchen also einen ruhigen Halter, der sich nicht so leicht stressen lässt und der außerdem darauf achtet, dass der Hund auch Pausen bekommt und einhält und zur Ruhe kommen kann. Wer sich einen Hund anschaffen möchte, weil er einen Ruhepol im Leben sucht, sollte um solche Rassen eher einen Bogen machen.

„... braucht viel Beschäftigung?“

Steht in einer Rassebeschreibung, dass der Hund Beschäftigung braucht, heißt das meist, dass er einen sehr großen Drang zum Arbeiten hat. Diese Hunde sind häufig sehr intelligent und fühlen sind in einem Familienalltag mit ein bisschen Ballwerfen und einer Runde um den Block gänzlich unterfordert. Bietet man solchen Hunden keine sinnvolle Aufgabe, die ihr Mitdenken erfordert und sie auslastet, führt das meistens sehr schnell zu unerwünschtem bis hin zu massiv auffälligem Verhalten. Die Hunde können dann überdrehen, Leute anspringen, bellen, fiepen bis hin zu einem zerstörerischen und aggressiven Verhalten. Grundsätzlich kann sich Unterforderung vielfältig äußern. Wann ein Hund aber unterfordert ist und wie viele Aufgaben er im Alltag wirklich braucht, ist aber von Rasse zu Rasse unterschiedlich. Auch bedeutet „Beschäftigung brauchen“ nicht, dass dieser Hund keinen Schlaf oder Ruhe benötigt. Diese Hunde haben nämlich durchaus ein genauso großes Bedürfnis nach Ruhe wie andere Hunderassen auch. Der Unterschied ist, dass sie es aufgrund ihrer Rasse quasi „verlernt“ haben, selbst und eigenständig zur Ruhe zu kommen. Man muss sie manchmal fast schon dazu zwingen. Denn wer will schon einen Arbeitshund, der mitten in Dienst sagt „Hey, ich bin müde - ich schlaf’ jetzt mal“. Der Unterschied liegt hier eher darin, dass sie in den Stunden, in denen sie dann wach sind, auch gerne wirklich mal intensiv und ausgiebig ihren Interessen und Vorlieben entsprechend beschäftigt werden wollen. Wer sich also einen solchen Hund zu sich holen will, sollte sich darauf einstellen, mit ihm viel arbeiten zu müssen - auch am „Ruhe halten“.

„... hat einen starken Schutztrieb?“

Eins vorweg; Es ist egal ob in der Rassebeschreibung steht, dass ein Hund einen „Schutztrieb“ hat oder nicht – jeder Hund ist in der Lage, auf „seine Familie“ aufzupassen und sie im Notfall auch zu verteidigen. Über die diesbezügliche Effektivität eines Chihuahuas können wir streiten, aber in der Lage, das Verhalten zu zeigen, ist auch er. Und auch ein Golden Retriever ist durchaus in der Lage, sich bei einer akuten Bedrohung vor „seine Familie“ zu stellen, obwohl er laut Rassebeschreibung

ein eher freundlicher und friedlicher Hund ist. Ob ein Hund sich also grundsätzlich entscheidet, zu „beschützen“, ist nicht nur von der Rasse, sondern auch von der Zucht, dem Charakter und seiner Sozialisierung abhängig. Und auch von seinem Halter. Denn wenn ein Halter unsicherer oder ängstlicher ist, kann das bei seinem Hund das Gefühl auslösen, den Halter beschützen zu müssen, weil der es in dieser Situation scheinbar nicht kann oder überfordert ist. Der Hund wird hier sehr wahrscheinlich Verantwortung für seinen Mensch übernehmen. Allerdings gibt es Rassen, die eher eine Tendenz dazu haben, aggressives und territoriales Verhalten zu zeigen als andere. Sie werden seit vielen Generationen gezüchtet, zu beschützen und zu verteidigen, was auch der Grund dafür ist, dass es in Rassebeschreibungen ausdrücklich erwähnt wird. Um ihrer ursprünglichen Aufgabe nachzugehen, also zum Beispiel Haus und Hof vor Eindringlingen aktiv zu schützen, musste ihnen im Blut liegen, ein natürliches Misstrauen gegenüber Fremden zu haben und auch den Willen und das Selbstbewusstsein, solche Eindringlinge mit allen Mitteln fernzuhalten.

Heutzutage ist es im Familienalltag jedoch eher so, dass man gerne Besuch empfangen möchte und dass man diese Menschen mag, also dass man möchte, dass „fremde“ Menschen ins Haus kommen. Außerdem erwartet der normale Familienmensch heutzutage, dass der Hund am besten zu jedem Lebewesen, egal ob Hund, Mensch oder Katze, freundlich und aufgeschlossen ist. Ein Hundeanfänger weiß oft nicht richtig mit dem Schutztrieb seines Hundes umzugehen. So kann das schnell zu Problemen führen, wenn der Hund eigenständig entscheidet, wer das Haus betreten darf und wer nicht. Daher ist es wichtig, dass man, wenn man sich für eine Rasse mit großem Schutztrieb entscheidet, bereits Erfahrung in der Erziehung von Hunden hat und sich mit der sicheren Führung von ihnen auskennt. Es ist wichtig, jede Situation im Griff zu haben. Und all das ist der Grund, warum bei Rassen mit stark ausgeprägtem Schutztrieb meist in der Beschreibung steht, dass sie nicht für Anfänger geeignet sind.

„... braucht eine gute Sozialisierung?“

Sozialisierung beim Hund bezieht sich auf den Prozess, in dem der Hund lernt, sich in seiner Umgebung, mit Menschen, anderen Tieren und verschiedenen Situationen angemessen zu verhalten. Während der Sozialisierung wird der Hund an verschiedene Reize und Umgebungen gewöhnt und lernt, mit ihnen umzugehen. Dies beinhaltet auch das Erlernen von grundlegenden Verhaltensregeln, wie zum Beispiel das Zusammenleben in einem Haushalt, das Spielen mit anderen Hunden oder das Treffen von Menschen. Eine erfolgreiche Sozialisierung ist wichtig, um sicherzustellen, dass der Hund in der Lage ist, sich in verschiedenen Situationen wohlzufühlen und angemessen zu reagieren. Sie trägt dazu bei, Angst, Unsicherheit und aggressives Verhalten zu vermeiden und fördert stattdessen ein gesundes, positives Verhalten. Grundsätzlich benötigt jeder Hund eine gute Sozialisierung! Diese erfolgt jedoch innerhalb eines begrenzten Zeitfensters. Versäumt man es, während dieser entscheidenden Phase darauf einzugehen, wird der Hund sein Leben lang damit kämpfen. Dieses Zeitfenster endet in der Regel gegen Ende der Pubertät, wobei die grundlegenden Lektionen bereits in der Welpenzeit vermittelt werden müssen. Besonders wichtig ist die Zeit bis zum vierten oder fünften Monat (siehe auch Thema „Entwicklung beim Welpen“).

Jetzt gibt es allerdings dazu Rassen, bei denen ausdrücklich darauf hingewiesen wird, dass eine „gute Sozialisierung“ von besonderer Bedeutung ist. Dies wird oft in bei jenen Hunden betont, welche von Natur aus eine gewisse Skepsis gegenüber anderen Hunden oder Menschen aufweisen können. Dies resultiert entweder aus ihrer Zucht als Wachhund oder aus ihrer Rolle als Schutzhund. Vernachlässigt man die Sozialisierung bei diesen Hunden, können schwerwiegende Folgen auftreten, insbesondere in Form aggressiven Verhaltens, das sowohl für den Menschen als auch für das Tier problematisch ist. Wer also in der Beschreibung einer Rasse auf diesen Hinweis stößt, sollte bereits von Beginn an wissen, worauf man bei einer guten Sozialisierung achten muss, und bereit sein, die erforderliche Zeit und Mühe von Anfang an aufzubringen.

Ein Überblick über die Hunderassen

Wer sich für einen Rassehund entscheidet, sollte sich gut über die Rasse informieren. Es ist wichtig, weil diese Entscheidung die nächste Zeit Ihres Lebens beeinflussen wird. Und dabei ist es egal, ob Sie selbst nach einer passenden Rasse suchen oder sich von einem Hundetrainer beraten lassen. Jede Rasse bringt bestimmte Fähigkeiten und Eigenschaften mit, auch wenn jeder Hund ein Individuum ist. Der Überblick über die Rasse wird Ihnen helfen, ein Verständnis für die Herkunft und grundlegenden Charaktereigenschaften des Hundes zu bekommen.

Eine Rasse ist meist für einen bestimmten Zweck gezüchtet worden. Über viele Generationen hinweg wurden also Hunde immer wieder auf bestimmte Fähigkeiten und ein bestimmtes Aussehen selektiert. Das bedeutet, dass immer nur mit den Hunden weiter gezüchtet wurde, die alle gewünschten Kriterien erfüllten.

Deshalb bringen Hunde einer Rasse bestimmte Eigenschaften mit und erfüllen bestimmte Anforderungen, denen man gerecht werden und mit denen man rechnen sollte. Wie ein Hund sich endgültig entwickelt, ist natürlich nicht nur von der Rasse abhängig, sondern auch von der Aufzucht, der Erziehung und eben dem individuellen Charakter des Hundes. Aber lassen Sie sich bei der Auswahl der Rasse Zeit und überlegen Sie sich genau, wofür Sie sich entscheiden wollen.

Erste Gedanken

Für die Auswahl einer Hunderasse sollten Sie sich den Alltag mit diesem Hund vorstellen. Denken Sie darüber nach, wie Sie am liebsten Ihre Freizeit gestalten und machen Sie sich bewusst, was für eine Art Mensch Sie sind. Sind Sie ein aktiver, energiegeladener Mensch? Lieben Sie Ruhe und Entspannung? Bringt Sie Aufregung um Sie herum schnell aus der Ruhe oder werden Sie schnell nervös? Werden Sie sich über sich selbst bewusst, denn daran sollten Sie sich orientieren. Es ist zwar nobel, sich ändern zu wollen, wenn man einmal einen Hund hat, nach dem Motto „Sobald ich einen Hund habe, mache ich (mehr) Sport". Doch orientieren Sie sich bei der Auswahl der Rasse bitte nicht daran, wie Sie gern sein würden. Suchen Sie sich einen Hund aus, der ähnliche Bedürfnissen wie Sie hat und in dem Sie sich selbst wiedererkennen. Überlegen Sie, ob es ein Hund sein soll, der eher eigenständig ist oder lieber ein Hund, der ein super Teamplayer ist, dafür aber auch Beschäftigung und die Arbeit mit Ihnen braucht, um glücklich zu sein. Es liegt bei Ihnen. Hier kann Ihnen die Checkliste *Fragen, die Sie sich vor dem Hundekauf stellen sollten* (S. 32) weitere Tipps geben.

Überblick über die Rassenvielfalt

Weltweit gibt es zur Zeit Hunderte anerkannter Rassen. Hier den Überblick zu behalten, ist vor allem für den Laien fast unmöglich. Wer eine ganz individuelle Auswahl von geeigneten Rassen für sich sucht, der sollte sich an einen professionellen Hundetrainer wenden, um sich beraten zu lassen. Selbst ein Buch wie dieses kann es nicht leisten, einen so umfassenden Überblick zu geben, wie es nötig wäre, um eine Entscheidung für die passende Hunderasse treffen zu können.

Damit Sie aber schon mal einen groben Überblick darüber bekommen, welche Gruppen von Hunderassen es gibt und wofür diese gezüchtet wurden, stelle ich Ihnen auf den folgenden Seiten alle zehn Gruppen vor in die sämtliche anerkannten Rassen unterteilt werden können. Das wird Ihnen Orientierung geben und vielleicht schon ein Gefühl, welche Hunde Sie ansprechen und eventuell zu Ihnen passen würden. Im Internet können Sie alle Rassen der jeweiligen Gruppen finden und noch einmal individuelle Eigenschaften und Fähigkeiten nachlesen und sich weiter informieren.

HUNDEGRUPPEN DER FCI

Die FCI (Fédération Cynologique Internationale) ist der größte europäische kynologische Dachverband und für die Einteilung aller Hunderassen in bestimmte Gruppen sowie deren Standards für Zucht und Rassen zuständig. So unter anderem auch deren Beschreibungen. Erst wenn ein Rassehund diesem Standard entspricht, gilt er offiziell als Rassehund. Zur Zeit gibt es ca. 350 anerkannte Hunderassen.

Gruppe 1	Hütehunde und Treibhunde
Gruppe 2	Pinscher und Schnauzer - Molosser - Schweizer Sennenhunde
Gruppe 3	Terrier
Gruppe 4	Dachshunde
Gruppe 5	Spitze und Hunde vom Urtyp
Gruppe 6	Laufhunde, Schweißhunde und verwandte Rassen
Gruppe 7	Vorstehhunde
Gruppe 8	Apportierhunde - Stöberhunde - Wasserhunde
Gruppe 9	Gesellschafts- und Begleithunde
Gruppe 10	Windhunde

GRUPPE 1

Hütehunde und Treibhunde

Geschichte, Aufgaben, Eigenschaften

Hütehunde und Treibhunde wurden ursprünglich als reine Gebrauchshunde gezüchtet. Ihre Aufgabe war es, Nutztierherden zu hüten und von einem Ort zum anderen zu treiben. Eine Herde von so vielen Tieren beisammen zu halten erfordert ein hohes Maß an Konzentration, eine unheimlich hohe Leistungsbereitschaft und eine hohe Wachsamkeit. Während Hütehunde oft still und rein durch Fixieren und Bewegung arbeiten, ist bei Treibhunden das Bellen erwünscht. Schließlich sollten sie das Vieh treiben, und da durfte ein lautes Organ nicht fehlen. Diese Hunde sollten, um Schafherden zu hüten, unterschiedliche Eigenschaften in sich vereinen. So mussten sie nicht nur flink und ausdauernd sein, sondern auch schnell lernen und im Fall der Fälle auch selbstständig agieren können. Auch Beharrlichkeit und Durchsetzungsvermögen waren gefragt. Ihre Aufgabe war es, zu schauen, dass alle Tiere beieinander bleiben und sich dort hinbewegen, wo sie hin sollten. Das bedeutete oft auch große Strecken zu laufen und die Herde zu umrunden. Daher haben diese Hunde eine große Freude an Bewegung und bringen viel Intelligenz mit. So zählt der Border Collie mit zu den intelligentesten Hunderassen überhaupt. Auch sind diese Hunde sehr wachsam und mitunter stark territorial veranlagt, denn schließlich mussten sie immer gut auf ihre Herde aufpassen.

Für ihre Arbeit mit der Herde war eine Zusammenarbeit mit dem Menschen, also ein guter Grundgehorsam und eine leichte Führung, Grundvoraussetzung. Sie mussten auf kleinste Bewegungen und Geräusche reagieren und Signale blitzschnell umsetzen. Deshalb sind diese Hunde oft auch geräuschempfindlich, da sie auf kleinste Signale auch aus großen Entfernungen reagieren mussten. So kann es sein, dass sie beispielsweise auf lautes, quietschendes Kindergeschrei sehr sensibel reagieren und es sie unter Umständen stresst und nervös machen kann.

Während Hunde wie der Border Collie bis heute ihrer Arbeit als Hütehund treu geblieben sind, wurde zum Beispiel der Schäferhund durch sein Selbstbewusstsein, seinen Gehorsam, den Lernwille und seine Nervenstärke immer häufiger als Schutz-, Wach-, Assistenz- und Suchhund eingesetzt. Auch bei der Polizei, die bis heute Schäferhunde als Diensthunde einsetzt. Leider wurde der Deutsche Schäferhund immer mehr auf sein Aussehen gezüchtet, was wie bei fast alles Rassen zu gesundheitlichen Problemen geführt hat, sodass er sehr oft mit Hüft- oder Rückenproblemen zu kämpfen hat. Daher werden bei der Polizei mittlerweile eher Belgische und Holländische und andere Schäferhunde eingesetzt und nicht mehr der Deutsche Schäferhund.

Trotz ihres guten Gehorsams und der tollen Zusammenarbeit mit dem Menschen sind die meisten Hunde dieser Gruppe keine Anfängerhunde. Denn sie brauchen einen Halter, der konsequent in der Erziehung auftritt, der sie mit viel Geduld und großem Einfühlungsvermögen führt und der ein Gespür dafür hat, wann sie Aufgaben und wann Pausen brauchen. Diese Tiere wollen eine sinnvolle Beschäftigung – sowohl körperlich als auch geistig, sonst kann es schnell zu Problemen kommen.

Worauf muss ich achten?

Bei Hunden dieser Gruppe ist es wichtig, darauf zu achten, dass sie ihre Energie sinnvoll nutzen und einsetzen können, aber ohne überfordert zu werden. Aufgrund ihrer Arbeit war es nicht erwünscht, dass ein Hütehund nach dem vierten Schaf keine „Lust" mehr hatte zu arbeiten. Daher kennen Hunde dieser Art sehr häufig kein „Pause machen" oder „müde sein". Sie würden arbeiten, bis sie umfallen. Viele Hundebesitzer meinen es dann zu gut und beschäftigen ihren Hund von morgens bis abends. Das Ruhebedürfnis kommt dann zu kurz und der Hund reagiert mit Hyperaktivität und Stress.

Vor allem bei solchen Arbeitshunden ist es umso wichtiger, von Anfang an darauf zu achten, dass der Hund lernt, seine Ruhephasen zu bekommen und auch einzuhalten. Nur so lernt er, sich selbst runterzufahren und nicht im „Dauerbetriebsmodus" zu sein. Denn auch beim Hund gilt oft „nach müde kommt blöd".

Doch auch das Gegenteil kann gefährlich sein. Denn fehlt es diesen Hunden an angemessenen Aufgaben, fangen viele an, ihre Energie anders zu kanalisieren. Zum Beispiel, indem sie Kinder „hüten" oder ihre Ressourcen verteidigen bis hin zu Verhaltensstörungen wie hysterisches Bellen, Schwanzjagen oder Gegenstände „hüten". Ein gesundes Mittelmaß zwischen guter Auslastung und Ruhe ist bei diesen Rassen das Allerwichtigste!

Des Weiteren neigen solche Hunde, insbesondere der Border Collie, aber auch der Australian Shepherd aufgrund ihrer Selektierung zu Zwangshandlungen und Stereotypien, wie zum Beispiel Schattenjagen, unbewegliche Gegenstände hüten oder sie entwickeln sich zu extremen „Balljunkies". Man könnte es sogar als Sucht bezeichnen, da es den gleichen Effekt wie beim Menschen das Rauchen oder andere Drogen hat. Daher wird oft, vor allem bei Border Collies, von sich ständig wiederholenden Handlungen wie Ballwerfen oft ganz abgeraten, vor allem in jungen Jahren, da es dies zwanghaftes Hüteverhalten auslöst und unterstützt. Auch kann es passieren, dass Hütehunde bei schnellen Bewegungen auch mal nach den Füßen „knappen". Solches Verhalten bei Hütehunden ist jedoch tief in ihrer Natur verwurzelt und keineswegs ein Ausdruck von Bösartigkeit. Bei vielen Hütehunden, wie dem Australian Shepherd oder dem Cattledog, ist dieses Verhalten sogar erwünscht, um sich beim Vieh durchzusetzen. Überträgt der Hund das fälschlicherweise auf Kinder im Haushalt, ist das nicht mehr so gewünscht. Um diese Verhaltensweisen aus dem Hund „rauszubekommen" oder es gar nicht erst aufkommen zu lassen, bedarf es guten Trainings und fundierten Hundewissens.

Rassebeispiele

Border Collie, Australian Shepherd, Collie, Schäferhunde aller Art, Sheltie

Achtung:

Im Sprachgebrauch werden Hütehunde oft fälschlicherweise mit Herdenschutzhunden verwechselt. Ein Herdenschutzhund unterscheidet sich jedoch grundlegend von einem Hütehund, da er seine Herde bewacht und nicht hütet. Der Unterschied hört sich banal an – ist er aber nicht. Ein Herdenschutzhund wächst von klein an in der Herde auf und lebt draußen im Freien bei ihr. Anders als ein Hütehund arbeitet er nicht mit dem Menschen zusammen, sondern agiert und verteidigt seine Herde eigenständig gegen Raubtiere

1.

2.

3.

4.

5.

6.

7.

1. Collie (Langhaar), 2. Weißer Schäferhund (Berger Blanc Suisse) 3. Belgischer Schäferhund (Malinois), 4. Border Collie, 5. Deutscher Schäferhund,
6.Welsh Corgi Pembroke (Corgi), 7. Australian Shepherd

und andere Eindringlinge, notfalls bis zum Tod. Dafür braucht er keine Rückmeldung von seinem Halter und ist somit nicht auf eine Zusammenarbeit angewiesen, um Entscheidungen zu treffen.

Es ist umstritten, ob Herdenschutzhunde überhaupt als Familienhund gehalten werden sollten. Beide Hundegruppen haben nur wenig gemeinsam, auch wenn einige Herdenschutzhunde zur ersten Gruppe gehören, finden sich die meisten in Gruppe 2 der FCI.

GRUPPE 2

Pinscher und Schnauzer – Molosser – Schweizer Sennenhunde

Geschichte, Aufgaben, Eigenschaften

Alle drei Rassegruppen, die „Sektionen", dieser Gruppe sind Gebrauchshunde, die eigenständig und zuverlässig das Hab und Gut der Menschen einschließlich Hof und Vieh bewachen. Diese Aufgabe prägt die Hunde und verleiht ihnen ihre Wehrhaftigkeit und ihr gelassenes Selbstbewusstsein. Gleichzeitig zeichnen sie sich durch Intelligenz und unglaublichen Mut aus. Sie haben einen starken Jagd- und Schutztrieb, sind jedoch vor allem für ihre extreme Wachsamkeit und Nervenstärke bekannt. Die meisten Vertreter dieser Rassegruppe zeigen einen ausgeprägten Wunsch nach sinnvoller Beschäftigung. Obwohl sie hier gemeinsam betrachtet werden, unterscheiden sie sich teilweise erheblich und können große Unterschiede aufweisen. Aus diesem Grund werden wir sie einzeln betrachten, um jeder Rasse gerecht zu werden.

Sektion 1: Pinscher und Schnauzer

Diese beiden Hundearten sind sich optisch nicht unbedingt ähnlich, doch haben Pinscher und Schnauzer gemeinsame Vorfahren. Beide zeichnen sich durch eine sehr robuste und fast schon starrsinnige Art aus. Ihre Intelligenz macht sie zu guten Arbeitshunden und sowohl Pinscher als auch Schnauzer haben kleine und große Vertreter ihrer Art.

Die Aufgaben der kleineren Vertreter war es früher unter anderem, Nagetiere wie Mäuse oder Ratten zu jagen und auch zu töten. Daher haben es diese Rassen durchaus im Blut, das Jagdverhalten bis zum Ende durchzuführen und das auch bei äußerst wehrhaften Gegnern. Leicht zu beeindrucken sind diese Hunde also nicht unbedingt. Bei größeren Vertretern dieser Rasse kam aufgrund ihrer mutigen und unerschrockenen Art auch die Aufgabe als Schutz- und Wachhund dazu, der sie bis heute nachgehen. Vor allem der Dobermann ist hier ein typischer Vertreter, der auch bei der Polizei zum Einsatz kommen kann.

Worauf muss ich achten?

Diese Hunde haben einen sehr starken Bewegungsdrang und sind ausdauernde Läufer. Regelmäßige Joggingtouren sowie sinnvolle Aufgaben sollten auf dem Tagesprogramm stehen, denn diese Hunde wollen körperlich und geistig eine sinnvolle Aufgabe haben. Gleichzeitig sind sie sehr aufgeschlossen und neugierig. Der Dobermann, als bekannter und einer der großen Vertreter, fordert ein hohes Maß an Hundekenntnis und Erfahrung. Erfüllt man aber die Bedürfnisse des Hundes konsequent und als ruhiger Hundehalter, dann ist dieser Hund ein treuer Begleiter, der sehr zuverlässig ist und ein hohes Maß an Einsatzbereitschaft zeigt. Rechnen Sie bei diesem Hund mit einem starken Willen, wenn er etwas erreichen will. Wer einen in sich ruhenden, tiefenentspannten Hund mit niedriger Reizschwelle sucht, sollte allerdings auf andere Rassen zurückgreifen.

Rassebeispiele:
Pinscher aller Art, Dobermann,
Schnauzer aller Art.

Sektion 2: Molossoide (Molosser)

Molosser gehören zu den größten und vor allem schwersten Hunden überhaupt und ihr Auftreten ist einfach nur imposant. Sie werden in zwei Gruppen unterteilt. 1. Doggenartige und 2. Berghunde. Fakt ist, wer einen Hund dieser Größe halten möchte, braucht viel Platz, viel Geduld, viel Wissen und eine große Willensstärke, um den Hund frühzeitig und gut zu erziehen.

Molosser sind an sich eigentlich sehr entspannte und bodenständige Hunde. Neue Situationen warten sie oft erst mal beobachtend ab, um dann im Notfall überlegt zu handeln. Dank ihres starken Schutztriebes gelten sie als optimale Wachhunde, die ihre Familie im Bedarfsfall auch verteidigen. Unangemessene Aggressivität oder Überdrehtheit findet man bei richtiger Zucht und Haltung aber eher selten. Durch ihr defensives Verhalten, ihr massives Auftreten, ihren breiten Fang und ihre oft fast lose wirkende Haut werden sie von Unkundigen nicht selten als desinteressiert oder vor allem träge empfunden. Doch das ist weit gefehlt. Diese Hunde wissen, wenn sie wollen, ihre Masse geschickt einzusetzen. Allerdings gibt es auch hier Rasseunterschiede, und man sollte sich genau informieren, welche Anforderungen die jeweilige Hunderasse mit sich bringt. Die Kombination aus Dickköpfigkeit und Kraft machen diese Hunde auf keinen Fall zu Anfängerhunden, denn Erziehungsfehler kann man sich bei der Masse nicht erlauben. Ein ausgeprägtes Laufbedürfnis haben diese Hunde zwar meist nicht (auch hier gibt es Ausnahmen), brauchen aber klare Führung, eine sorgfältige Sozialisierung, eine gute Erziehung, aber durchaus auch sinnvolle Beschäftigung. Mit dem passenden Halter werden diese Hunde sehr treue Begleiter und bauen eine starke Beziehung zu ihrer Familie auf.

Sektion: 2.1 Doggenartige

Die Geschichte mancher doggenartigen Rasse reicht bis in die Antike zurück. Ob zum Schutz von Mensch sowie deren Hab und Gut, als Kampfhunde in Kriegen oder zur Großwildjagd – diese Hunde waren vielseitig zu gebrauchen. Auch die Auseinandersetzung mit ausgewachsene Bullen war kein Problem für diese Tiere, woher manche auch heute noch ihren Namen „Bulldog" (Bullenhund) haben. So ist es gut nachvollziehbar, dass sie ein ausgeprägtes Selbstbewusstsein und eine große Unerschrockenheit mit sich bringen. Der hervorragende Schutztrieb ist angeboren und stark ausgeprägt. Im Gegenzug gelten sie allerdings als sehr geduldig ohne unangemessene Aggressivität, verteidigen aber im Ernstfall ohne Wenn und Aber. Fremden gegenüber sind sie meist etwas misstrauisch und zurückhaltend.

Als größter Hund der Welt gilt die Deutsche Dogge, die ebenfalls durch ihren sanften Charakter, ihre Anhänglichkeit und ihre hohe Reizschwelle und Geduld bekannt und daher auch recht beliebt ist. Aufgrund ihrer enormen Größe bringt sie allerdings auch eine Menge Krankheiten und eine kurze Lebenserwartung mit sich.

Rassebeispiele:

Deutsche Dogge, Mastiff, Deutscher Boxer, Rottweiler, Cane Corso, verschiedene Bulldoggenarten.

Sektion 2.2: Berghunde

Berghunde gelten als sehr treue Wachhunde. Sie wurden daher oft auf Höfen zum Schutz von Haus und Hof gehalten. Durch ihr sanftes, fast schon tiefenentspannt scheinendes Gemüt und ihre hohe Reizschwelle sind sie allerdings nicht zur Ausbildung als Schutzhund geeignet. Sie sind absolut in der Lage, selbstständige Entscheidungen zu treffen und diese auch durchzusetzen.

Ein Berghund, der etwas möchte, setzt dies mit aller Seelenruhe durch. Mit ihrer gutmütigen, geduldig-folgsamen Art haben es viele Vertreter dieser Gruppe, wie zum Beispiel der Neufundländer oder der Bernhardiner, auch zu verlässlichen Rettungs- und beliebten Familienhunden geschafft. Viele Berghunde werden allerdings von Laien aufgrund ihres großen, plüschigen Aussehens irrtümlicherweise stark unterschätzt.

Herdenschutzhunde

Ein anderes Kaliber sind dagegen die sogenannten Herdenschutzhunde, von denen ebenfalls einige zu dieser FCI-Gruppe gehören. Die einzige Aufgabe von Herdenschutzhunden ist es, rund um die Uhr bei ihrer Herde zu bleiben, bei und mit der Herde zu leben und sie gegen Eindringlinge zu verteidigen – wenn es sein muss, bis in den Tod. Daher ist es für diese Hunde unabdingbar, absolut eigenständig und somit unabhängig vom Menschen zu handeln und ganz klar dafür zu sorgen, dass fremde Personen oder andere Tiere bei ihrer Herde nichts zu suchen haben. Herdenschutzhunde wurden dafür gezüchtet, „ihre" Herde zu bewachen. Hält man sich diese Hunde im Privathaushalt, so kann es auch leicht passieren, dass sowohl Besucher als auch fremde Hunde als Eindringlinge kategorisiert und dementsprechend behandelt werden. Im Zweifel fackelt ein Herdenschutzhund nicht lange und vertreibt den „Angreifer" mit allen Mitteln. Daher sollten Herdenschutzhunde trotz ihres plüschigen und dadurch oft harmlosen Aussehens auf keinen Fall unterschätzt werden.

Daher gilt: Herdenschutzhunde gehören grundsätzlich nur in sehr erfahre Hände!

Worauf muss ich achten?

Die Rassen dieser Gruppen unterscheiden sich teilweise stark in ihren Charaktereigenschaften. Daher sollte man hier immer auf die spezifische Rassebeschreibung achten. Vor allem wegen ihres äußerst ausgeprägten Schutztriebs und ihrer Größe sollten Halter erfahren im Umgang und Erziehung mit diesen Hunden sein. Diese Hunde brauchen eine ruhige und bestimmte Führungspersönlichkeit und eine konsequente Erziehung mit fundierter Hundekenntnis.

1.

2.

3.

4.

5.

6.

7.

1. Cane Corso, 2. Deutscher Boxer, 3. Pyrenäen-Berghund, 4. Dobermann, 5. Berner Sennenhund, 6. Deutsche Dogge, 7. Zwergschnauzer

Rassebeispiele:

Neufundländer, Hovawart, Bernhardiner

Rassebeispiele für Herdenschutzhunde:

Kangal, Pyrenäenberghund

Sektion 3: Schweizer Sennenhunde

Schweizer Sennenhunde sind eine Gruppe von Hunderassen, die ihren Ursprung in der Schweiz haben und für verschiedene Aufgaben wie Bewachung, Viehtreiben und Ziehen schwerer Lasten gezüchtet wurden. Sie gelten als furchtlos, selbstsicher und sehr robust, was sie zu ausgezeichneten Arbeits- und Begleithunden macht. Schweizer Sennenhunde sind für ihre Intelligenz, Schnelligkeit und Arbeitsbereitschaft bekannt. Sie eignen sich gut für verschiedene Aktivitäten wie Fährtenarbeit, Lawinensuche und Zughundesport. Sie gelten als loyal und liebevoll und bilden oft enge Bindungen zu ihren Besitzern. Es ist jedoch wichtig, dass sie ausreichend Beschäftigung und mentale Stimulation erhalten, um glücklich und ausgeglichen zu bleiben.

Rassebeispiele:

Berner Sennenhund, Appenzeller Sennenhund, Entlebucher Sennenhund, Großer Schweizer Sennenhund

GRUPPE 3

Terrier

Geschichte, Aufgaben, Eigenschaften

Heute in verschiedenen Bereichen eingesetzt, wurden Terrier ursprünglich für die Jagd insbesondere auf Ratten, Marder und Füchse gezüchtet. Sie sollten Mensch und Nutztier vor ihnen schützen und sie töten. Auch das Verfolgen bis in den Bau gehörte zu ihren Aufgaben. Sich einem wehrhaften Fuchs oder Marder zu stellen, erfordert nicht nur großen Mut und Standhaftigkeit, sondern auch ein ausgeprägtes Selbstbewusstsein. Schließlich sollte der Hund nicht nach dem ersten negativen Erlebnis durch einen Biss des wehrhaften Tieres gleich die Lust am Jagen verlieren, was auch der Grund ist, dass diese Hunde völlig unerschrocken sind, gerne zur Selbstüberschätzung neigen und sich nichts gefallen lassen. Diese Hunde sind absolute Jäger und verfügen über eine extreme Hartnäckigkeit.

Fast alle Hunde dieser Gruppe sind ausgesprochen lebendig und temperamentvoll. Sie wollen was erleben und lernen in der Regel sehr schnell, weshalb es auch viel Spaß machen kann, mit ihnen zu arbeiten. Eine gute, geduldige, respektvolle und ruhige Grunderziehung und wirklich eiserne Konsequenz vom Welpen an sind ein absolutes Muss. Sie brauchen eine klare Führung und Kommunikation durch ihren Halter. Denn auch wenn diese Hunde aufgrund ihrer geringen Größe gerne mit Schoßhunden gleichgesetzt werden, so haben sie mit diesen rein gar nichts gemein.

Die Rassen der Terrier sind sehr breit aufgestellt und die Charaktere unterscheiden sich teilweise sehr. Von klein bis groß und in allen Farben sind sie vertreten.

1.

2.

3.

4.

5.

6.

7.

8.

1. Yorkshire Terrier, 2. Irish Terrier 3. West Highland White Terrier , 4. Parson Russell Terrier, 5. Bull Terrier, 6, American Staffordshire Terrier
7. Border Terrier; 8. Jack Russell Terrier

Worauf muss ich achten?

Die für die Jagd nötige starke Selbstüberschätzung der Hunde kann im Umgang mit anderen Hunden immer mal wieder zu Auseinandersetzungen führen, was vor allem auch bei den kleinen Vertretern sehr gerne vorkommt. Terrier können sehr dickköpfig und eigenwillig sein. Das kann auch mal in Dominanz gegenüber dem Menschen enden, wenn dieser damit nicht richtig umzugehen weiß. Trotzdem eignen sich viele Terrierrassen bestens als Familienhund, unter der Voraussetzung, dass man mit ihnen arbeitet, ihre starke Persönlichkeit respektiert und diese auch zu händeln weiß.

> Rassebeispiele:
>
> Airedale Terrier, American Staffordshire Terrier, Bull Terrier, Manchester Terrier, Deutscher Jagdterrier, Jack Russell Terrier, West Highland White Terrier, Yorkshire-Terrier

GRUPPE 4

Dachshunde

Geschichte, Aufgaben, Eigenschaften

Dachshunde, im Volksmund auch Dackel genannt, sind eine typisch deutsche Hunderasse und wurden bereits im Mittelalter für die Jagd von Füchsen, Dachsen und anderem Wild gezüchtet. Sie zeichnen sich durch ihre markanten, proportional viel zu kurzen Beinchen und ihre langen Körper aus, mit denen sie in jeden Bau passen. Diese Fähigkeit verdanken sie ihrem Namen: Dachshund. Einmal im Bau, konnten Dachshunde auch Tiere aus diesem wieder heraustreiben.

Insgesamt sind Dackel wunderbare Begleiter für aktive Menschen, die einen robusten, mutigen und eigenständigen Hund suchen. Es ist jedoch wichtig, dass potenzielle Besitzer sich der spezifischen Eigenschaften dieser Rasse bewusst sind und bereit sind, ihre Bedürfnisse zu erfüllen.

Es gibt verschiedene Fellvarianten von Dackeln, darunter Langhaar-, Kurzhaar- und Rauhaardackel. Jede Variante hat ihre eigenen Merkmale, aber alle teilen die charakteristische Körperstruktur und den Mut, der sie zu ausgezeichneten Jagdhunden macht.

Worauf muss ich achten?

Dackel sind, trotz ihrer fast handlichen Größe, genau wie Terrier keine Schoßhunde. Sie haben Ausdauer, Willensstärke und enormen Mut. Den brauchen sie auch, denn sich ganz alleine einem wehrhaften Fuchs oder Dachs zu stellen, ergibt keinen Sinn, wenn man ängstlich und nachgiebig ist. Deshalb war ein ausgeprägtes Selbstbewusstsein und die Fähigkeit, eigenständige Entscheidungen zu treffen, Voraussetzung für diesen Job. Dieses ausgeprägte Selbstbewusstsein führt allerdings nicht selten zu mangelndem Respekt gegenüber größeren Hunden und somit zu Konflikten. Denn ein Dackel hat kein Problem damit, sich mit einem anderen Hund anzulegen. Aufgrund seiner Lebhaftigkeit und seiner Energie möchte ein Dackel beschäftigt werden und man sollte als zukünftiger Halter Zeit für ausgiebige und vor allem spannende

1.

2.

3.

4.

1. Von links nach rechts: Kurzhaardackel, Rauhaardackel, Langhaardackel, 2. Rauhaardackel, 3. Langhaardackel, 4. Kurzhaardackel

Spaziergänge einplanen. Aufgrund ihrer Selbstständigkeit sind Dackel nicht immer die anhänglichsten Hunde. Fremden gegenüber sind sie eher misstrauisch und sie sind wirklich aufmerksame, selbstbewusste Wachhunde mit einem kleinen bisschen Größenwahn.

GRUPPE 5

Spitze und Hunde vom Urtyp

Geschichte/Aufgaben/Eigenschaften

Spitze und Hunde vom Urtyp gelten als die ältesten Haushundarten. Dank ihres dichten Fells sind sie nahezu allen Wetterbedingungen gewachsen. Diese Hunde werden oft als Jagd-, Hüte-, Wach- oder Schlittenhunde gehalten, einige auch als Gesellschaftshunde. Die meisten von ihnen haben plüschiges Fell und eine oft geringelte Rute. Unter der Voraussetzung, dass sie eine Aufgabe haben und zufrieden sind, können Spitze und Hunde vom Urtyp sehr ruhige und anhängliche Begleiter sein. Beide Arten zeigen einen stark ausgeprägten Jagdtrieb, weshalb ein Spaziergang ohne Leine im Wald ohne ausreichendes Training und enge Bindung nicht empfehlenswert ist. Es ist jedoch wichtig zu betonen, dass dies auch von der spezifischen Rasse abhängt.

Hunde vom Urtyp

Hunde vom Urtyp sind eine Art von Hunden, die sich im Laufe der Zeit kaum in ihrem Aussehen und teilweise auch nicht in ihrem Verhalten verändert haben. Sie sind von Natur aus sehr ursprünglich und weisen eine enge Verwandtschaft zum Wolf auf. Aufgrund ihrer starken Willenskraft und ihres Selbstbewusstseins gelten Hunde vom Urtyp als nicht leicht zu erziehende Hunde. Sie sind bekannt für ihr ausgeprägtes Territorialbewusstsein und eignen sich daher besonders gut als Wachhunde. Wenn diese Hunde unsicheren, nervösen oder unerfahrenen Hundehaltern anvertraut werden, neigen sie dazu, sich auf sich selbst zu verlassen und ihre eigenen Entscheidungen zu treffen. Doch wenn ihr Besitzer ruhig, selbstbewusst und souverän ist, folgen sie sehr zuverlässig und erweisen sich als treue und äußerst loyale Begleiter. Insbesondere nordische Schlittenhunde haben ein starkes Bedürfnis nach Bewegung. Wenn diesem Bedürfnis nicht nachgekommen wird, äußert sich dies oft in Verhaltensauffälligkeiten und Zerstörungswut. In solchen Fällen kann der Zughundesport, wie Dogscooting oder Bikejöring, eine gute Möglichkeit bieten, dieses Bewegungsbedürfnis zu befriedigen.

Spitze

Spitzhunde, sowohl europäische als auch asiatische Varianten, besitzen bestimmte Eigenschaften, die sie einst als Wächter und Hofhunde sehr beliebt machten. Ihre Robustheit, Bellfreudigkeit, Misstrauen gegenüber Fremden und Unbestechlichkeit waren besonders geschätzt. Auch heute noch behalten diese Hunde, egal welcher Größe, oft ihre wachsame Natur bei, was für potenzielle Besitzer wichtig zu wissen ist, wenn sie keine besonders alarmierenden Hunde im Haus haben möchten. Darüber hinaus sind Spitze sehr sportlich und lieben Bewegung. Es

1.

2.

3.

4.

5.

6.

7.

1. Zwergspitz (Pomeranian) 2. Samojede, 3. Husky, 4. Akita Inu, 5. Shiba Inu 6. Chow Chow; 7. Pharaonenhund

ist jedoch bedauerlich, dass insbesondere die kleinen Spitzrassen oft als „Modepüppchen" betrachtet und lediglich herumgetragen werden. Dies steht im Widerspruch zu ihrem natürlichen Wesen und kann zu Verhaltensproblemen und Unzufriedenheit führen. Insgesamt sind Spitze kluge, aktive und loyale Hunde. Mit der richtigen Erziehung, ausreichend Bewegung und geistiger Stimulation sind sie fantastische Begleiter für aktive Menschen, die Spaß an der Zusammenarbeit mit ihren Hunden haben.

Rassebeispiele:

Hunde vom Urtyp:
Alaskan Malamute, Samojede, Siberian Husky, Podenco Ibicenco, Pharaonenhund

Spitze:
Deutscher Spitz, Zwergspitz, Akita Inu, Chow-Chow, Eurasier, Shiba Inu

GRUPPE 6

Laufhunde, Schweißhunde und verwandte Rassen

Geschichte, Aufgaben, Eigenschaften

Zu den Laufhunden zählt man eine bestimmte Gruppe von Jagdhunden, die meist laut bellend und in großen Gruppen Wild über weite Strecken so lange hetzen und verfolgen, bis es derart erschöpft ist, dass die Jäger es schießen können. Sie sind daher hervorragende Jäger, verfügen über einen extrem feinen Geruchssinn und können Fährten genau und über lange Strecken verfolgen. Sie wurden dafür gezüchtet, gemeinsam zu jagen und das immer sehr lautstark. Diese sogenannten „Jagdlaute" hören sich hierbei oft eher wie ein Heulen oder ein Schreien als ein Bellen an (die Jäger sagen dazu „Läuten"). Da das Jagen in Meuten in Deutschland mittlerweile nicht mehr erlaubt ist, wurde die Zucht mancher Rassen umgestellt. Zum Beispiel werden die sogenannten Schweißhunde mittlerweile als Jagdhunde gezüchtet, die angeschossene Beute mit ihrem ausgeprägten Geruchssinn schnell ausfindig machen. Aufgrund der gewünschten Jagd mit anderen Hunden zusammen sind viele Hunde dieser Gruppe ausgesprochen sozial mit anderen Artgenossen. Lauf- und Schweißhunde gehören in professionelle Jägerhände, da ihr extrem ausgeprägter Jagdtrieb ausgelebt werden will. Sie werden daher in der Regel nicht an Privatleute abgegeben. Wie der Name Laufhund schon vermuten lässt, haben sie einen großen Bewegungsdrang und können ohne Probleme sehr weite Strecken zurücklegen.

Ebenfalls zu dieser Gruppe gehören die Beagle. Sie sind aufgrund ihrer extrem hohen sozialen Kompetenz, ihres sehr friedlichen Verhaltens und ihres niedlichen Aussehens sehr beliebte Familienhunde geworden. Allerdings besitzen auch sie die Gene ihrer Vorfahren und müssen dementsprechend gefördert werden. Jagen ist ihre Passion und das sollte man nicht unterschätzen. So können Beagles im Haus total lieb sein, aber draußen kaum ansprechbar. Wer sich also einen Beagle anschaffen möchte, sollte sich darauf vorbereiten, dass ein Spazierengehen ohne Leine nur mit sehr harter Arbeit möglich sein wird und sein Bedürfnis zu jagen immer ein Begleiter ist.

1.

2.

3.

4.

5.

6.

1. Bayerischer Gebirgsschweißhund, 2. Dalmatiner, 3. Rhodesian Ridgeback, 4. Foxhound, 5. Beagle, 6. Basset

Verwandte Rassen

Ebenfalls zur Gruppe 6 gehören der weltbekannte Dalmatiner und der Rhodesian Ridgeback. Sie sind im Gegensatz zu den meisten Lauf- und Schweißhunden zwar besser in den Familienalltag zu integrieren, sind allerdings ebenfalls keine Anfängerhunde. So wie alle Hunde dieser Gruppe haben sie eine sehr gute Kondition und eine unglaubliche Ausdauer. Sie haben gelernt, selbstständig zu agieren und können ebenfalls einen ausgeprägten Jagdsinn haben. Dabei sind sie sehr intelligent. Beide Rassen besitzen ein starkes Territorialverhalten und setzen es auch ein. Wer also nicht bereit ist, sich mit diesen Hunden artgerecht zu beschäftigen, mit viel Willensstärke und Geduld zu erziehen und ihnen viel Bewegung zu bieten, sollte die Finger von diesen Hunden lassen. Können die Hunde ihre Energie aber sinnvoll nutzen und haben eine Aufgabe, sind sie sehr ausgeglichene, zufriedene und unheimlich treue Hunde.

Rassebeispiele:

Beagle, Foxhound (verschiedene),
Bracke (verschiedene), Basset Hound

Verwandte Rassen:

Dalmatiner, Rhodesian Ridgeback

GRUPPE 7

Vorstehhunde

Geschichte, Aufgaben, Eigenschaften

Ebenso wie die Hunde der Gruppe 6 gehören die Vorstehhunde zu den Jagdhunden. Ihre Aufgabe ist es, das Wild aufzuspüren und es dem Jäger durch das sogenannte „Vorstehen“ anzuzeigen. Als Vorstehen bezeichnet man ein Positionieren mit angehobener Vorderpfote und Blickrichtung zum Wild. So wusste der Jäger genau, wo sich das gejagte Tier befinden muss. Diese Stellung ist den Hunden angeboren und muss ihnen nicht beigebracht werden. Auf ein Signal des Jägers scheucht der Hund das Wild auf und der Jäger kann es schießen. Daher wird von diesen Hunden auch absolute Schussfestigkeit erwartet. Wurde das Wild dann geschossen, war es ebenfalls die Aufgabe des Hundes, sich zu merken wo beispielsweise der Fasan nach dem Schuss heruntergekommen ist, ihn zu finden und ihn dem Jäger zu bringen. Auch in angeschossene Tiere zu beißen, um sie zu töten, wurde von den Hunden erwartet, weshalb diese Rassen oft eine gewisse Schärfe besitzt. Sie haben eher keine Hemmung zuzubeißen.

Bei diesen Hunden war Zusammenarbeit mit dem Menschen äußerst wichtig und im Gegensatz zu den Laufhunden und anderen Jagdhunden war selbstständiges Jagen ohne Anweisung nicht erwünscht. Dies bedeutet aber nicht, dass er es nicht dennoch tut, zum Beispiel, wenn er keine Aufgaben bekommt. Von diesen Hunden wird also trotz großem Jagdtrieb ein sehr guter Gehorsam erwartet, was er mit viel Training auch leisten kann.

Worauf muss ich achten?

Diese Hunde sind zwar sehr intelligent, was sie zu schnellen Lernern macht, aber sie sind durchaus auch in der Lage, eigenständig zu

1.

2.

3.

4.

5.

6.

1. Pointer, 2. Magyar Vizsla, 3. Weimaraner, 4. Irish Setter, 5. Deutsch Drahthaar, 6. Deutsch Kurzhaar

handeln und können auch mal sehr vehement sein. Daher ist es wichtig, von Anfang an eine konsequente und klare Erziehung zu gewährleisten, was widerum von Beginn an Erfahrung und Wissen erfordert. Hier reicht es nicht, dass der Hund nur einfache Grundkommandos beherrscht. Er sollte auch Aufgaben und Spiele bekommen, die seinen Jagdtrieb und seine Intelligenz ansprechen und ihn geistig und körperlich auslasten. Ein Anfänger ohne Erfahrung könnte es schwer haben, die richtige Balance zwischen Konsequenz, Erfahrung und Geduld zu finden.

Ein Vorstehhund benötigt zwar auch viel Bewegung und steckt auch lange Fahrradtouren locker weg, aber damit ist der Hund nicht ausgelastet und ich kann mir mit dieser „falschen Lösung" auch eine Menge Probleme schaffen (Siehe Kapitel Ruhebedürfnis beim Hund). Auch ist sein Jagdbedürfnis nicht einfach gestillt, indem ich ein paar Leckerlis ins Gebüsch schmeiße und ihn danach suchen lasse. Diese sensiblen Hunde mit starkem Arbeitsdrang brauchen also vor allem Aufgaben, die ihrem Bedürfnis nach Jagen entsprechen (dies kann auch durch Jagdalternativen wie gutem ausgebautem Dummytraining oder Nasenarbeit erreicht werden), eine feste Bezugsperson, die weiß, mit dem Arbeitsdrang umzugehen und genug Ruhe und Schlaf. Man sollte sich mindestens 2–3 Mal pro Woche auf 2–3 Stunden intensive Arbeit im Jagdbereich oder einer vernünftigen Alternative einrichten. Hier kann man sich auch an Hundeschulen wenden, die sich auf Jagdhunde spezialisiert haben.

Rassebeispiele:

Münsterländer, Deutsch Drahthaar, Magyar Vizsla, Irish Red Setter, Weimaraner, English Pointer

GRUPPE 8

Apportierhunde – Stöberhunde – Wasserhunde

Geschichte, Aufgaben, Eigenschaften

Apportierhunde

Als Apportierhunde bezeichnet man Jagdhunde, die geschossenes Wild suchen, finden und zum Jäger zurückbringen. Im Gegensatz zum Vorstehhund soll das Wild vor dem Schuss aber nicht gesucht oder angezeigt werden. Sie sollen ruhig beim Jäger warten, bis dieser das Signal zum Apportieren gibt. Dieser Eigenschaft verdanken die Hunde ihren Namen „Retriever", aus dem englischen „retrieve" (apportieren). Sie wurden vor allem zur Hilfe bei der Jagd auf Wasservögel eingesetzt, weshalb Labrador und Golden Retriever auch dazu tendieren, wirklich bei jeder Temperatur ins Wasser zu springen. Ihr spezielles Fell, bei dem die Unterwolle nicht nass wird und die Schwimmhäuten zwischen den Zehen helfen ihnen dabei, großartige Schwimmer zu sein und auch nicht so schnell zu unterkühlen. Eine beliebte Eigenschaft dieser Hunde ist die leichte Erziehbarkeit und ihre sehr geduldige, stets freundliche Art, weshalb sie sich schon lange großer Beliebtheit als

1.

2.

3.

4.

5.

6.

7.

1. Flat Coated Retriever, 2. Kooikerhondje; 3. Golden Retriever, 4. Labrador Retriever, 5. Portugiesischer Wasserhund, 6. Cocker Spaniel, 7. Springer Spaniel

Begleit- und Familienhunde erfreuen. In der Zusammenarbeit mit dem Menschen zeigen sie eine große Kooperationsbereitschaft und kommunizieren viel und gerne mit ihm. Dank ihrer Freundlichkeit und ihrer Geduld werden vor allem Golden- und Labrador Retriever häufig als sogenannte „Anfängerhunde" vermittelt. Trotz allem sollte man dabei nicht aus den Augen verlieren, was ihre Leidenschaft ist. Denn auch wenn sie gerne als unkompliziert angesehen werden, so wollen sie doch gebraucht werden und haben einen großen Spaß am Arbeiten. So kann es also durchaus sein, dass Hunde dieser Rasse ebenfalls bei Langeweile und Unterforderung jagen gehen. Bei manchen Hunderassen wird die Zucht in Arbeits- und Showlinie getrennt, bei denen sich die Zuchtziele sowohl in der Optik als auch im Charakter unterscheiden.

Stöberhunde

Die Aufgabe der Stöberhunde ist, wie ihr Name schon sagt, in unwegsamen Gelände nach Wild zu stöbern und es in die Richtung des Jägers zu treiben. Größtenteils besteht diese Gruppe aus Spanieln und vereinzelten anderen Rassen wie dem Kooikerhondje. Alle Hunde dieser Gruppe sind bekannt für ihr freundliches Wesen, ihre gute Laune und ihre Unerschrockenheit. Vor allem die Spaniel können durchaus passionierte Jäger sein, die beim Spaziergang fast jedes Gebüsch durchstöbern wollen.

Wasserhunde

Wasserhunde sind dafür gemacht, mit den Jägern und Fischern an und auf Gewässern zu arbeiten. Viele von ihnen sind sogar in der Lage, Fische zu fangen und sie ans Ufer zu bringen. Hauptaufgabe ist aber meist die Jagd auf Wasservögel und Wildenten. Auch wenn die Rassen nicht sehr bekannt sind, erfreuen sie sich aufgrund ihres allergikerfreundlichen Felles, ihrer freundlichen Art und ihrer Robustheit immer größerer Beliebtheit.

Rassebeispiele:

Apportierhunde:
Golden und Labrador Retriever, Flat Coated Retriever, Nova Scotia Duck Tolling Retriever

Stöberhunde:
Cockerspaniel, Englischer Springer Spaniel, Kooikerhondje

Wasserhunde:
Spanischer und Portugiesischer Wasserhund

Nova Scotia Duck Tolling Retriever

GRUPPE 9

Gesellschafts- und Begleithunde

Geschichte, Aufgaben, Eigenschaften

Wie der Name dieser Hundegruppe bereits vermuten lässt, ist die Aufgabe von Gesellschafts- und Begleithunden, die Menschen zu begleiten und sie durch ihre Anwesenheit zu erfreuen. Jagen oder Wild erlegen war eher weniger ihre Aufgabe, weshalb diese Hunde es lieben, bei ihrer Familie zu sein und diese überall hinzubegleiten. Da diese Hunde leider mittlerweile oft als „Schoßhund" verschrien sind, werden sie häufig unterschätzt. Sie sind nämlich durchaus intelligent und je nach Rasse ebenso aktiv. Durch ihre Anforderung, den Menschen zu begleiten, haben sie ein hohes Maß an Sozialkompetenz und eine große Anpassungsfähigkeit. Sie bauen zu ihrem Besitzer eine sehr enge Bindung auf und sind ihm gegenüber sehr kontaktfreudig. Trotz allem können auch diese Hunde einen ausgeprägten Wach- und Schutztrieb entwickeln und auf ihre Halter aufpassen. Werden sie nicht erzogen, erfüllen sie also ihr Image als kleine Kläffer – was nicht fair ist, da sie wirklich sehr gutmütig sind und sich in der Regel sogar leicht erziehen lassen. Auch hier kann es rassebedingte Unterschiede geben.

Da viele Hunde dieser Gruppe eher klein sind, lassen sie sich meist leichter überall mit hin mitnehmen und ihr verspielte Art behalten sie nicht selten bis ins hohe Alter bei.

Mit der Zeit wurden viele Rassen dieser Hundegruppe aufgrund ihrer Aufgabe den Halter zu begleiten und damit neben ihm auch „gut auszusehen", immer mehr auf ihre optischen Aspekte gezüchtet, was leider zu immer kleineren, vermeintlich „süßeren" Hunden führte und somit zum Leid dieser Hunde wurde. Denn das sogenannte „Kindchenschema" bezieht sich auf die Züchtung von Hunden mit Merkmalen, die dem menschlichen „Süßheitsfaktor" entsprechen. Also große Augen, runde Gesichter und eine kindliche Erscheinung. „Süß" eben. Sie haben eben diesen „Aww"-Effekt. Das Problem dabei ist, dass diese Merkmale meistens Hand in Hand mit starken gesundheitlichen Problemen einhergehen, wie etwa verkürzte Schnauzen (die zu Atemproblemen führen können), zu kleine Schädel (die neurologische Probleme mit sich bringen können) oder übermäßige Hautfalten (die zu Infektionen führen können). In der Hundezucht wird das Kindchenschema manchmal über die Gesundheit und das Wohlbefinden der Tiere gestellt, was zu körperlichen und genetischen Problemen führen kann. Daher sollte man sich bei vielen Hunden dieser Gruppe vorher gut mit dem Thema Qualzuchten auseinander setzen und von manchen Rassen aus Liebe zum Tier absehen. (Weitere Informationen im Kapitel Qualzuchten.)

Die modernen „Doodles"

Auch der sehr oft unterschätzte Pudel gehört in die Gruppe der Gesellschafts- und Begleithunde. Bedauerlicherweise ist dieser intelligente, sportliche und liebenswerte Hund als „Schoßhündchen" und „Frisier/Stylinghund" in Verruf geraten. Ursprünglich wurden der familienfreundliche Hund als apportierender Jagdhund, spezialisiert auf die Wasserjagd, eingesetzt. Daher auch der Name „Pudel" vom altdeutschen „puddeln" (im Wasser planschen). Im Laufe der weiteren Zucht verlor der Pudel aber nach und nach weitestgehend seine jagdlich ausgeprägte Leidenschaft. Die Apportierfreude ist ihm allerdings hingegen bis heute geblieben. Der Pudel gilt mit zu den intelligentesten Hunderassen, lernt sehr schnell und ist vielseitig einsetzbar. Das macht ihn zu einem wirklichen Allrounder. Vor allem aufgrund dieser Eigenschaften ist er ein sportlicher Familienhund und dazu noch in allen Größen vertreten. Von Zwerg- über Mittel- bis zum Großpudel ist alles dabei.

Aufgrund seines immer weiter wachsenden und gleichzeitig nicht haarenden Felles entdeckte der Mensch ihn allerdings als idealen Stylinghund und er bekam aufgrund dieser Eigenschaft den Stempel des „Schickimicki"-Hundes und Oma-Hundes. Mittlerweile wird er aufgrund seines nicht haarenden Felles, welches auch für Allergiker geeignet ist, immer öfter mit anderen Hunderassen gekreuzt. So entstanden „Labradoodle", „Schnoodle", „Cocker-Poo" und viele mehr. Diese modernen Pudel-Mischungen, auch als „Designerhunde" bekannt, sind in den letzten Jahren sehr populär geworden. Viele Menschen erhoffen sich von diesen Kreuzungen die besten Eigenschaften beider Rassen – die Intelligenz und das hypoallergene Fell des Pudels kombiniert mit den Merkmalen einer anderen Rasse. Aber auch, wenn sie immer beliebter sind, ist auch hier nicht alles Gold, was glänzt. Denn diese Hunde bringen auch einige ernsthafte Probleme mit sich, die oft unterschätzt werden. Ein wesentlicher Punkt ist die Fellpflege. Pudel haben ein lockiges, nicht haarendes Fell, das regelmäßig geschoren werden muss, um Verfilzungen zu vermeiden. Bei Mischlingen kann das Fell jedoch eine Mischung aus unterschiedlichen Haartypen aufweisen, was die Pflege erheblich erschwert. In vielen Fällen bedeutet dies, dass die Besitzer täglich Zeit für das Bürsten und Schneiden des Fells aufwenden müssen, was für viele Hundebesitzer eine Herausforderung darstellt. Tut man dies nicht, kann das zu Verfilzungen, Hautproblemen, Hygieneproblemen führen. Denn verfilztes oder schmutziges Fell, kann für den Hund unangenehm sein und zu ständigem Kratzen oder Lecken führen.

Ein weiteres Problem ist die unkontrollierte Zucht dieser Hunde. Oftmals werden Pudel-Mischlinge ohne Rücksicht auf Gesundheitsstandards oder genetische Tests gezüchtet. Viele Züchter konzentrieren sich nur auf die Nachfrage nach „modischen" Hunden und vernachlässigen die Gesundheit der Tiere.

Viele Menschen entscheiden sich für Pudel-Mischlinge, weil sie glauben, einen pflegeleichten, hypoallergenen Hund zu bekommen, der weniger haart. Doch das kann ein Missverständnis sein, da nicht alle Pudel-Mischlinge tatsächlich hypoallergen sind.

Daher sollte man sich vor der Anschaffung eines Pudel-Mischlings gut überlegen, ob man den langfristigen Pflegeaufwand und mögliche gesundheitliche Probleme wirklich bewältigen kann.

Rassebeispiele:

Malteser, Havaneser, Bologneser, Bolonka Zwetna, Pudel, Shih Tzu, Chihuahua, Cavalier King Charles Spaniel, Kromfohrländer, Boston Terrier, Französische Bulldogge, Mops, Russkiy Toy.

1.

2.

3.

4.

5.

6.

7.

1. Pudel, 2. Chihuahua, 3. Havaneser, 4. Kontinentaler Zwergspaniel (Papillon), 5. Französische Bulldogge, 6. Boston Terrier, 7. Kromfohrländer

GRUPPE 10

Windhunde

Geschichte, Aufgaben, Eigenschaften

Windhunde zählen zur ältesten Form von Jagdhunden. Im Gegensatz zu den meisten anderen Hunden jagen sie aber nicht über ihren Geruchssinn, sondern fast ausschließlich auf Sicht. Das bedeutet, dass sie ihre Beute nicht mit ihrer Nase suchen, sondern mit ihren Augen, was in Wüstenregionen auch durchaus Sinn ergibt. Windhunde wurden aus dem Nahen Osten zu uns geholt und erreichen sehr hohe Geschwindigkeiten. Sie werden aufgrund ihrer geringen Aggressionsbereitschaft und ihrer sozialen Anpassungsfähigkeit gerne in Gruppen gehalten und zeigen sich stets herzlich und freundlich. Gegenüber Fremden sind sie größtenteils reserviert und neigen dazu, in der Wohnung kaum zu bellen. Sobald ein Windhund jedoch Vertrauen gefasst hat, kann er durchaus verschmust sein und bevorzugt es, in der Wohnung als Couchhund gehalten zu werden. Seine zurückhaltende, elegante und sanfte Art macht ihn zu einem äußerst angenehmen Hausgenossen. Damit dieser Hund aber glücklich sein kann, muss er Möglichkeit haben, seiner Natur zu folgen und frei und ohne Grenzen rennen zu können. Denn der Bewegungsdrang bei diesen Hunden ist groß und dem muss er nachkommen können und bei einer Spitzengeschwindigkeit von fast 70 km/h braucht man schon eine Menge Platz. Diesen Hund einfach von der Leine zu lassen, um ihm seinen Freiraum zu geben, ist meist keine Lösung. Windhunde haben einen starken Jagdinstinkt, den man nicht unterschätzen sollte, zumal es – aufgrund ihrer extremen Geschwindigkeit und Wendigkeit – für sie ein Leichtes ist, Beute tatsächlich auch zu fassen. Ihre Aufgabe ist es, zu sehen, zu hetzen und zu töten. Trotzdem verfügen diese Hunde über eine enorm hohe Sensibilität und sie haben ihre Sanftheit nicht verloren.

Windhunde gibt es in verschiedenen Größen und Felllängen. Körperliche Merkmale dieser Hunde sind ihr schlanker, überwiegend muskulöser Körperbau mit leicht gewölbtem Rücken und langen Beinen. Fast katzenartig und mit einer unheimlichen Eleganz bewegen sich diese Hunde durch die Welt. Ihre Rute tragen sie oft sehr tief und teilweise zwischen den Beinen, was von Laien fälschlicherweise oft als Angst missverstanden wird.

In Spanien ist die Jagd mit Windhunden, den sogenannten Galgos, immer noch erlaubt, während sie in anderen EU-Ländern bereits verboten ist. Allerdings dient die Verwendung dieser eleganten Hunde weniger der Nahrungssuche als vielmehr der Freizeitgestaltung, insbesondere in Form von Wettbewerben zur Hasenjagd. Leider werden diese Galgos oft sehr grausam entsorgt oder sogar getötet, nur weil sie nicht mehr für die Jagd geeignet sind. Jahr für Jahr sterben so Hunderte dieser wunderbaren Tiere und das nicht selten in sehr jungen Jahren. Tierschutzorganisationen setzen sich unermüdlich vor Ort ein, um diesen Galgos zu helfen. Trotz aller Bemühungen bleibt die Situation jedoch alarmierend und es bedarf weiterer Anstrengungen, um das Leiden dieser Tiere zu beenden.

Rassebeispiele:

Whippet, Afghanischer Windhund, Saluki, Galgo, Irischer Wolfshund, Greyhound.

1.

2.

3.

4.

5.

6.

7.

1. Saluki, 2. Afghanischer Windhund, 3. Galgo, 4. Irischer Wolfshund, 5. Italienisches Windspiel, 6. Whippet, 7. Barsoi

Krankgezüchtet

Für den Menschen „schön" – für den Hund eine Qual

Seit rund 200 Jahren werden Hunde nicht nur nach ihren Fähigkeiten, sondern auch nach ihrem Aussehen gezüchtet. Mit deutlichen gesundheitlichen Folgen: Denn das Betonen bestimmter Merkmale in der Zucht führt fast immer zu erheblichem Leid und Qualen für die Tiere. Süße runde Köpfe, große Kulleraugen, kurze Nasen – immer kleiner und immer extremer. Hunde, die das Kindchenschema erfüllen, sind sehr beliebt und die Nachfrage ist dementsprechend hoch. So entstehen Hunde, bei denen die Proportionen einfach nicht mehr stimmen. Extreme Bodybuilderstatur oder extrem lange Rücken und kurze Beine erfreuen sich großer Beliebtheit. Schäferhunde, die in der Rückenlinie so stark abfallend gezüchtet wurden, dass sie bereits im ersten Lebensjahr Schwierigkeiten mit Bewegungen haben oder Hunde, die so viel Haut haben, dass sie in ihren Falten zu verschwinden scheinen oder der Wunsch nach immer ausgefalleneren und selteneren Farben haben nicht selten auch schwere gesundheitliche Folgen.

Viele Tierhalter denken sich nichts dabei, wenn sie sich einen solchen Hund aussuchen. „Naja der schnarcht halt ein bisschen – ist irgendwie süß", oder „der sieht einfach so süß aus mit seinen Kulleraugen" sind Sätze, die dann unbedacht fallen. Doch die Beschwerden der Hunde sind leider weder lustig noch süß. Vor allem, da Hunde ihre Schmerzen generell selten offen zeigen oder signalisieren. Immer irrationalere Zuchtziele, Vorgaben von Verbänden, Wettbewerbe, aber auch die Nachfrage der Käufer führen zu immer deformierteren Hundekörpern und immer kränkeren Hunden ohne richtige Lebensqualität. Der § 11b des deutschen Tierschutzgesetzes (1) verbietet es zwar, Tieren Merkmale anzuzüchten, unter denen sie leiden; allerdings gibt es hierzu bisher (2025) keine genauen Definitionen und Richtlinien.

Vielen Haltern sind die zuchtbedingten Probleme ihrer Hunde oft gar nicht bewusst. Man hat da zwar irgendwie schon mal von gehört, aber welche Folgen und auch Kosten daraus resultieren, ist nur wenigen Besitzern wirklich klar. Erst beim Tierarzt werden einem dann die Augen geöffnet. Dann müssen Nasenlöcher geweitet, Gaumensegel gekürzt und Schädel, Wirbelsäule oder Hüfte operiert werden. Auch lebenslange Herzmedikamentengabe kann nötig werden, nur damit der Hund überhaupt leben kann. Doch einfach den Züchtern oder der Zucht die Schuld zu geben, ist auch nicht richtig. Denn schließlich ist alles immer auch eine Frage der Nachfrage. Wer also den Hunden diese Qualen ersparen möchte, sollte diese extreme Art von Zucht nicht unterstützen indem man sich eben schlicht und einfach einen solchen Hund nicht kauft.

Wenn's ohne Nase „süßer" aussieht

Mops, Französische Bulldogge oder Englische Bulldogge: Allesamt sehr bekannte Vertreter, wenn es um Hunde geht, deren Nasen fast zur Gänze weggezüchtet wurden. Der damit einhergehende kürzere Schädel bedingt, dass es sehr oft dazu kommt, dass diese Tiere unter ständiger Atemnot leiden. Denn ihre Nasenlöcher sind einfach viel zu klein und der weiche Gaumen bzw. das fehlerhafte Knorpelgerüst sorgt dafür, dass der Weg zu den Atemwegen schlichtweg versperrt wird – und das oft von Geburt an. Dazu kommt, dass ein Hund seine Körpertemperatur über das Hecheln und seine Schleimhäute reguliert, was mit einer derart verformten Nase aber nicht mehr möglich ist. Die Folge: Bei großer körperlicher Anstrengung oder hohen Temperaturen droht dem Hund ein lebensbedrohlicher Hitzschlag. Außerdem kann bei beschleunigter Atmung die Luftröhre zusammenklappen und sich so verschließen. Hier spricht man dann von einem Trachealkollaps. Diese Rassen könnten aufgrund ihrer Anatomie oft gar kein normales Leben mehr führen und haben in ihrem Leben oft mindestens eine Operation, um überhaupt richtig atmen zu können. So

berichten Tierärzte von Hunden, die beim Aufwachen nach einer OP dank des Tubus im Hals für ein kurze Zeit im Leben normal atmen können und den herzzerreißenden Blick, wenn man ihnen diesen wieder entfernt.

Dazu kommt, dass durch die Verkürzung des Oberkiefers das Gebiss oft nicht richtig schließen kann. Die Hunde haben einen sogenannten Überbiss. Abbeißen, teilweise sogar normales Fressen werden zur Hürde. Die Zähne haben schlicht und einfach keinen Platz im Mund. Mag vielleicht für den ein oder anderen Menschen „putzig" aussehen – ist für den Hund aber eine Quälerei. Zusammen mit anderen Symptomen wie der Deformierung des Schädels und den hervorstehenden Augen spricht man vom sogenannten brachyzephalen Syndrom.

Klein und rund soll der Kopf bitte sein – das Gehirn muss sich halt hineinquetschen

Chihuahua, Zwergspitz, Mini-Yorkie, Französische Bulldogge oder auch Cavalier King Charles Spaniel gehören unter anderem zu den Rassen, bei denen immer mehr und immer extremer runde, kleine Köpfe gezüchtet wurden. Sie sollten eben „süß" aussehen und je extremer, desto süßer. Miniaturzuchten, mit ausgeprägt runden Köpfen, und mit riesigen Augen lassen beim Menschen die Hormone reagieren. Doch die Folgen sind für die Hunde oft fatal.

Damit unser Gehirn geschützt ist und nicht bei jeder Erschütterung einen Schaden davonträgt, schützt sich unser Körper durch eine Flüssigkeit im Schädel. Ist die Einwirkung auf einen Kopf sehr heftig, kann aber auch die Flüssigkeit den Stoß nicht mehr abfangen, das Gehirn schlägt gegen die Schädelknochen und man spricht von einer Gehirnerschütterung. Bei manchen Züchtungen mit verzüchteten kleinen und empfindlichen Köpfen ist aber kein Platz für diese Flüssigkeit. Das kann dazu führen, dass schon kleinste Erschütterungen, zum Beispiel beim Spielen, zu Gehirnerschütterungen oder anderen Verletzungen führen können.

Wäre das nicht schon genug, kommt es zusätzlich auch noch dazu, dass das Gehirn selbst oft einfach keinen Platz mehr im viel zu kleinen Schädel hat. Man nennt das „Arnold Chiari-Malformation". Das Kleinhirn hat für seine Ausdehnung schlichtweg keinen Raum mehr im Kopf. Ist das der Fall, kommt es zu einem sogenannten Wasserkopf. Die Folgen davon sind starke Kopfschmerzen, Gang- und Bewegungsstörungen, neurologische Störungen bis hin zum Koma und Krampfanfällen. Vor allem die Kopfschmerzen oder nicht funktionierende Hirnstrukturen können bei den Hunden eine erhöhte Aggressionsbereitschaft auslösen, was nicht selten vom Menschen als „Unerzogenheit" eingestuft wird.

Die großen Kulleraugen oder hängende Augenlider

Aufgrund der deutlich zu flachen Augenhöhlen quellen die Augäpfel beim Chihuahua, Mops und der Französischen Bulldogge häufig hervor (Exophthalmus). Dies kann in Extremfällen, zum Beispiel bei Unfällen und erhöhtem Druck, auch dazu führen, dass die Augen herausfallen. Auch ein vermeintlich niedlich aussehendes Schielen bedeutet, dass der Hund nicht richtig sehen kann. Des Weiteren gibt es Hunderassen, bei denen es zu einem Auswärtsrollen des unteren Augenlidrandes kommt (Ektropium). Beispielsweise ist dies beim Basset Hound, Bernhardiner,

Cocker Spaniel, Bluthund und Shar Pei rassetypisch. Durch diese Fehlstellung können diese Tiere ihre Lider nicht richtig schließen und leiden dadurch unter starkem Tränenfluss, Bindehautentzündungen oder auch an Hornhautveränderungen.

Körperbau eines Bodybuilders

Vor allem die Bulldoggen leider nicht nur unter ihrem deformierten Kopf und den damit verbundenen Atemproblemen, sondern auch unter der starken Deformierung ihres Bewegungsapparates. Gewünscht sind ein breiter Brustkorb und kurze, weit gestellte Vorderläufe. Die Folge sind nicht selten Probleme

und Schmerzen im Hüftgelenk, dem Rücken und anderen Gelenken. Des Weiteren ist für die Bulldogge aufgrund ihrer starken körperlichen Deformation eine natürliche Fortpflanzung nicht mehr möglich. Denn sowohl für den Deckakt als auch für die Geburt sind die körperlichen Voraussetzungen nicht mehr gegeben: Das Becken ist einfach zu schmal und die Welpen passen nicht durch.

Wenn der Rücken nicht mehr kann

Bekanntester Vertreter von Rückenproblemen ist der Deutsche Schäferhund. Der optisch immer stärker abfallende Rücken sorgte dafür, dass viele Tiere kaum noch laufen können. Eine genetisch bedingte Hüftgelenksdysplasie (HD) ist mittlerweile gang und gäbe

Kurze Info zur Hüftgelenksdysplasie (HD):

Bei Hüftgelenkdysplasie handelt es sich um eine Fehlentwicklung des Hüftgelenks, bei der der Oberschenkelknochen nicht korrekt in die Hüftpfanne passt. Dies kann zu einer Instabilität des Gelenks führen, die Schmerzen, Lahmheit und eine eingeschränkte Beweglichkeit verursacht. HD ist eine komplexe, multifaktorielle Erkrankung, bei der genetische, umweltbedingte und ernährungsbedingte Faktoren eine Rolle spielen können. Es gibt verschiedene Grade der HD-Schwere, von leicht bis schwerwiegend, wobei schwerwiegende Fälle oft chirurgische Behandlung erfordern. Die Diagnose erfolgt in der Regel durch Röntgenuntersuchungen der Hüftgelenke.

Wie kommt es zur HD?

Die Hüftgelenkdysplasie (HD) ist eine erbliche Erkrankung, die bei Hunden auftreten kann und oft bereits im Welpenalter oder im Laufe des Lebens diagnostiziert wird. Zusätzlich zu genetischen Faktoren können bestimmte Umstände wie falsche Ernährung oder eine frühe Kastration die Entwicklung von HD begünstigen.

Um die Verbreitung von HD in bestimmten Hunderassen zu kontrollieren, haben Zuchtverbände Auswahlkriterien für die Zucht festgelegt, die oft das Röntgen der Hüftgelenke beinhalten. Allerdings ist zu beachten, dass auch Hunde ohne Anzeichen von HD diese Krankheit vererben können. Daher ist die Röntgenuntersuchung keine absolute Garantie dafür, dass die Nachkommen frei von HD sein werden. Zudem kann es vorkommen, dass HD auf Röntgenbildern nicht eindeutig erkennbar ist oder dass Hunde mit leichter HD dennoch zur Zucht eingesetzt werden. Dies trägt dazu bei, dass sich die Krankheit in einigen Rassen weiter verbreitet.

Insgesamt ist es wichtig, dass Züchter und Besitzer von Hunden, insbesondere solchen mit einer Anfälligkeit für HD, sich der Risiken bewusst sind und entsprechende Maßnahmen ergreifen, um die Verbreitung der Erkrankung zu minimieren. Dazu gehören neben der Röntgenuntersuchung auch eine angemessene Ernährung, Bewegung und regelmäßige tierärztliche Untersuchungen.

Neben dem Schäferhund ist auch der Dackel Vertreter einer Rasse mit starken Rückenproblemen. Durch seine kleinen, kurzen Beine und seinen proportional zu langen Rücken stimmt das Verhältnis des Körpers nicht mit dem der Beine überein und sorgt für Probleme und Schmerzen, was von Berührungsempfindlichkeiten bis hin zu Lähmungserscheinungen führen kann.

Kupieren – wenn das Amputieren von Körperteilen „schön" ist

Beim Kupieren werden auf Wunsch des Käufers dem Hund im frühen Welpenalter ein Teil der Ohren oder der Rute (also ein Teil der Wirbelsäule), meist zu „Schönheitszwecken" abgeschnitten, also operativ entfernt. Das Ziel: Einen optisch „imposanteren und gefährlicher aussehenden" Hund. Denn nicht jeder Hund hat von Natur aus Stehohren. Um die Ohren zum Stehen zu bringen, wird in der Regel die verbleibende Ohrmuscheln nach dem Abtrennen der Ohrspitzen mit speziellen Bandagen oder Stützen ca. 6–8 Wochen lang fixiert, um sie in aufrechter Position zu halten, bis sie in dieser Haltung verheilen.

Dobermann mit natürlichen Ohren

Dobermann mit kupierten Ohren

Jagdhund mit gekürzter Rute

Das Kupieren von Ohren und Schwänzen bei Hunden ist nicht nur in Deutschland, sondern auch in vielen anderen Ländern aufgrund von Tierschutzgesetzen verboten oder stark eingeschränkt. Dies liegt daran, dass es mit erheblichen Schmerzen und Risiken für die Gesundheit des Hundes verbunden ist und keinen medizinischen Nutzen hat. Die Praxis des Kupierens wird von vielen Tierärzten, Tierschutzorganisationen und Hundezüchtern als Tierquälerei betrachtet und abgelehnt. Dazu kommt, dass es auch langfristige psychologischen Auswirkungen auf das Verhalten und das Wohlbefinden des Hundes hat. Durch das Entfernen der Ohren und des Schwanzes wird die natürliche Kommunikation des Hundes eingeschränkt, da er wichtige Signale durch Körperhaltung und Bewegung verliert. Darüber hinaus kann das Kupieren zu Problemen mit der Sozialisierung und dem Umgang mit anderen Hunden führen. Es ist wichtig, dass Hundebesitzer und Züchter sich an die Tierschutzgesetze halten und das Kupieren von Ohren und Schwänzen nicht unterstützen. Stattdessen sollten sie sich für die Gesundheit und das Wohlbefinden ihrer Hunde einsetzen und alternative Wege finden, um die Schönheit oder den Ausdruck der Rasse zu betonen.

Kupieren bei Jagdhunden

Bei verschiedenen Jagdhunderassen sieht man kupierte Ruten. Dies ist bei jagdlich geführten Hunden allerdings in Deutschland erlaubt, da dies nicht unter Schönheitsaspekten getan wird, sondern um die Verletzungsgefahr der sonst recht langen, kräftigen Rute bei der Jagd durch Gestrüpp und Dornen zu verringern. Hier wird im Gegensatz zu „Schönheitskorrekturen" die Rute auch nicht bis zum Ansatz, sondern nur um einen kleinen Teil gekürzt. Wird ein Hund allerdings nicht jagdlich geführt, sollte man davon absehen.

Gezüchtete kurze Rute

Es gibt allerdings auch Rassen, die zuchtbedingt von Geburt an eine Stummelrute haben, wie zum Beispiel viele Bulldoggenarten. Hier wurde nicht chirurgisch nachgeholfen – der Hund wurde so geboren. Auch gibt es Rassen, bei denen von Natur aus sowohl lange als auch kurze Ruten vorkommen können, wie zum Beispiel beim Australian Shepherd. Man nennt das NBT = Natural Bobtail (natürliche, angeborene Stummelrute). Auch wenn diese Stummelrute hier angeboren ist, kann sie mit Veränderungen der Rückenwirbel einhergehen und natürlich ist auch hier die Kommunikationsfähigkeit stark eingeschränkt.

Fellfarben beim Hund

Aussehen, Gesundheit, Verhalten

Fellfarben beim Hund gibt es wie Sand am mehr. Sie sind vielfältig, schön anzusehen und machen unsere Hunde zu etwas Besonderem. Aber Fellfarben machen unsere Hunde nicht nur ästhetisch einzigartig. Einige Studien deuten darauf hin, dass Hunde mit bestimmten Fellfarben anfälliger für genetisch bedingte Erkrankungen sind. So wurde beispielsweise bei Weiß, Merle- oder Dilution-Färbungen ein erhöhtes Risiko für beispielsweise Taubheit, Augenanomalien oder Hauterkrankungen beobachtet. Dies liegt daran, dass die verantwortlichen Gene nicht ausschließlich die Pigmentierung, sondern auch andere physiologische Prozesse im Körper beeinflussen können. Auch der Einfluss auf das Verhalten wird immer wieder heiß diskutiert, wobei es dafür bisher keine wissenschaftlichen Belege gibt.

Auch bei Fellfarbe gilt das Prinzip von Angebot und Nachfrage. Dadurch tauchen immer modischere oder seltenere Fellfarben auf, die mit starken gesundheitlichen Problemen einhergehen können. Dazu führt eine zu enge Selektion auf bestimmte Farben häufig zu einer Verengung des Genpools, was das Auftreten von genetischen Defekten zusätzlich noch begünstigen kann.

Wie entsteht Fellfarbe?

Die Fellfarben beim Hund entstehen durch eine Kombination von genetischen Faktoren und der Produktion bestimmter Pigmente in den Haarfollikeln. Die zwei Hauptpigmente, die für die Farbe des Fells verantwortlich sind, sind Eumelanin und Phäomelanin.

Es gibt verschiedene Gene, welche die Produktion und Verteilung dieser Pigmente steuern. Zum Beispiel können bestimmte Gene die Intensität der Pigmentierung beeinflussen, während andere die Verteilung der Pigmente auf dem Körper regulieren können. Darüber hinaus können auch andere genetische Faktoren wie Allele und Mutationen die Fellfarbe beeinflussen. Die Kombination der Gene von beiden Elternteilen bestimmt letztendlich die spezifische Fellfarbe und -zeichnung eines Hundes.

Rot/Braun/Beige

Die rote bis blonde Fellfarbe bei Hunden entsteht durch das Pigment Phaeomelanin. Es wird in den Haarzellen eingelagert und sorgt für helle bis rötliche Farbnuancen. Die Menge an Phaeomelanin wird genetisch gesteuert, wobei bestimmte Gene, wie das MC1R-Gen, eine entscheidende Rolle spielen. Hunde mit Mutationen in diesem Gen zeigen häufig eine blonde, gelbe oder rötliche Fellfärbung.

In der Forschung wurde gelegentlich vermutet, dass ein hoher Phaeomelaninanteil mit bestimmten Eigenschaften oder körperlichen Merkmalen zusammenhängen könnte, zum Beispiel mit einer erhöhten Stressanfälligkeit oder einer veränderten Immunfunktion. Ein wissenschaftlicher Nachweis für solche Zusammenhänge konnte bisher jedoch nicht erbracht werden.

Schwarz und Dunkelbraun

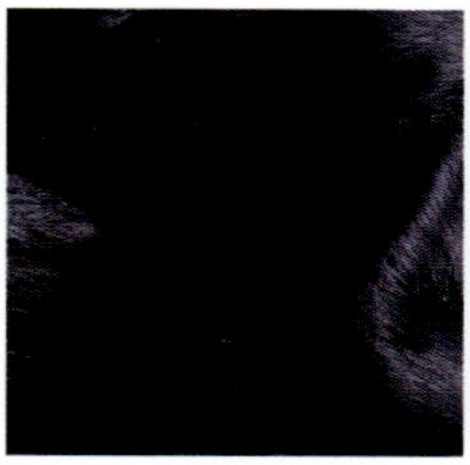

Die schwarze bis dunkelbraune Fellfarbe bei Hunden wird durch das Pigment Eumelanin verursacht. Dieses Pigment verleiht dem Fell tiefe, dunkle Farbtöne und wird ebenfalls genetisch gesteuert. Die Aktivität von Eumelanin wird durch verschiedene Gene reguliert, darunter das MC1R-Gen und andere, die die Verteilung und Konzentration des Pigments beeinflussen.

Es wurde in der Vergangenheit vereinzelt angenommen, dass dunkle Fellfarben in einem Zusammenhang mit bestimmten Verhaltensmerkmalen oder körperlichen Eigenschaften stehen könnten. Diese Vermutungen basieren jedoch vorwiegend auf Beobachtungen und wurden bislang nicht wissenschaftlich bestätigt.

Bei Forschungen an Füchsen hat man beobachtet, dass die dunkleren Vertreter ihrer Art eine viel geringere Fluchtdistanz zum Menschen zeigten als andere. Auch bei Timberwölfen zeigte sich dieses Verhalten.

Silber / Grau / Blau / Charcoal / Champanger

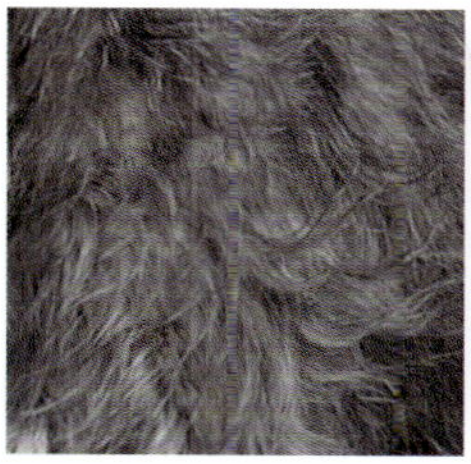

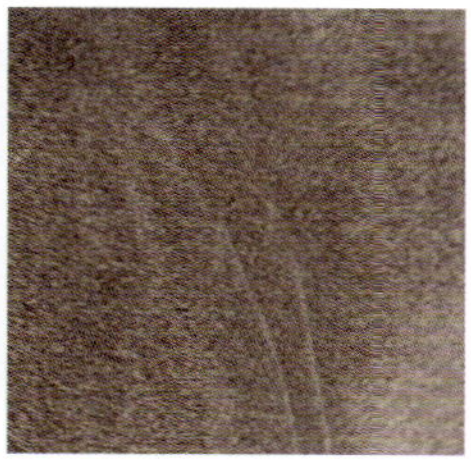

Für diese mittlerweile leider immer beliebter werdenden Farben ist das sogenannte Dilute-Gen („to dilute“ – „verdünnen“) verantwortlich. Es sorgt durch eine Verklumpung/Verklebung der Pigmentkörnchen dafür, dass die natürlichen Farben des Hundes aufgehellt werden. So wird ein Schokobraun zu „Silber“, Schwarz wird zu „Charcoal“, und Gelb zu „Champagner“. Die Praxis, Hunde gezielt aufgrund ihrer Farbe zu züchten, kann zu einer Reihe von Gesundheitsproblemen führen, die mit dem Dilute-Gen in Verbindung gebracht werden, insbesondere bei Rassen, die normalerweise nicht diese Farben aufweisen. So schön manche Menschen diese Farben auch finden mögen, stehen sie doch immer mehr in Verdacht, mit einer Reihe von Krankheitsbildern einherzugehen.

Ist diese krankheitsanfällige Fellfarbe dann auch noch mit einer sowieso schon sehr krankheitsanfälligen Rasse gepaart, wie beispielsweise der Französischen Bulldogge, sollte man sich vielleicht sicherheitshalber schon mal eine Menge Geld für Tierarztrechnungen zur Seite legen.

Zu den häufigsten Gesundheitsproblemen bei Hunden mit dilutierten Farben gehören:

Canine Color Dilution Alopecia (CDA):
Diese genetisch bedingte Hauterkrankung betrifft hauptsächlich Hunde mit dilutierten Fellfarben und kann zu Haarausfall, Hautirritationen und Infektionen führen.

Magen-Darm-Probleme:
Einige Hunde mit dilutierten Farben können anfälliger für Magen-Darm-Probleme sein, die sich in Form von Durchfall, Erbrechen und Verdauungsstörungen äußern können.

Immunschwäche:
Es gibt Hinweise darauf, dass Hunde mit verdünnten Fellfarben möglicherweise ein geschwächtes Immunsystem haben, was sie anfälliger für Infektionen und Krankheiten macht.

Lebenserwartung und Organprobleme:
Einige Studien legen nahe, dass Hunde mit dilutierten Farben eine kürzere Lebenserwartung und ein erhöhtes Risiko für Organversagen, insbesondere Leber- oder Nierenversagen, aufweisen können. Darüber hinaus können sie auch Verhaltensprobleme wie Hyperaktivität, Konzentrationsstörungen und übermäßiges Jucken aufgrund von Hautreizungen und Allergien aufweisen. Es ist wichtig, dass zukünftige Hundebesitzer sich der potenziellen gesundheitlichen Risiken bewusst sind, die mit der Zucht von Hunden aufgrund ihrer Farbe verbunden sind. Der Fokus sollte immer auf der Gesundheit und dem Wohlbefinden der Tiere liegen anstatt auf rein ästhetischen Merkmalen. Rasseverbände und Tierschutzorganisationen setzen sich oft dafür ein, dass die Zucht von Hunden aufgrund ihrer Farbe eingeschränkt oder verboten wird, um das Wohlergehen der Tiere zu schützen. Faktisch gibt es viele Hunderassen, die bereits seit Jahrzehnten ausschließlich mit dem Dilute-Gen gezüchtet werden und keinerlei derart gesundheitliche Probleme haben, so beispielsweise der Weimaraner. Doch graue Hunde scheinen anzukommen, weshalb vermeintliche „Züchter" ohne genetische Kenntnisse scheinbar herumzuexperimentieren, um diese Farbe auch in andere Rassen – meist die mit hoher Nachfrage – hinzubekommen, wie dem Labrador oder bei der Französischen Bulldogge. Natürlich steigt mit der Nachfrage auch die „Produktion" dieser Hunde, weil Käufer unwissend sind und das nicht selten mit einem kranken Hund und hohen Krankheitskosten bezahlen. Insofern ist zu beachten, dass, wenn bei Hunderassen, eine Farbe „recht neu" reingezüchtet wurde, massive gesundheitliche Probleme nicht ausgeschlossen werden können. Dies ist der Grund, warum das Züchten mit diesen Farben auch bei vielen Rassen laut Zuchtverordnung verboten wurde. Doch für eine Reihe von Züchtern geht es leider nur um Angebot und Nachfrage, sodass sie trotzdem weiterzüchten.

Merle

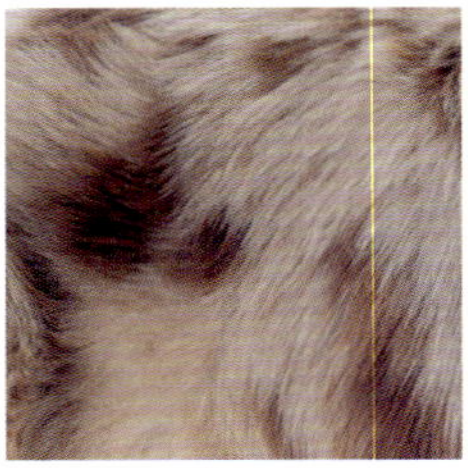

Für die „Merle-Farbe" ist das sogenannte Merle-Gen verantwortlich, das einen recht komplexen Erbgang besitzt und in mehreren Varianten vorkommt. Im Grunde wirkt es ebenfalls farbaufhellend, aber nicht flächendeckend, sondern eben marmoriert. Bei diesem Phänomen handelt es sich eigentlich um einen Gendefekt, der züchterisch verstärkt wurde, weil er so gut „gefiel". Bekannt für diese Fellfarbe sind u. a. die Australian Shepherds, aber auch bei vielen anderen Rassen wird diese Optik aufgrund der hohen Nachfrage mittlerweile reingezüchtet.

ACHTUNG: Merlefarbene Hunde dürfen ausschließlich mit nicht-merlefarbigen Hunden verpaart werden. Die Verpaarung zweier merlefarbener Hunde kann zu genetischen Anomalien führen, einschließlich Taubheit und anderen Störungen im Gehör- und Sehvermögen. Aus diesem Grund wird dringend davon abgeraten, Hunde zu erwerben, deren beide Elterntiere die Merle-Färbung aufweisen. Außerdem gibt es auch sogenannte „kryptische Merle", die zwar selbst nicht merlefarbig sind, das Gen aber tragen und vererben können, sodass es bei Paarung mit einem merlefarbenen Hund dennoch zu schweren Behinderungen der Welpen kommen kann.

Weiß

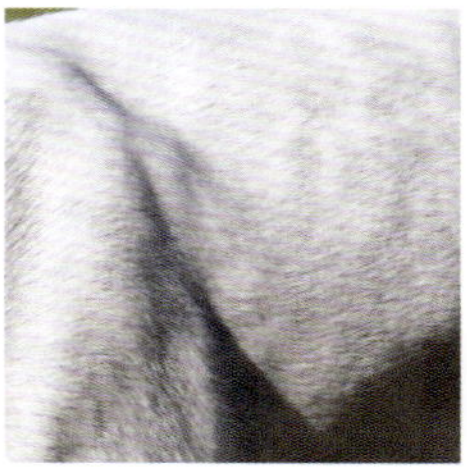

Bei weißen Hunden unterscheidet man zwischen den sogenannten Extremschecken (Bild links) und den so stark aufgehellten gelben Hunden, dass sie weiß erscheinen (Bild rechts). Bei den Extremschecken (zum Beispiel Dogo Argentino, weiße Bullterrier, Parson Russell Terrier etc.) liegt die Ursache der Aufhellung in einer Mutation, die dazu führt, dass die Pigmentzellen während der Embryonalentwicklung nicht in die Haut wandern. Man kann also sagen – der Hund ist gescheckt, ohne dass man es sieht. Bei den stark aufgehellten gelben Hunden (zum Beispiel weißer Schäferhund, weißer Zwergschnauzer etc.) ist das Phäomelanin im Fell so stark aufgehellt, dass der eigentlich „gelbe" Hund weiß erscheint. Bei manchen Hunden kann man dies bei genauerem Hinsehen auch erkennen.

Weiß als unerwünschte Farbe

Weißes Fell, vor allem das von Extremschecken, gilt bei vielen Rassen, (bis auf Ausnahmen wie zum Beispiel Pitbulls, Dogo Argentino oder manchen Terriern) als unerwünschte Fehlfarbe in der Hundezucht. Dies hat den Grund, dass sie sehr oft mit einem erhöhten Taubheitsrisiko oder anderen Erb- oder Gesundheitsschäden verbunden ist. So gilt beispielsweise der Dalmatiner als Rasse mit dem größten Taubheitsvorkommen.

Die weiße Pigmentierung bringt nicht selten einen gesundheitlicher Risikofaktor mit sich und das nicht nur bei Hunden, sondern auch bei anderen Tieren. Sehr lange war es sogar üblich, Welpen mit der ungewollten Fehlfarbe Weiß direkt nach der Geburt zu töten. Trotzdem kam es immer wieder vor, dass jemand genau diese Hunde nahm und daraus dann eine eigene Rasse machte. Dies bedeutet natürlich nicht, dass alle weißen Hunde automatisch krank sind. Trotzdem sollte man sich vorher über bestimmte rassebedingte Krankheiten informieren.

Worauf muss man beim Züchter achten?

Für einen Laien ist es oft schwierig, zwischen einem seriösen Züchter und einem „Vermehrer" zu unterscheiden, insbesondere angesichts der Vielzahl von Welpenanbietern und der zunehmenden Raffinesse von Betrügern. Selbst wenn es sich um einen anerkannten Züchter handelt, bedeutet das nicht zwangsläufig, dass er auch qualitativ hochwertige Tiere züchtet.

Wo finde ich Züchter?

Am besten finden Sie einen Züchter Ihrer Wunschrasse im Internet. Am einfachsten ist es hier direkt über die Webseiten der verschiedenen Zuchtverbände zu suchen. Hier finden Sie in der Regel alle Züchter in Ihrer Umgebung, die auch einem Zuchtverband angehören - und damit auch eine offizielle Zuchtzulassung haben. Hier kann man auch gleich herausfinden, welche Vorgaben der Verband an die Züchter stellt und worauf er Wert legt. Auch gibt es mittlerweile viele Websites, die übersichtlich darstellen, wo Zuchtstätten liegen und wer aktuell Welpen anbietet.

Wer Welpen über größere Tierverkaufsportale sucht, sollte immer vorsichtig sein und skeptisch bleiben. Kaufen Sie niemals aus Mitleid oder nur, weil Sie den Hund süß finden. Vor allem, wenn Leute einen Welpen, den sie angeblich von einem Züchter gekauft haben, schon nach wenigen Tagen weiterverkaufen oder auch, wenn ein Hobby-Züchter den „Letzten im Wurf" anbietet, ist Vorsicht geboten.

„Augen auf beim Hundekauf!", heißt die Devise!

Der Züchter

Hat man sich für eine Rasse entschieden und einen oder mehrere passende Züchter gefunden, sollte man sich direkt mit diesen in Verbindung setzen – auch, wenn der Züchter aktuell keine Würfe hat. Denn viele Züchter können sich vor Anfragen kaum retten und treffen gerne eine Vorauswahl der zukünftigen Besitzer. Ein guter Züchter wird all Ihre Fragen beantworten. Er wird mit Ihnen vor dem Kauf alle wichtigen Themen wie Haltung, Charakter der Tiere oder Besonderheiten der Rasse besprechen, damit er sicher ist, dass Sie der richtige Besitzer für die Rasse sind. Er wird sich Zeit für Sie nehmen, möchte Sie kennenlernen und hat ein Interesse daran, dass sein Welpe in gute Hände kommt. So kann er fragen, wie Ihre Wohn- und Lebensumstände sind, ob es Kinder gibt und wie Ihre Arbeitszeiten sind. Viele Züchter werden Sie regelmäßig über die Entwicklung des Welpen beziehungsweise des Wurfes, von Geburt bis zur Abgabe, informieren und es begrüßen, wenn Sie Ihren Welpen möglichst regelmäßig besuchen. Werden vom Züchter keine Fragen gestellt oder beantwortet, dann geht es wahrscheinlich nur ums Geldverdienen und das Wohl der Tiere steht hintenan Auch wenn man zum Kauf gedrängt wird oder anderweitig Druck gemacht bekommt, sollten Sie von diesem Züchter Abstand nehmen.

Die Elterntiere

Die Elterntiere sind ein gutes Maß dafür, wie der Welpe sich später einmal entwickeln wird, denn von der Mutter übernehmen Welpen neben der Genetik auch Verhaltensweisen sowie Ängste und Stressanfälligkeit. Sind die Elterntiere also bereits nervös und hyperaktiv, kann man davon ausgehen, dass es beim Nachwuchs nicht anders sein wird. Mal abgesehen vom gesundheitlich guten Zustand sollte die Mutterhündin jene Eigenschaften mitbringen, die Sie sich bei Ihrem Hund wünschen. Als Familienhund sollte sie ruhig, ausgelassen und entspannt sein und einen aufgeschlossenen und gesunden Eindruck vermitteln. Die Welpen schauen sich Verhaltensweisen bei ihren Vorbildern ab. Wenn also die Mutterhündin Angst vor Menschen hat, wird der Welpe diesen Stress nicht nur vorgeburtlich mitbekommen, sondern sich das Verhalten auch nach der Geburt abschauen und somit festigen Deshalb sollten Sie genau darauf achten, wie sich die Elterntiere gegenüber Menschen, Tieren und in stressigen Situationen verhalten. Wie werden Sie begrüßt? Ist die Mutterhündin sehr aufgeregt, beruhigt sie sich schnell wieder? Ist sie freundlich oder ängstlich?

Nicht immer ist der Vater der Welpen vor Ort, was damit zusammenhängt, dass viele Züchter einen Zuchtrüden von anderen Züchtern auswählen, um den Genpool etwas zu vergrößern oder weil sie keinen eigenen haben. Das ist durchaus üblich und spricht nicht für eine schlechtere Zucht. Manchmal sind aber beide Elterntiere vor Ort, möglicherweise auch andere Verwandte wie Tanten oder Großmütter der Welpen, die sich später mit um die Aufzucht kümmern.

Die Elterntiere sind nicht da

Wenn der Züchter die Elterntiere bzw. die Zuchthündin nicht automatisch zeigt oder sich auf Nachfragen sogar weigert, ist das kein gutes Zeichen. Entweder sind die Elterntiere aufgrund schlechter Haltungsbedingungen nicht vorzeigbar oder sie sind schlicht und einfach nicht da. Es kann auch sein, dass die Welpen illegal aus dem Ausland geholt worden sind. Natürlich sagt ein „Züchter" das nie, sondern erfindet dubiose Ausreden. Trotzdem sollten Sie, welche Gründe der Züchter auch immer nennen mag, umgehend vom Kauf eines Welpen Abstand nehmen! Auch sollten Sie bei Verdacht darauf achten, dass die Hündin, die Ihnen vorgeführt wird, auch wirklich den Eindruck einer Mutterhündin macht. Sie sollte vertraut mit den Welpen wirken und es sollte deutlich zu sehen sein, dass sie säugt

Wieso ist eine stressfreie Schwangerschaft der Mutterhündin so wichtig?

Egal ob Hund oder Mensch – jeder hat schon mal davon gehört, dass es wichtig ist, entspannt und nur mit einem angemessenen Maß an Stress durch die Schwangerschaft zu gehen. Aber warum ist das eigentlich so und was sind die Folgen von Stress?

Werden schwangere Mütter/Hündinnen dauerhaft erhöhtem Stress ausgesetzt, hat die andauernde Ausschüttung des Stresshormons Cortisol im Körper der Mutter Auswirkungen auf das Ungeborene.

Jeder von uns besitzt zwei Stresssysteme im Körper. Das aktive Stresssystem (produziert Adrenalin und Noradrenalin) ist während der Embryonalphase noch nicht besonders empfindlich. Das passive Stresssystem produziert Cortisol (passives Stresshormon), und das ist sehr sensibel. Hat die Mutter also Stress, schüttet sie das Hormon Cortisol aus. Diese Erhöhung des Cortisolspiegels führt zu einer Veränderung der Gehirnarchitektur beim ungeborenen Nachwuchs, da das Gehirn sich entsprechend den Aufgaben entwickelt. Hat das Gehirn des Fötus also mit der Bewältigung von Cortisol viel zu tun, weil es mehr Cortisol von der Mutter verarbeiten muss, wird sich dieses Areal auch größer ausbilden. Die Folgen sind später deutliche Probleme bei der Stressbewältigung. Neue Reize und Situationen scheinen immer mit sehr hohem Stress verbunden zu sein und kaum bewältigbar. Reaktionen sind dann meist unangemessen stark, die Welpen sind sehr ängstlich oder übermäßig aggressiv. Diese Eigenschaften sind später nur noch sehr schwer – wenn überhaupt – in den Griff zu bekommen.

Da Stresshormone außerdem das Immunsystem unterdrücken, sind diese Hunde größtenteils anfälliger für Krankheiten aller Art. Aber Achtung, die Mutterhündin sollte auch nicht komplett isoliert und reizfrei gehalten werden, den auch Isolation und Langeweile führen zu Stress. Daher ist das Zauberwort: Bewältigbarer Stress mit viel Ruhe danach. Das gilt auch später für die Welpen.

Den Champion als Vater

Viele Züchter werben mit einem berühmten und erfolgreichen Deckrüden, der viele Preise auf Ausstellungen gewonnen hat und als vorbildlicher Vertreter seiner Rasse angepriesen wird. Diese Hunde sind häufig sehr beliebt bei Züchtern und kommen oft zum Zuchteinsatz, teilweise sogar durch gekaufte Samen und künstliche Befruchtung. Ob ein Zuchtrüde aber wirklich tolle Nachfahren bringt, kann man eigentlich erst mehrere Generationen später wissen, wenn man sie hat aufwachsen sehen. Doch bis das der Fall ist, vergehen einige Jahre und bis dahin hat der Rüde vielleicht schon viele Nachfahren gezeugt. Außerdem sollte man bedenken, dass es dem Fortbestehen einer Rasse hinsichtlich der genetischen Vielfalt reichlich wenig nutzt, wenn ein Erzeuger sehr häufig zum Einsatz kommt. Denn die Folgegenerationen sind lauter verschwisterte und „vercousinierte" Hunde, deren weitere Verpaarung den genetischen Pool deutlich schmälern würde. Nicht immer ist also ein preisgekrönter Vater auch gleich der beste.

Mal abgesehen davon sagt ein Preisgewinn auch nichts über den Charakter des Hundes aus, ob er beispielsweise in Stresssituationen entspannt bleiben kann. Ein Rassehund, der Preise gewinnt, muss auch nicht immer die gesündesten und besten Nachfahren zeugen. Das weiß man nämlich nicht durch den Preis, sondern nur, wenn man sich die bereits gezeugten Nachfahren und deren Gesundheit und ihr Verhalten anschaut.

Das Zuchtalter

Das Alter des Hundes, in dem man mit dem Züchten beginnt, ist variabel. Es liegt zwischen 12 und bei sehr großen Rassen 22–24 Monaten. Im Durchschnitt sind es aber 15 Monate. Da das manchmal sehr früh ist, bedeutet es oft, dass die Hündinnen biologisch gesehen noch in der Pubertät sind, wenn sie das erste Mal gedeckt werden. Dies mag kritisch gesehen werden, allerdings zeigt sich, dass viele junge Mütter damit sehr gut umgehen können. Dennoch sollte jeder gewissenhafte Züchter verantwortungsvoll mit seinem Hund sein und individuell entscheiden, ob er für die Zucht bereits reif genug ist. Denn die biologische Möglichkeit zum Decken ist noch kein Kriterium für den richtigen Zeitpunkt, das Züchten zu beginnen. Andererseits sollten Hündinnen bei der Zucht nicht älter als acht Jahre sein. Hündinnen, die sechs Jahre alt und älter sind und in ihrem Leben noch keine Welpen hatten, sollten in der Zucht nicht eingesetzt werden. Bei manchen Rassen ist beim Rüden die erste Zuchtverwendung bereits nach dem vollendeten 12. Monat gestattet, im Durchschnitt ist es aber der 18. Lebensmonat. Hier ist es vor allem die physische Entwicklung, die im Auge behalten werden muss, damit es nicht zu Schäden kommt – sowohl physisch als auch psychisch.

Ernährung von Welpen und Mutter

Auch auf den Bereich Ernährung sollte man sowohl bei der Mutterhündin als auch bei den Welpen achten, und zwar unabhängig davon, wie Sie Ihren Hund später füttern möchten. Denn für die spätere Verträglichkeit von Futter sowie für die Gesundheit des Hundes ist eine gesunde Magen-Darm-Flora der Welpen unerlässlich, und eine vielfältige Ernährung der Mutterhündin und auch der Welpen kann hierbei helfen. Außerdem gibt es beim Hund die sogenannte Futterprägung. Das bedeutet, dass der Hund auf das, was er und die Mutter in der ersten Zeit zu fressen bekommen, geprägt wird. Bekommen sowohl die Mutter als auch die Welpen nur ein und dasselbe Futter mit den gleichen Inhaltsstoffen, ist die Wahrscheinlichkeit sehr hoch, dass der Hund später Unverträglichkeiten oder Allergien entwickelt. Zudem weiß man, dass der Hund in dieser Zeit durchaus auf die Futterbevorzugung beeinflussbar ist. In Versuchen konnte man nachweisen, dass zum Beispiel Aromastoffe, die im Futter der Mutterhündin waren, sowohl über den Kreislauf und den Plazentakreislauf das Gehirn des Ungeborenen als auch über die Muttermilch später das Gehirn des bereits geborenen Welpen erreichen. Die Welpen entwickelten starke Bevorzugung für diese Duft- und Geschmacksstoffe. Aus diesem Grund ist es wichtig und von großem Vorteil, wenn der Züchter auf Vielfalt beim Futter sowohl während der Trächtigkeit als auch bei der Fütterung der Welpen achtet. Der Hund sollte Trockenfutter, Dosenfutter und Rohfutter bekommen und gerne auch von verschiedenen Herstellern, um verschiedene Inhaltsstoffe kennenzulernen.

Bei Züchtern, die ausschließlich barfen, also nur roh füttern, sollte man darauf achten, was genau gefüttert wird. Denn leider informiert sich nicht jeder Züchter darüber, wie man richtig barft und es kann im schlimmsten Fall zu Mangelerscheinungen bis hin zu Organschäden kommen. Auch kann eine reine Rohfleischfütterung dazu führen, dass der Welpe später kein Trockenfutter frisst oder nicht verträgt, da er es nicht kennengelernt hat. Um beides zu vermeiden, kann man den Züchter fragen, ob er einen Ernährungsplan erstellt hat und dass es einem wichtig ist, den Welpen möglichst frühzeitig an Alternativen zu gewöhnen, damit er später bei Bedarf einmal keine Probleme damit hat. Denn selbst wenn Sie Ihren Hund auch barfen möchten, so ist es doch von Vorteil, wenn er bei Bedarf, wie Urlaub oder einem Klinikaufenthalt, trotzdem mit der Fütterung von Trockenfutter klarkommt. Ideal wäre also beim Züchter ein hochwertiges Futter als Hauptfutter (ob Barf oder Fertigfutter), das den Nährstoffbedarf der Hündin deckt und die Zufütterung in kleinen Mengen von anderen Futterarten erlaubt (verschiedene Trocken- und Dosenfutter sowie Rohfleisch und Gemüse), um Vielfalt in die Ernährung zu bringen. So hat der Welpe sowohl Roh- als auch verschiedene Trocken- und Dosenfutter kennengelernt und die Chance, eine vielfältige und gesunde Darmflora aufzubauen.

Die Zuchtstätte

Wie sieht die Zuchtstätte aus?

Schauen Sie sich genau an, wie die Welpen ihre ersten Lebenswochen beim Züchter verbringen. Haben sie einen Garten zum Spielen oder vielleicht sogar ein Welpenzimmer? Haben sie genug Platz, um zu toben? Der Welpe sollte mit seinen Geschwistern spielen können und seine Fähigkeiten entdecken. Er sollte mit neuen Reizen wie zum Beispiel Alltagsgeräuschen und -gerüchen konfrontiert werden, ohne dabei überfordert zu sein. Das bedeutet, er soll zwar alles mitbekommen können, aber nicht dauerhaft Lärm oder Hektik ausgesetzt sein. Wenn Sie das Gefühl haben, in einen Chaoshaushalt zu kommen und schon nach ein paar Minuten selbst von der Familie oder dem herrschenden Geräuschpegel gestresst sind, sollten Sie davon ausgehen, dass es den Hunden nicht anders geht. Ebenso sollte den Welpen Familienanschluss und Sozialkontakte ermöglicht werden. Eine Isolierung von der Familie ist nicht förderlich. Ideal ist es, wenn die Welpen sowohl den Familienalltag mitbekommen und dessen Geräusche erleben können als auch einen Rückzugsort haben, wo sie schlafen können und zur Ruhe kommen. Wenn Sie kein gutes

Gefühl beim Besuch haben, Sie sich nicht wohlfühlen oder die Hunde in einem Zwinger, Pferdeboxen oder ähnlichem gehalten werden, sollten Sie sich den Kauf gut überlegen. Kaufen Sie den Welpen niemals aus einem schlechten Gewissen heraus.

Klasse statt Masse

Welpen verantwortungsvoll großzuziehen ist ein riesengroßer Aufwand. Daher zieht ein seriöser Züchter nur ein bis drei Würfe pro Jahr auf. Außerdem spezialisieren sich Züchter meist auf eine bestimmte Rasse. Bei einer großen Auswahl an Welpen verschiedenen Alters und sogar verschiedener Rassen ist daher Vorsicht geboten, den dann liegt oft der Verdacht nahe, dass es sich lediglich um einen Zuchthändler oder einen Massenzüchter handelt. Bei beiden steht nicht das Leben des Hundes, sondern der Profit im Vordergrund. Zuchthändler bzw. Hundehändler kaufen Hunde oder sogar ganze Würfe, meistens im Alter zwischen vier und sechs Wochen, auf und verkaufen sie selbst. Oft geben Sie sich als Züchter aus und verkaufen die meist verstörten Welpen gewinnbringend. Massenzüchter sind Leute, die Hunde in sehr großen Rahmen vermehren und nicht selten vorgeben, „kleine" Züchter zu sein. Um die Menge an Hunden überhaupt bewältigen zu können, werden diese in Zwingern gehalten. Bei beiden Methoden bleiben die Sozialisierung der Welpen und die Gesundheit Nebensache. Die Folge sind Hunde, die oft den Rest ihres Lebens Verhaltensauffälligkeiten zeigen und mit ihrer Gesundheit ständig am kämpfen sind. Seien Sie also kritisch und schauen Sie genau hin, wenn Sie Zweifel haben oder stutzig werden, weil der Züchter sehr viele Rassen anbietet oder viele Welpen verschiedenen Alters aufzieht.

Die Wurfbox

Wurfbox nennt man die Box, in der die Welpen geboren und in den ersten Lebenswochen aufgezogen werden. Bei kleinrassigen Hunden kann es sein, dass auf eine Wurfbox verzichtet wird. Meist ist die Wurfbox aus Holz und so gebaut, dass die Mutterhündin eigenständig kommen und gehen kann, die Welpen aber nicht so einfach rauskönnen. Am Rand ist oft ein Brett zum Abstandhalten eingebaut, damit die Mutter die Welpen nicht aus Versehen am Rand zerdrücken kann. Dadurch ist immer ein bisschen Luft zwischen ihrem Rücken und der Wand der Box.

Die Wurfbox sollte sauber und gepflegt sein, allerdings nicht klinisch rein, da Welpen alles ins Maul nehmen, und wenn ständig alles desinfiziert würde, wäre das, was sie aufnehmen, vor allem eine Menge Chemie. Außerdem sollte der Raum, in dem die Wurfbox steht, immer gut belüftet sein. Die Raumtemperatur kann etwas wärmer sein als normal und bei Bedarf kann die ersten Tage zusätzlich eine Wärmelampe aufgestellt werden. Dabei ist zu beachten, dass die Welpen sich frei entscheiden können, ob sie darunter liegen möchten oder nicht. Wird Ihnen der Welpe woanders präsentiert, zum Beispiel im Garten, lassen Sie sich trotzdem die Wurfbox zeigen. Denn man sollte immer sehen, wo die Welpen geboren wurden und die ersten Wochen aufgewachsen sind und schlafen. Haben Sie daher bitte keine Scheu, danach zu fragen

Der Welpe

Beim Kauf eines Welpen gibt es ein paar Dinge, auf die man unbedingt achten und die man kritisch in Augenschein nehmen sollte. Denn nicht selten ist man beim Anblick von süßen Welpen so abgelenkt, dass es manchmal so scheint, als könnte man nicht mehr klar denken. Mit Herzchen in den Augen scheint das Gehirn einfach abzuschalten und man will nur noch eins – dieses kleine Ding ein Leben lang anstarren und liebhaben. Wenn Sie sich selbst kennen und der Meinung sind, dass es auch Ihnen so ergehen könnte, sollten Sie sich unbedingt jemanden zur Welpenbesichtigung mitnehmen, der für Sie vor Ort (mit-)denkt und etwas realistischer bleibt, während Sie sich der emotionalen Entzückung hingeben. Machen Sie sich, wenn Sie sich Welpen anschauen, keinen Zeitdruck beim Züchter. Verbringen Sie Zeit mit den Hunden, machen Sie sich ein Bild vor Ort und stellen Sie alle Ihre Fragen. Die Welpen sollten aufgeschlossen und neugierig sein. Außerdem sollen sie gesund aussehen und ihrem Alter entsprechend entwickelt sein. Ist eher das Gegenteil der Fall und die Welpen scheinen ängstlich oder verstört, sollte vom Kauf abgesehen werden.

Die Auswahl des richtigen Welpen

„Er ist direkt auf uns zugerannt. Er hat uns ausgesucht – da wussten wir, der gehört zu uns." Ein sehr beliebter Satz unter frisch gebackenen Hundebesitzern. Doch leider sucht der Welpe, der als Erstes auf einen zu rennt, einen nicht „aus", er ist einfach nur der Neugierigste, wahrscheinlich auch der Mutigste und vielleicht auch ein bisschen der Vorlauteste im Wurf. Denn schließlich rennt er einfach auf fremde Personen zu, ohne sich das Feedback der Gruppe zu holen oder sich abzusichern. Das erfordert Selbstbewusstsein. Wenn Sie genau so einen Hund suchen, der mutig, selbstständig und neugierig ist, dann herzlichen Glückwunsch, ist das wahrscheinlich wirklich Ihr Hund. Aber nicht, weil er sie sich ausgesucht hat, sondern weil er vom Charakter her zu Ihnen passt. Wer aber einen Hund möchte, der sich eher zurückhält, nicht immer gleich auf alles und jeden zugeht und erst mal beobachtet, statt direkt nach vorne zu sprinten, der sollte sich genau überlegen, ob dann wirklich dieser erste Welpe der richtige für einen ist. Ein guter Züchter kennt seine Welpen und kann ihnen ab einem gewissen Alter erste Charaktereigenschaften zuweisen, bestimmte Tendenzen erkennen und Ihnen helfen, den für Sie richtigen Welpen auszuwählen. Außerdem hört er sich an, was Sie suchen und hilft Ihnen, einen Welpen auszuwählen, der zu Ihnen passt.

Aber auch ohne die Hilfe des Züchters können Sie durch Beobachten der Welpen schon ein paar Dinge über diese lernen. Ist der Hund eher ein Draufgänger, mutig, neugierig, rempelt andere Welpen auch mal an, rauft gerne oder ist er eher zurückhaltend, geduldig oder sogar etwas schüchtern? Lassen Sie sich nicht vom Aussehen, den optischen Eindrücken beeinflussen („Wir nehmen den, weil der einen weißen Fleck hat"), sondern versuchen Sie auf das Verhalten des Welpen zu achten. Wie geht er mit Menschen, seinen Geschwistern, den Elterntieren und seiner Umwelt um? Treffen Sie Ihre Entscheidung mit Ruhe und Bedacht und natürlich auch ein bisschen mit dem Herzen.

Der erste Besuch

Wann man seinen ersehnten Welpen zum ersten Mal beim Züchter besuchen darf, hängt von verschiedenen Faktoren ab. Kennt die Mutterhündin die Besucher? Wie fit ist sie und die Welpen? Wie anstrengend war die Geburt für die Hündin? In der Regel dürfen erste Besucher kommen, wenn die Welpen selbständig die Wurfkiste zu verlassen beginnen, um auf erste Erkundungstouren zu gehen. Allerdings sollten es kein Überfallkommando werden und ruhig und kurz ablaufen. Oft werden Welpen beim Züchter schon vor der Geburt reserviert. Ist es dann endlich so weit, würde man natürlich auch gerne mitverfolgen, wie die Hunde die ersten Wochen aufwachsen. Daher haben viele Züchter mittlerweile Gruppen in Kommunikationsapps, in denen man über Geburt und Welpen auf dem Laufenden gehalten werden kann, auch ohne direkt vor Ort zu sein.

Ein Tipp: Bringen Sie Ihrem Welpen doch schon mal eine Decke mit, die nach Ihnen riecht, so kann er Ihren Geruch kennenlernen und sich an ihn gewöhnen.

Ab wann darf der Welpe in sein neues Zuhause umziehen?

Der Welpe sollte bei der Abgabe mehrfach entwurmt, altersgemäß geimpft und gechippt sein sowie einen EU-Pass bzw. Impfausweis haben. Je nach Rasseverband kommen verschiedene gesundheitliche Untersuchungen dazu. Offiziell ist in Deutschland die Abgabe eines Welpen ab der achten Woche erlaubt,

doch viele sagen, dass acht Wochen für die Hunde zu früh ist, weil der Bindungsaufbau zum späteren Besitzer in der zwölften bis vierzehnten Woche am vorteilhaftesten ist. Diese Meinung gründet auf der Überlegung, dass die soziale Entwicklung in den ersten 12 Lebenswochen von großer Bedeutung ist und der Züchter diese Prägung des Hundes im Umfeld des Wurfes vornehmen sollte. Aber Achtung: Voraussetzung hierfür ist natürlich, dass der Züchter das auch tut! Sozialisiert der Züchter den Hund in dieser Zeit nicht richtig, weil es ihm nicht wichtig ist, ergibt das natürlich keinen Sinn.

Manche Züchter berichten, dass die Hündin ab der achten Woche das Interesse an den Welpen größtenteils verliert und dass dies deshalb der richtige Zeitpunkt für die Abgabe sei. Verhaltenstherapeuten sagen, dass dies aber normal sei, da sich ab jetzt auch in der Natur eher Tanten und Familienmitglieder um die Welpen kümmern. In der Natur wirft jedoch nur die Leitwölfin. Damit sich aber alle aus dem Rudel auch um den Nachwuchs kümmern, muss zur richtigen Zeit deren Mutterinstinkt angesprochen werden. Deshalb steigt auch der Hormonspiegel von nicht gedeckten Hündinnen nach der Läufigkeit und sie zeigen Brutpflegeverhalten, ohne geworfen zu haben. Das wird Scheinträchtigkeit genannt. In der Regel passiert dies 4–8 Wochen nach der Läufigkeit. Daher sagt man, dass eine Abgabe mit acht Wochen noch zu früh ist. Denn es geht nicht darum, dass die Welpen noch ihre Mutter brauchen, sondern vor allem um das Erlernen des sozialen Umgangs mit Geschwistern und Familienmitgliedern.

Auch das sogenannte Beobachtungslernen, bei dem die Handlungen der Mutter einfach und direkt übernommen werden, ist in dieser Zeit enorm wichtig. Welpen, die zwischen der 8. und 12. Woche bei irgendeiner Arbeit der Mutter zusehen konnten, können später sehr viel leichter und besser diese Fähigkeit entwickeln und die gleiche Tätigkeit ausüben. Hundewelpen, die Mitglieder ihrer Hundefamilie beobachten konnten, übernehmen diese Verhaltensweisen praktisch ohne jede Bestätigung durch einen Menschen. Die Persönlichkeitsfaktoren Geselligkeit und sozialer Umgang mit Hunden entwickelt sich im dritten Lebensmonat und es ist sehr wichtig, dass in dieser

Zeit kompetente ältere Hunde und sozialer Kontakt ausreichend gegeben sind.

Auch weiß man, dass, wenn Welpen viel zu früh von ihrer Mutter getrennt werden, Verhaltensstörungen wie zum Beispiel Bewegungsstereotypien mit viel höherer Wahrscheinlichkeit auftreten. Des Weiteren gehen Wissenschaftler davon aus, dass eine zu frühe Trennung eine verstärkte Anfälligkeit für Trennungsangst verursacht. Andererseits ist auch die Frage, inwieweit es einem Züchter möglich ist, jedem von vielleicht zehn Welpen diese Aufmerksamkeit und spezifische Sozialisierung im Alltag auch geben zu können. So ist es beispielsweise unumstritten, dass eine Person, die sich nur um einen Welpen kümmern muss, diesen in der Regel besser fördern kann als ein Züchter, der sich um viele Welpen und erwachsene Hunde kümmern muss.

Fazit

Nach neuesten wissenschaftlichen Erkenntnissen wird empfohlen, Welpen erst ab der 10. – 12. Woche abzugeben. Allerdings unter der Voraussetzung, dass der Züchter in dieser Zeit gute Arbeit leistet und sich richtig um die Welpenentwicklung kümmert. Es bedeutet aber auch nicht, dass jeder Züchter, der seine Welpen mit acht Wochen abgibt, gleich ein schlechter Züchter ist. Man sollte dennoch die angesprochenen Punkte nicht unterschätzen und sie im Hinterkopf haben.

Der Preis

Ein guter Züchter hat eine Menge Arbeit. Verantwortungsvolles Züchten ist immer mit hohen Kosten und großem zeitlichen Aufwand verbunden. Man muss sowohl die Hündin in ihrer Trächtigkeit als auch die Welpen in den insgesamt drei Monaten intensiv betreuen, sie fördern und versorgen. Dazu fallen Tierarztkosten und Futter für die Hündin, die Welpen sowie Kosten für den Deckakt an sich an. Außerdem kommen Kosten hinzu für die Zuchtpapiere und alle Welpen müssen entwurmt, geimpft und gechippt werden. Auch der Arbeitsaufwand des Züchters braucht eine angemessene Entlohnung. Die Welpen sind ja bis zu 12 Wochen aufzuziehen und zu pflegen. Da wird schnell deutlich, dass ein Züchter, wenn er seinen Job richtig macht, den Welpen nicht für nur 400 € abgeben kann. Vergessen Sie nicht: Ein guter Züchter legt den Grundstein für das Hundeleben Ihres Lieblings und das sollte sein Geld wert sein. Ein Rassehund kostet daher ungefähr – je nach Züchter und Zuchteltern – zwischen 800 € und 1.500 €, wobei die Preisskala nach oben offen ist.

Aber Achtung!

Nur weil ein Hund teuer ist, bedeutet das nicht automatisch, dass der Züchter seriös und kompetent ist. Selbst ein schlechter Züchter, Vermehrer oder Händler kann seine Welpen zu einem hohen Preis verkaufen. Deshalb ist es entscheidend, auch alle anderen Kriterien immer im Auge zu behalten. Ein hoher Preis allein ist keine Gewähr für eine gute Aufzucht und einen gesunden Hund!

Die Entwicklung vom Welpen zum Junghund

Warum ist Welpenförderung so wichtig?

Um die Bedeutung der richtigen Aufzucht eines Welpen für sein ganzes Leben zu verstehen, ist es entscheidend zu wissen, welche Entwicklungsphasen ein Hund durchläuft. Nur so kann man nachvollziehen, welche Aspekte ein Züchter berücksichtigen muss und wie wichtig die Entwicklung vom Welpen zum Junghund ist.

Die ersten Wochen des Welpen sind, neben der Haltung, der Genetik und der Erziehung die Grundpfeiler seiner Entwicklung. Wie gut der Welpe später mit dem Alltag, mit Stress und Außenreizen umgehen kann und wie sich sein Sozialverhalten entwickelt, ist also auch abhängig vom Züchter. Auf den nächsten Seiten lernen Sie die Entwicklung des Welpen besser kennen und werden verstehen, warum es wichtig ist, diese Zeit so gut es geht zu nutzen.

Auch bei Menschen sind die in der Kindheit gemachten Erfahrungen und das Erlernte prägend für das weitere Leben, für den Umgang miteinander, mit Stress, mit Problemen. Dabei spielen bereits vorgeburtliche Ereignisse eine Rolle. Und all diese Erfahrungen, egal ob positiv oder negativ, sind später fast nicht mehr oder nur noch sehr schwer zu revidieren. Das ist beim Hund nicht anders. Die Eindrücke und Erlebnisse, die die Mutterhündin während der Trächtigkeit erfährt, wie zufrieden oder gestresst sie ist, all das wirkt sich auf die Entwicklung und das Verhalten der Welpen aus. Und obwohl wir Menschen uns dessen bei uns selbst meist bewusst sind, scheinen wir es beim Hund irgendwie zu vergessen.

Die Entwicklung unserer Welpen

Die Entwicklung des Gehirns der Hunde ist keinesfalls mit der Geburt abgeschlossen. So ist in einigen Fällen die Vermehrung der Nervenfasern sogar bis zum Ende des dritten Lebensmonats beobachtbar. Und nicht nur die Anzahl der Nerven, auch deren Arbeitsgeschwindigkeit entwickelt sich noch. Für diese Geschwindigkeit ist die Myelinschicht, eine Hülle um die Nervenfasern, zuständig. Die Entwicklung der Myelinschicht geht aber sogar erst ab der vierten oder fünften Lebenswoche richtig los und zieht sich bis zur 10. Woche hin. Aufgrund dessen ist es um so wichtiger, die Welpen in dieser entscheidenden Entwicklungsphase zu verstehen, sie zu unterstützen. Denn die Myelinschicht ist die Voraussetzung dafür, dass das Gehirn einwandfrei funktioniert und neue Reize einwandfrei verarbeiten kann, ohne überfordert zu sein. Werden in dieser wichtigen Zeit Fehler gemacht, verfolgt dies den Hund ein Leben lang und genau deshalb ist diese Zeit so wichtig für einen Welpen. Ein guter Züchter weiß um diese Tatsachen und wird sehr genau darauf achten, wie er seine Welpen richtig fördert und angemessen fordert.

Wie schnell ein Welpe sich entwickelt, ist von Rasse zu Rasse unterschiedlich. Während kleine Hunderassen schneller erwachsen werden, brauchen manche großen Rassen mehrere Jahre, um das vollständige Erwachsenenalter erreicht zu haben. Grundsätzlich kann man die Entwicklung des Hundes aber in mehrere Phasen einteilen. Jeder Welpe durchläuft ab seiner Geburt verschiedene Entwicklungsphasen. In jeder dieser Phasen passieren wichtige und lebensprägende Dinge, auf die man achten und die man zum richtigen Zeitpunkt fördern und unterstützen sollte.

Neugeborenenphase (Neonatale Phase)

1. Lebenswoche

Welpen kommen taub und blind zur Welt, da ihre Augen und Ohren noch fest verschlossen sind. Sie sind zwar n der Lage, schon etwas zu riechen und zu schmecken, aber ihr Geruchssinn ist noch nicht voll entwickelt. Diese Sinne sind für das Auffinden der duftenden Milchdrüse unentbehrlich. Die Haupttätigkeit der Welpen zu dieser Zeit ist schlafen, Wärme finden, Schutz suchen und sich ernähren.

In den ersten zwei Wochen schlafen Welpen fast 90 % des Tages, und wenn sie mal wach sind, fressen sie. Die gesamte Energie des Welpen ist in dieser Zeit auf das Wachstum konzentriert. So ist es nicht verwunderlich, dass der Welpe sein Geburtsgewicht innerhalb der ersten Lebenswoche verdoppelt. Die Milch der Mutterhündin ist reich an Immunstoffen. Sie hilft, Neugeborene in den ersten Lebenswochen vor Infektionskrankheiten zu schützen. Da die Welpen zum jetzigen Zeitpunkt noch nicht in der Lage sind, ihr eigenes Gewicht zu tragen, bewegen sie sich kriechend vorwärts, und das auch immer nur in kleinen Stücken. Typisch für diese Zeit ist die Pendelbewegung ihres Kopfes, die ihnen hilft, die Zitzen der Mutterhündin zu finden. Diese leichten Fortbewegungsübungen stimulieren ihre Muskeln und das Koordinationsvermögen. Auch können Welpen ihre Körpertemperatur noch nicht selbstständig regulieren und können daher auch schnell unterkühlen. Deshalb schreien die Kleinen, wenn ihnen kalt wird, laut nach ihrer Mutter, um von ihr wieder ins Warme zu den Geschwistern geholt zu werden. In dieser Zeit fängt das Zentrale Nervensystem an, eine Schutzhülle für die Nervenfasern auszubilden. Der Welpe hat noch keine bewusste Steuerung seiner Verdauung, weshalb es sehr wichtig ist, dass diese durch die Zunge der Mutter regelmäßig stimuliert wird, um den Kot und Urinabsatz anzuregen. Außerdem wird durch das Lecken gleichzeitig die Atmung des Welpen angeregt und er atmet tiefer und schneller.

Die Mutterhündin liegt in der ersten Woche meist auf der Seite bei den Welpen, um diese zu säugen.

2. Lebenswoche

Zwischen dem 10.–15. Tag öffnen sich beim Welpen Augen und Ohren und er kann Helligkeiten und auch schon ein paar Bewegungen erkennen. Bis die Augen aber vollständig entwickelt sind, dauert es noch etwa zwei Wochen. Dass sich die Augen erst so spät öffnen, liegt daran, dass viele kleine Muskeln, die für die Lidöffnung zuständig sind, noch nicht vollständig entwickelt sind.

Zu Beginn der zweiten Woche werden meist die Krallen zum ersten Mal geschnitten, auch um die Mutterhündin beim Säugen nicht zu sehr zu verletzen. Außerdem fangen die Welpen an, sich etwas mehr zu bewegen. Allerdings sind alle Bewegungen, die der Welpe macht, immer noch reflexgesteuertert. Auch die Lunge bildet sich weiter aus. Die Mutterhündin liegt jetzt nicht mehr so viel auf der Seite. Sie ist zwar immer in unmittelbarer Nähe der Welpen, aber nicht unbedingt direkt neben ihnen. Verirrt sich ein Welpe oder ist etwas weiter weg, holt sie ihn direkt wieder zurück.

Um den 10. Tag herum wird der Welpe vom Züchter in der Regel zum ersten Mal entwurmt. Dies erfolgt dann alle 10–14 Tage. Würmer können jederzeit beim Welpen vorkommen und haben nichts mit mangelnder Hygiene zu tun.

Übergangsphase

3. Lebenswoche

Die Übergangsphase dauert nur eine Woche. Der Welpe beginnt langsam seine ersten kleinen Schritte zu machen. Seine Bewegungen werden immer kontrollierter und kraftvoller. Die Verdauung der Welpen funktioniert langsam schon recht gut und sie beginnen Kot und Urin selbstständig abzusetzen. Die Sehfähigkeit fängt an einzusetzen, sie beginnen zu hören und somit auf erste Geräusche ihrer Umwelt zu reagieren.

Mit ca. 15 Tagen brechen die ersten Milchzähnchen durch. Jetzt beginnt auch die erste Interaktion mit den anderen und man kann die ersten sozialen Verhaltensweisen sehen. Die Kleinen wedeln mit dem Schwanz oder knurren. Es entstehen erste Kontaktaufnahmen zu Geschwistern, Mutter und dem Menschen. Erste Lernerfahrungen werden gesammelt und die Welpen gewinnen ein kleines Stück Unabhängigkeit von der Mutter. Die Mutterhündin reagiert langsam nicht mehr auf jedes Gejammer und Gequietsche, sondern kommt erst dann, wenn ihr Gesäuge voll ist – was etwa alle zwei bis drei Stunden der Fall ist. Solange die Mutter die Welpen

noch säugt, frisst sie den Kot der Welpen weitestgehend auf. Die Welpen können ihre Körpertemperatur mittlerweile selbstständig regulieren. Ungefähr mit Ende der dritten Woche sind erste Anzeichen eines Reinlichkeitsverhaltens zu sehen. Die Welpen wollen aus der Wurfkiste raus, um ihr Geschäft zu machen. In diesem Alter beginnt der Züchter meist schon mit einem vom Welpen bewältigbarer Reizkonfrontation, beispielsweise mit normalen Alltagsgeräuschen oder positiven Berührungen. Außerdem werden manche Welpen bereits zugefüttert.

Sozialisierungs- und Jugendphase (Prägungsphase)

4. Lebenswoche

Die Sozialisierungsphase bei Hunden ist eine besonders wichtige Entwicklungsperiode, die vor allem im Alter von der etwa 4. bis 16. Woche stattfindet. In dieser Zeit sind die Welpen besonders empfänglich für neue Eindrücke und lernen, wie sie mit ihrer Umwelt und anderen Lebewesen umgehen. Eine gute Sozialisierung während dieser Zeit ist absolut wichtig und legt den Grundstein für ein ausgeglichenes, sicheres und angepasstes Verhalten im späteren Leben. Eine gut durchgeführte Sozialisierung trägt also dazu bei, dass der Hund sich später freundlich und selbstbewusst verhalten kann und in der Lage ist sich selbst zu regulieren. Die Sozialisierung sollte daher positiv und mit Geduld erfolgen, da negative Erfahrungen in dieser Phase langfristige Ängste oder Verhaltensprobleme verursachen können

Ab der vierten Lebenswoche ist der Welpe länger wach und zeigt erstes Erkundungsverhalten. Alle Sinnesorgane sind mittlerweile voll entwickelt und der Bewegungsapparat funktioniert schon sehr gut, sodass Abenteuerrunden außerhalb der Wurfkiste gedreht werden. Spielzeuge werden inspiziert und im Idealfall sorgen auch viele spannende andere Gegenstände für eine spielerische Frühförderung. Die neuen Milchzähnchen werden überall ausprobiert. Da sie sehr spitz sind und ausgesprochen wehtun können, kommt es auch zu ersten Unmutsregungen bei den Geschwistern. Das Abwenden vom Schmerzverursacher führt zu weiteren Lernerfahrungen und unterstützt die Entstehung der Beißhemmung. Diese Lernerfahrung ist einfach: „Bist du zu wild, gibt es einen „Aua-

Quieker" und ich gehe weg von dir. Jetzt bist du allein."

In dieser Zeit entwickeln sich auch soziale Kontakte und die Rangfolge zu Mutter, Geschwistern. Die Welpen fangen an, gezielt hintereinander herzulaufen. Haben sie in dieser Zeit aufgrund von Isolation oder frühe Trennung von der Mutter keine Möglichkeit, diese sozialen Erfahrungen zu machen, kommt es zu grundlegenden Problemen im Sozialverhalten und in der Entwicklung.

Solange die Mutterhündin über ausreichend Milch verfügt, ist theoretisch auch keine Zufütterung nötig. Die Mutterhündin beginnt ihre eigene Nahrung zu erbrechen und den Welpen anzubieten. Die Welpen werden langsam von der Muttermilch abgesetzt.

An dieser Stelle wäre noch ein kurzer Hinweis auf Einzelwelpen wichtig, da ja selten, aber doch hin und wieder vorkommen. Man kann es mit viel Einsatz schaffen, die fehlenden Geschwister halbwegs zu kompensieren, aber gerade für einen Hundeanfänger ist von einem solchen Einzelwelpen eher abzuraten, da eben die Wahrsheinlichkeit hoch ist, dass das Sozialverhalten nicht so gut entwickelt ist wie bei anderen Welpen!

5. Lebenswoche

Jetzt können die Welpen erste Ausflüge in den Garten unternehmen. Auch können jetzt andere Hunde oder Tiere mit den Welpen bekannt gemacht werden. Der regelmäßige positive Kontakt zum Menschen ist sehr wichtig und fördert eine positive Beziehung zwischen Mensch und Hund. Die Mutterhündin sollte immer selbst entscheiden können, wann sie Kontakt zu den Welpen aufnimmt und wann nicht. Sie sollte kommen und gehen können, wenn sie möchte. Sofern der Züchter dies entscheidet, indem er beispielsweise die Hündin zu den Welpen sperrt, führt das zu Stress bei der Mutterhündin und somit auch bei den Welpen. Manche Züchter fangen jetzt an, den Welpen auf den Pfiff als Rückruf zu konditionieren, indem sie jedes Mal pfeifen, wenn es Futter gibt. Dies kann den späteren Besitzern das Rückruftraining erleichtern.

6. Lebenswoche

In diesem Alter fangen die Welpen an, richtig aktiv ihre Welt zu erkunden. Ab jetzt bietet sich ein Welpenspielplatz an, um Abenteuer zu erleben. Der Hund sollte in diesem Alter viele neue Dinge kennenlernen, um sein Gehirn regelmäßig mit neuen Reizen zu konfrontieren. Wichtig ist es, hierbei ein gesundes Maß zu finden, um den Welpen nicht zu überfordern. Verschiedene Untergründe, Materialien, Geräusche und wilde Natur bieten sich für viele spannende Erfahrungen an. Der Welpe sollte ein Körpergefühl, den Gleichgewichtssinn, psychische Belastbarkeit und physische Behändigkeit erlernen und trainieren können. Auch das Sozialspiel der Welpen untereinander und mit dem Menschen werden ausdauernder und rauer. Rennspiele und körperbetontes Spielen nehmen zu.

Viele Welpen können in diesem Alter plötzlich ängstliches Verhalten, Unsicherheiten und Scheu, eine hohe Sensibilität und Stressanfälligkeit zeigen, was etwas mit ihrer Entwicklung zu tun hat. Die Lernvorgänge in dieser Zeit haben einen Einfluss auf den Motivationsbereich, die spätere Aggressionsbereitschaft und auf die Bindungsfähigkeit des Welpen. Ein regelmäßiger Kontakt zu Menschen aller Art (groß, klein, alt, jung, mit Hut, mit Rollstuhl usw.) und eine dem Welpenalter entsprechende Konfrontation mit Umweltreizen (Staubsauger, Alltagsgeräusche usw.) helfen ihm, gute Voraussetzungen für ein stabiles Selbstbewusstsein zu schaffen. Lernt der Welpe unterschiedliche Menschen zwischen der fünften und zwölften Woche nicht als harmlos oder sogar sympathisch kennen, so hat er später erhebliche Probleme, sich Menschen anzuschließen und mit diesen zu interagieren. Man spricht in diesem Alter häufig von dem Begriff „Sozialisierung".

Die Welpen fressen in diesem Alter fast ausschließlich selbstständig und gehen nur noch ab und zu bei der Mutter trinken. Jetzt beginnt auch die Zeit der sogenannten „Futterprägung". Lernt der Welpe nur ein und dasselbe Futter kennen, kann es sein, dass er später Probleme mit Verträglichkeiten haben kann. Außerdem hilft eine vielseitige Ernährung in diesem Alter, eine vielfältige Darmflora aufzubauen, welche dem Welpen eine gute Resistenz für das weitere Leben Infektionsgefahren gegenüber bietet.

7. Lebenswoche

Die Welpen werden immer agiler und wachsen sehr schnell. Ihre Erlebniswelt sollte täglich verändert werden. Jetzt können erste Ausflüge unternommen werden. Sie sollten fremde Orte sehen, Natur kennenlernen und neue Gerüche entdecken. Die kleinen, kurzen Ausflüge zeigen den Welpen die große Welt. Sie sollten jetzt auch Autofahren kennenlernen sowie an Leine und Halsband gewöhnt werden. Elementar wichtig ist hierbei, dass für den Welpen alle neuen Reizangebote verarbeitbar bleiben und von ihm verkraftet werden können. Er sollte auf keinen Fall überfordert werden und das Erleben neuer Reize und Situationen sollte immer interessant bleiben können. Wird der Welpe überfordert, kann er neue Situationen mit Stress verknüpfen und eventuell mit dauerhaftem Angst- oder Aggressionsverhalten reagieren.

Reizarmut hingegen ist in dieser Phase ebenso schädlich wie die massive Reizüberflutung. Wird der Welpe in dieser Zeit nicht richtig gefördert und neuen Reizen ausgesetzt, so wird er langfristig Probleme haben bzw. sein Mensch mit ihm. Die Folge für die Hunde ist, dass sie auf jeden Reiz viel zu übertrieben und hypersensibel reagieren. Sie werden sehr schwer Ruhe finden und ihr Leben wird von Dauerstress geprägt sein. Zur Kompensation dieses Dauerstresses werden diese Hunde in der Regel Verhaltensauffälligkeiten entwickeln.

8.-12. Lebenswoche

Mittlerweile ist der kleine, hilflose Welpe zu einem fitten und sehr aktiven kleinen Hund herangewachsen. Da er in dieser Zeit besonders gut lernt, kann man jetzt schon anfangen, ihm etwas Grunderziehung beizubringen und positive Verhaltensweisen zu bestätigen.

Auch die Mutter hat mittlerweile ihr Verhalten gegenüber den Welpen geändert. War sie vorher recht geduldig und fürsorglich, kann sie jetzt streng und konsequent gegenüber ihren Welpen werden. Das ist auch wichtig und man sollte sich an ihr ein Beispiel nehmen. Denn die Welpen fangen an, durchaus frech zu werden und testen ihre Grenzen aus. Meist sind die Kleinen mit der achten Woche von der Muttermilch komplett entwöhnt und die Mutterhündin ist froh, Ruhe vor ihnen zu haben. Sind in einer Zucht andere erwachsene weibliche Tiere anwesend, zum Beispiel Tanten, übernehmen diese häufig die weitere Erziehung. In dieser wichtigen Entwicklungsphase beginnen die Welpen ihre Position in der Gruppe zu finden, im Rudel und nachher auch in ihrer Familie.

So süß die kleinen Welpen in dieser Zeit auch sind, man sollte diese Phase nutzen, um klare Regeln für das Miteinander festzulegen. Denn der Welpe testet jetzt aus, wie weit er gehen kann und will wissen, wo er steht. Positive Erlebnisse sind in dieser Zeit sehr wichtig. Auch werden die Welpen das erste Mal geimpft und gechippt. Das kann das Immunsystem kurzzeitig schwächen, was beachtet werden sollte. In diesen Wochen zieht der Welpe in sein neues Zuhause um.

Dafür hat ein kompetenter Züchter idealerweise Vorarbeit geleistet. Die wichtigen Entwicklungsphasen des Hundes sind aber noch lange nicht abgeschlossen. Das bedeutet, dass Sie jetzt an der Reihe sind.

Juvenile Phase

12.-14. Woche

In der sogenannten juvenilen Phase wird das bis jetzt erlernte Verhalten beim Hund gefestigt. Der Welpe versucht in dieser Zeit wiederholt seine Grenzen austesten. Deshalb ist es wichtig, klare Regeln zu haben, eigene Grenzen zu setzen und diese auch konsequent einzuhalten – so süß der Welpe auch gucken mag! Wer seinen Hund sicher führen möchte, der sollte darauf achten, Konsequenz, Ruhe und Selbstsicherheit auszustrahlen. Das wäre auf jeden Fall eine gute Grundlage, um vom Hund als jemand gesehen zu werden, an dem er sich orientieren kann. Ab der 14. Woche bezeichnet man einen Welpen als Junghund.

Zwischen dem 4. und 7. Monat kommt der Hund in den Zahnwechsel und verliert seine Milchzähne. Um in der Zeit Spannungen im Kiefer abzubauen, wird er auf allem herumkauen. Dabei hilft es, dem Hund Alternativen anzubieten, um ihm den Zahnwechsel zu erleichtern und die Möbel zu schonen.

Wenn Sie sich ausführlicher mit dem Thema Welpen auseinander setzen möchten, empfehle ich Ihnen das Buch „*Welpen*“ von Perdita Lübbe-Scheuermann, Barbara Schöning sowie „Welpen achtsam begleiten“ von Maria Rehberger.

Pubertät

Der Beginn der Pubertät ist im Erbgut festgelegt. Generell kann man sich grob daran orientieren, dass die Pubertät bei Hündinnen dann beginnt, wenn im Vorfeld der ersten Läufigkeit ein stärkerer Östrogenanstieg zu beobachten ist. Bei Rüden, wenn sie beginnen ihr Beinchen zu heben und rüpelhafter werden. Normalerweise kommt dieser Zeitpunkt ab etwa dem sechsten Lebensmonat, ist aber von Rasse zu Rasse variabel. Große Hunde brauchen meist länger. Man sollte in dieser Phase beachten, dass eine zu energiereiche Fütterung nicht nur zu einem zu schnellen Wachstum, sondern auch zu einer frühzeitigen Ausschüttung der Pubertätshormone führen kann.

Eine Verzögerung des Einsetzens der Pubertät kann durch Stresshormone oder ungünstige Umweltbedingungen entstehen.

Während der Pubertät durchläuft das Gehirn einen Umstrukturierungsprozess, der mit einem großen Bücherregal verglichen werden kann. Alles wird ausgeräumt, neu sortiert und strukturiert, was zu hormonellen Veränderungen und Verhaltensschwankungen führen kann. Dieser Prozess kann für Hundebesitzer sehr herausfordernd sein, da der Hund plötzlich den Eindruck macht, bereits Gelerntes vergessen zu haben oder Grenzen, die er bereits akzeptiert zu haben schien, wieder auszutesten. Der Hormonhaushalt steht kopf und genau diese „Ausnahmesituation“ ist der Grund, warum pubertäre Lebewesen nicht immer zu verstehen sind und sehr anstrengend werden können. Das ist sehr häufig auch der Grund, warum Hunde in diesem Alter häufig abgegeben werden. Sie werden den Leuten „zu anstrengend“. Dabei kann der Hund gar nichts für die Phase. Konsequenz und Ruhe sind in dieser Zeit daher besonders wichtig. Insgesamt ist diese Zeit eigentlich auch sehr wert- und sinnvoll, denn dieser Aufräumprozess – bei dem alles aus dem Regal genommen und wieder neu einsortiert wird – sorgt zwar erstmal dafür, dass im Kopf totales Chaos herrscht, aber er hat auch durchaus seinen Grund und seine Daseinsberechtigung. Die gesamte Umstrukturierung im Gehirn hilft, Denk- und Handlungsvorgänge zu verbessern, emotionales, impulsives Verhalten abzulegen und rationales Denken zu unterstützen In dieser Zeit heißt es für den Hundebesitzer: Geduld zeigen, konsequent bleiben und Ruhe bewahren.

Als Buchtipp empfehle ich hier das Buch von Sophie Strodtbeck: *Die Pubertät des Hundes – Entspannt durch wilde Zeiten.*

Es gibt keine feste Regel dazu, wann die Pubertät endet und ein Hund offiziell als erwachsen gilt. Es wird jedoch angenommen, dass Hündinnen drei Läufigkeiten mit allen damit verbundenen Ereignissen, einschließlich der Scheinmutterschaft, durchlaufen müssen, bevor sie als vollständig erwachsen betrachtet werden können. Als Faustregel

kann man davon ausgehen, dass auch Rüden ungefähr zu diesem Zeitpunkt erwachsen werden. Es ist wichtig zu beachten, dass eine Kastration vor diesem Zeitpunkt als Frühkastration betrachtet wird und daher in vielen Fällen nicht empfohlen wird. Einige Züchter behaupten sogar, dass bestimmte Hunderassen wie der Hovawart oder viele Herdenschutzhunde erst im Alter von vier bis viereinhalb Jahren vollständig erwachsen sind.

Kaufpapiere, Impfpässe, Zuchtpapiere

Wenn Sie sich einen Hund anschaffen, egal ob aus dem Tierheim, von einem Vorbesitzer oder vom Züchter, ist es wichtig darauf zu achten, dass die Unterlagen und Papiere, die Sie mitbekommen, vollständig sind. So könnten Sie auch erkennen, ob man Sie im schlimmsten Fall zu betrügen beabsichtigt. Daher ist es unerlässlich zu wissen, wofür die Unterlagen dienen, worauf Sie achten müssen und was sie alles beinhalten sollten.

Der Kaufvertrag

Ein schriftlicher Kaufvertrag ist für den Kauf eines Hundes äußerst wichtig und dient sowohl dem Käufer als auch dem Verkäufer als rechtliche Absicherung. In diesem Vertrag werden alle relevanten Vereinbarungen festgehalten, um mögliche Missverständnisse zu vermeiden und die Rechte beider Parteien zu schützen. Obwohl es zunächst befremdlich erscheinen mag, wird der Kauf eines Hundes rechtlich als Kauf einer Sache betrachtet, weshalb der Vertrag entsprechend sachlich formuliert wird.

Der Verkäufer möchte sich in erster Linie absichern, dass der Hund in gute Hände kommt, dass der Käufer über den Gesundheitszustand des Hundes informiert ist, den Hund vor dem Kauf besichtigt hat und dass der Kauf verbindlich ist. Ein Kaufvertrag beim Hundekauf schützt den Käufer, indem er klare Vereinbarungen zu Preis, Gesundheitszustand und Herkunft des Hundes trifft. Er bietet rechtliche Sicherheit, etwa bei gesundheitlichen Mängeln, die der Züchter zum Zeitpunkt des Kaufes hätte wissen können und verschwiegen hat. Der Vertrag regelt auch Rückgaberechte oder Gewährleistung und sorgt dafür, dass der Hund wie vereinbart übergeben wird. Zudem soll er den Käufer vor unseriösen Verkäufern schützen und sicherstellen, dass der Hund aus einer vertrauenswürdigen Quelle stammt. Insgesamt soll der Vertrag für eine transparente und abgesicherte Kaufabwicklung sorgen.

Ein seriöser Züchter wird in der Regel von sich aus einen Kaufvertrag anbieten. Auch beim Kauf von erwachsenen Hunden sollte ein Vertrag mit dem Vorbesitzer abgeschlossen werden. Wenn der Verkäufer keinen Kaufvertrag anbietet, sollte dies als Warnsignal betrachtet werden und es ist ratsam, vom Kauf zurückzutreten. Kostenlose Vorlagen für Kaufverträge können im Internet gefunden und individuell angepasst werden.

Der EU-Heimtier- und der Impfausweis

In den Impfausweis bzw. den EU-Heimtierausweis werden sowohl Daten über den Hund als auch dessen Impfungen eingetragen. Ist der Hund in Deutschland (national) geboren

und keine Auslandsreise geplant, reicht in der Regel der gelbe kostenlose Impfausweis. Soll der Hund allerdings die deutschen Grenzen überschreiten, sei es, weil er aus dem Ausland kommt oder Sie verreisen möchten (international), reicht ein normaler Impfpass nicht mehr und der Hund benötigt einen EU-Heimtierausweis, der ein paar Euro kostet. Der Unterschied zwischen den beiden Ausweisen liegt neben den Inhalten darin, dass der EU-Heimtierausweis fälschungssicherer ist. So muss der Hund für den EU-Heimtierausweis gechippt sein und die Chipnummer laminiert oder abgestempelt, um zu verhindern, dass sie im Nachhinein geändert werden kann.

Des Weiteren ist er auf allen Seiten gestanzt und die Kürzel am unteren Rand geben einen Hinweis auf das Herkunftsland. Außerdem werden die Daten beim EU-Heimtierausweis vom Tierarzt in einer Datenbank festgehalten. Ist übrigens der genaue Geburtstag des Hundes unbekannt, wird der 1. Januar des vermuteten Geburtsjahres angegeben. Manche

Züchter stellen für ihre Welpen von Anfang an einen EU-Heimtierausweis aus, auch wenn die Welpen in Deutschland geboren sind. Alternativ kann man ihn auch beim Tierarzt beantragen, wenn man bereits einen Impfpass hat. Frühere Impfungen dürfen allerdings nicht in den neuen Pass übertragen werden. Der Hund muss also neu geimpft werden, um einen rechtsgültigen Impfschutz zu haben. Wenn man seinen Hund vom Züchter hat, muss dieser im EU-Heimtierausweis als Erstbesitzer eingetragen sein. Bekommt man also einen EU-Heimtierausweis ohne eingetragenen Besitzer, sollte man stutzig werden. Auch dürfen Besitzerdaten nie überklebt oder überschrieben werden. Wechselt der Hund seinen Besitzer, werden die Daten in einem Feld darunter eingetragen. Bei Unsicherheiten sollte auf jeden Fall der Tierarzt, der den Ausweis ausgestellt hat, kontaktiert werden. Beide Ausweise können nur von einem von der Behörde ermächtigten Tierarzt erworben bzw. ausgestellt werden.

Die Voraussetzung für den Import eines Hundes nach Deutschland ist eine gültige Tollwutimpfung. Welpen müssen für diese Impfung allerdings mindestens 12 Wochen alt sein. Da der Impfstoff aber erst nach 21 Tagen wirksam ist, dürfen sie nicht vor der 16. Lebenswoche nach Deutschland eingeführt werden. Deshalb ist es wichtig, immer darauf zu achten, dass neben dem Impfstoff selbst auch das Datum der Impfung eingetragen ist und wie lange die Impfung wirksam ist.

Daneben sind die Unterschrift und der Stempel vom Tierarzt erforderlich. Damit ist auch klar: Jeder Hund der jünger als 16 Wochen ist, wenn er nach Deutschland importiert wurde, ist illegal im Land.

Achten Sie immer darauf!

Weder der Impfausweis noch der EU-Heimtierausweis sind eine Garantie für einen gesunden Hund. Daher sollte man auch immer auf alle anderen Faktoren achten und sich nicht rein auf ein solches Dokument verlassen!

Zuchtpapiere – was sie sagen und worauf man achten muss

Was sagen Zuchtpapiere aus?

In erster Linie sollen Zuchtpapiere, also die Ahnentafel, nachweisen, dass der Hund nicht durch Inzucht (also die Verpaarung von Vater-Tochter, Mutter-Sohn, Vollgeschwister) entstanden ist. Vor allem bei Rassehunden kann Inzucht ein Problem sein und in der Konsequenz zu starken gesundheitlichen Problemen beim Hund führen. Daher ist es so wichtig, dass der Welpe welche nachweisen kann. (Weitere Infos siehe „Illegaler Welpenhandel"). Hunde mit Zuchtpapieren kosten meist mehr Geld, was allerdings auch seinen Grund hat und ist nicht immer nur Geldmacherei. Denn man zahlt hier für die Sicherheit, einen Hund aus einer ordnungsgemäßen Zucht zu bekommen, der nach bestem Wissen physisch und psychisch gesund ist.

Wer also hier Geld sparen will, zahlt zum Schluss nicht selten drauf. Auf der Ahnentafel sind neben Angaben zu den Elterntieren auch Informationen zu Prüfungen, Titeln oder medizinischen Befunden zu finden sowie der verantwortliche Zuchtverein. Die Aufgaben eines Zuchtvereins besteht oft darin, sicherzustellen, dass die Züchter über fundiertes Hundewissen verfügen und qualifiziert für die Zucht sind, dass die Zuchtstätte in Ordnung ist, dass die Hunde für die Zucht geeignet sind und dass die verpaarten Hunde ebenfalls geeignet sowie gesund sind. Außerdem kontrollieren sie den Zustand der Würfe und der Zuchthündin. Was genau die Anforderungen eines Vereins sind, kann man meistens auf deren Homepage nachlesen. Diese können von Verein zu Verein unterschiedlich sein.

Eine Sache vorweg: „Papiere" sind nicht sofort auch unbedingt ein „Qualitätsmerkmal" der Zuchtstätte! Zwar sind die jeweiligen Vereine bemüht, die von ihnen vorgeschriebenen Mindestanforderungen an die Zuchtstätte und die Hunde zu überwachen. Aber eben nur im Rahmen ihrer Möglichkeiten – und diese sind eingeschränkt. Verlassen Sie sich daher bitte niemals allein auf und lassen Sie sich nicht von dem Wort „Zuchtpapier" beeindrucken. Schauen Sie sich den Züchter immer genau an. Sollte Ihnen etwas unklar bleiben oder verdächtig vorkommen, sehen Sie vom Kauf ab und informieren Sie unter Umständen auch den Zuchtverein.

Die Papiere des Hundes werden im späteren Hundeleben vor allem dann benötigt, wenn man vorhat, mit ihm zu züchten, auf Ausstellungen zu gehen oder Leistungssport zu betreiben.

Wie kann ich als Laie gefälschte Papiere erkennen?

Das Erkennen gefälschter Zuchtpapiere kann eine Herausforderung sein, da sie oft sehr professionell gemacht und für Laien schwer zu durchschauen sind.

Dennoch gibt es einige Hinweise, auf die man achten kann:

Konsultieren Sie den Zuchtverein:
Überprüfen Sie beim jeweiligen Zuchtverein, ob der Züchter tatsächlich registriert ist und ob die ausgestellten Papiere authentisch sind.

Überprüfen Sie die Details:
Achten Sie auf Rechtschreibfehler, Inkonsistenzen in den Daten und Unstimmigkeiten im Layout der Papiere. Originaldokumente sind in der Regel professionell gestaltet und frei von offensichtlichen Fehlern.

Vergleichen Sie mit Vorlagen:
Wenn möglich, vergleichen Sie die Zuchtpapiere mit Vorlagen oder Mustern, die Sie vom Zuchtverein erhalten haben oder im Internet finden können. Dies kann Ihnen helfen, Abweichungen zu erkennen.

Untersuchen Sie die Historie des Züchters:
Recherchieren Sie die Historie des Züchters und suchen Sie nach Bewertungen oder Erfahrungen anderer Hundebesitzer, um herauszufinden, ob es Bedenken hinsichtlich der Echtheit der Zuchtpapiere gibt.

Konsultieren Sie einen Experten:
Wenn Sie Zweifel haben, können Sie einen Experten, beispielsweise einen Tierarzt oder einen Vertreter des Zuchtvereins, um Rat und Unterstützung bitten. Sie können Ihnen helfen, die Authentizität der Papiere zu überprüfen.

Letztendlich ist es wichtig, vorsichtig zu sein und alle verfügbaren Informationen zu nutzen, um die Echtheit der Zuchtpapiere zu bestätigen.

CHECKLISTE

INHALT EINES KAUFVERTRAGES

- **Sämtliche Angaben des Käufers und des Verkäufers**
(Name, Adresse, Geburtstags-, Kontaktdaten usw.)
- **Sämtlich Angaben zum Tier**
(Name, Rasse, Wurfdatum, Geschlecht, kastriert, geimpft, entwurmt, Chipnummer usw.)
- **Besonderheiten beim Hund** (Krankheiten, Wesenseigenschaften, Prämierungen usw.)
- **Welche Papiere werden übergeben?** (Impfpass, Gesundheitszeugnisse bzw. Untersuchungergebnisse der Elterntiere. z.B. HD usw.)
- **Der Gegenstand des Vertrages wird benannt**
- **Verbandszugehörigkeit (z. B.VDH) des Züchters, wenn vorhanden**
- **Besondere Eignungen des Hundes** (beispielsweise Ausbildung zum Assistenzhund)
- **Festlegung von Kaufpreis und weitere Vereinbarungen**
(Anzahlungen, Restzahlungen, Rückkaufpreis)
- **Wann wird das Tier übergeben?**
- **Bestätigung, dass das Tier ausreichend vom Käufer besichtigt wurde**
- **Pflichten des Käufers**
(Das Tier wird artgerecht gehalten, wird gut behandelt, darf bei Bedarf evtl. besichtigt werden usw. Sollte das nicht der Fall sein, darf das Tier zurückgefordert werden)
- **Evtl. Vorkaufsrecht bei Abgabe des Tieres**
- **Rechte des Käufers**
(zum Beispiel ein Rücktritt vom Vertrag, sollte sich innerhalb einer im Vertrag festgelegten Zeit eine Krankheit herausstellen)
- **Besondere Vereinbarungen** (Zuchtrechte usw.)

Lesen Sie sich den Kaufvertrag immer gewissenhaft durch. Besprechen Sie ihn mit dem Verkäufer und wenn Ihnen etwas unklar ist, fragen Sie nach. Lassen Sie sich zu nichts drängen. Und am Ende ist alles Verhandlungssache.

Illegaler Welpenhandel

Der illegale Welpenhandel boomt, und das vor allem deshalb, weil Menschen ihn durch Unwissenheit, vermeintliche Rettungsaktionen, Mitleid oder durch angebliche „Schnäppchen" unterstützen. Und so manche denken sich „Warum einen Hund für 1000 € kaufen, wenn ich doch den „gleichen" Rassehund für 350 € bekomme? Ich brauche ja keine Papiere, ich will ja nicht züchten." Aber so einfach ist das nicht.

Vor allem die Hundeschulen und Hundetrainer können es nicht mehr hören und es fällt ihnen oft schwer ruhig zu bleiben, wenn wieder ein Besitzer eines vermeintlichen „Schnäppchens" total verzweifelt anruft, weil sein Hund massive Verhaltensstörungen zeigt, extrem stressempfindlich ist, dauerhaft bellt oder quietscht, aggressives oder massiv ängstliches Verhalten zeigt, sodass ein normaler Alltag kaum noch möglich ist. Viele Hundetrainer seufzen „Manchmal würde ich am liebsten ‚Selbst Schuld' sagen!". Als Antwort hört man dann immer wieder: „Ja ich wusste ja, dass ich es eigentlich nicht hätte machen sollen, aber der war so süß und ich dachte, so schlimm würde es nicht werden". Oft denken die Hundebesitzer, dass sich alles mit ein wenig Training wieder in den Griff bekommen lässt – doch dem ist meistens nicht so, da viele Grundlagen für Störungen im Verhalten bereits im Mutterleib und beim – in diesem Fall – Vermehrer gelegt werden. Man kann mithilfe eines Trainers zwar lernen, das Verhalten seines Hundes zu verstehen, ihm zu helfen und zu lernen, damit umzugehen, aber den Hund ändern, sodass er ein entspannter, gesunder Hund wird – das ist oft nicht möglich.

Daher ist es wirklich wichtig, sich darüber zu informieren, wo ein Hund herkommt. Und es muss einem bewusst sein, dass man das Geld, was man vorher „spart", hinterher wieder ausgibt – inklusive einer Menge Nerven und immer auch auf Kosten des Hundes.

Der illegale Welpenhandel ist ein Riesengeschäft. Meistens werden diese Welpen in Osteuropa „produziert". Die Mutterhündinnen werden oft über Jahre missbraucht, indem sie als „Gebärmaschinen" dienen und bis zur physischen und psychischen Erschöpfung Welpen produzieren. Den Rüden werden Hormone gespritzt, damit sie immer wieder decken können. Die Hunde vegetieren meist jahrelang in kleinen und häufig verdreckten Zwingern vor sich hin. Sie haben unzureichend Nahrung und Wasser, werden kaum Tageslicht zu Gesicht bekommen, keinen Kontakt zu anderen Tieren haben, ohne Umwelteindrücke und -geräusche, ohne menschliche Zuneigung aufwachsen und das, ohne je eine Pfote auf eine Wiese gesetzt zu haben. Anschließend werden diese Welpen über Transporteure, eingepfercht in enge Boxen und Kisten, häufig ohne ausreichend Futter oder Wasser quer durch Europa bis zu den Endverteilern transportiert. Die in Deutschland angekommenen Welpen werden dann vorwiegend mit abenteuerlichen Lügengeschichten verkauft. Mal über Kofferraumverkäufe, mal als „seriöse Züchter" getarnte Anbieter, was gar nicht so leicht zu erkennen ist, insbesondere wenn man nicht weiß, worauf man achten muss.

Gefälschte Impfpässe und Papiere sind hier an der Tagesordnung. So wird zum Beispiel behauptet, „es sei der Letzte im Wurf" oder man „habe ihn selbst von einem Züchter gekauft und habe jetzt gemerkt, dass man doch keine Zeit hat". Viele Welpen werden derart mit Medikamenten vollgepumpt, dass sie im ersten Moment auf den Käufer vielleicht sogar einen guten Eindruck machen und für den Laien gesund wirken. Für viele Welpen endet die Reise allerdings nach den schweren seelischen und körperlichen Strapazen in einem traurigen Leben voller Stress, Angst und Leid. Und immer wieder sterben diese Welpen bereits ein paar Wochen, nachdem der Käufer sie übernommen hat.

Wer sich einen solchen Hund holt, wird niemals einen normalen, ausgeglichenen Familienhund bekommen. Denn abgesehen von den oft tödlichen Krankheiten, mit denen die Welpen infiziert sind, tragen sie ihr Leben lang psychische Schäden mit sich. Viel zu früh von ihrer Mutter und ihren Wurfgeschwistern getrennt, werden sie ohne vernünftige Sozialisierung in ihrem Leben unter psychischen Problemen und Verhaltensauffälligkeiten leiden. Denn allein schon durch die meist kranke, psychisch kaputte und gestresste Mutter sind diese Welpen nach ihrer Geburt kaum in der Lage, später ein normales Hundeleben zu führen. Wer sich für einen Rassehund entscheidet, der sollte auch bereit sein, dafür das erforderliche Geld auszugeben. Wer das nicht tut, zahlt das Geld und oft mehr später in Form von Tierarztrechnungen oder für intensive Verhaltensberatung.

Auf der folgenden Seite finden Sie noch einmal eine Zusammenfassung dazu, worauf Sie beim Züchter achten sollten und woran Sie eventuell illegalen Welpenhandel oder auch kranke Welpen erkennen können. Lassen Sie sich beim Züchter immer sowohl die Papiere und Unterlagen zum Welpen, aber auch den Personalausweis des Züchters zeigen und machen Sie sich Kopien. Kaufen Sie einen Hund immer mit Kaufvertrag und schreiben Sie hier alle wichtigen Punkte rein. Bitte seien Sie sich bewusst, dass Sie bei einem „Schnäppchen" mit Ihrem vermeintlich „gesparten" Geld den illegalen Hundehandel unterstützen und dazu im Nachhinein oft draufzahlen. Wenn der Verdacht des illegalen Welpenhandels besteht, sollte man dies unverzüglich der örtlichen Polizei oder dem örtlichen Veterinäramt melden.

Worauf Sie als Laie achten können, um den illegalen Welpenhandel nicht zu unterstützen, finden Sie im Kapitel „Worauf muss ich bei einem guten Züchter achten?"

CHECKLISTE FÜR DEN HUNDEKAUF

Checkliste für den erwachsenen Hund (mit Vorbesitzer)

- **Passt der Hund zu Ihren Lebensumständen?**
  - Kann er schon allein bleiben?
  - Hat er gelernt, im Auto mitzufahren?
  - Mit welchen Familienmitgliedern sollte er klarkommen? (Kinder, Senioren, Familienmitglieder mit körperlichen oder geistigen Einschränkungen)
  - Haben Sie Haustiere, mit denen er klarkommen sollte?
  - Müssen Sie ihn mit ins Büro nehmen und sollte er das vielleicht schon kennen?

- **Wie waren die bisherigen Lebensumstände des Hundes?**
  - Wie ist der Hund aufgewachsen? Wie ist seine Vorgeschichte?
  - Hat er bereits in einer Familie gelebt?
  - Verträgt er sich mit Hunden, Menschen und anderen Haustieren?
  - Kennt er ein Leben in der Stadt?
  - Gab es weitere Vorbesitzer? Wer und wie waren diese?

- **Was hat der Hund schon alles gelernt und welche Eigenschaften bringt er mit?**
  - Welche Signale kennt er?
  - Jagt er?
  - Ist er stubenrein?
  - Ist er ein Arbeitshund?
  - Was waren bisher seine Aufgaben?

Beim Privatkauf: Lassen Sie sich nicht drängen und sich keinen Druck machen.
Lernen Sie den Hund kennen. Er wird vielleicht die nächsten 15 Jahre noch mit Ihnen verbringen.

Checkliste für den Welpenkauf

Seriöser Züchter, unseriöser Vermehrer oder illegaler Händler?

<u>Auf diese Punkte sollten Sie beim Welpenkauf achten:</u>

- **Ist das Verhalten und Wesen der Zuchteltern bzw. der Mutterhündin so, wie ich es mir bei meinem Hund wünsche?**
- **Ist das Alter und die Gesundheit der Zuchteltern so, wie es sein sollte?** (Zu jung oder zu alt?)
- **Wie wachsen die Welpen auf?** (Kommen sie mit Alltagsgeräuschen und verschiedenen Umwelteinflüssen im richtigen Maße in Kontakt?)
- **Wie sauber ist Wurfkiste und die Umgebung?** (Nicht versifft, aber auch nicht klinisch rein)
- **Wie hoch ist der Preis?** (Hände weg von unseriösen Händlern und Billigwelpen!)
- **Was leistet der Züchter für die Sozialisierung der Welpen?**

- **Wie vielfältig sieht die Ernährung der Mutterhündin und der Welpen aus?**
- **In welchem Alter werden die Welpen abgegeben?** (Nicht unter acht Wochen! / ideal 9–12 Wochen)
- **Haben Sie die Möglichkeit, den Welpen zu besuchen, bevor Sie ihn abholen?**
- **Wurde der Welpe geimpft, gechippt und entwurmt?** (Papiere zeigen lassen)
- **Hat der Züchter Interesse daran, wie sein Hund bei Ihnen aufwachsen wird? Stellt er viele Fragen und beantwortet Ihre auch?**
- **Wie viele Rassen hat der Züchter im Angebot?** (Bei mehr als zwei sollte man sehr misstrauisch werden.)
- **Machen Sie einen Kaufvertrag und lesen Sie ihn sich aufmerksam durch! Er sollte unter anderem den Namen, Kaufpreis, Adresse sowie eine Haftung des Verkäufers enthalten.**

Sollten einer oder mehrere der folgenden Punkte zutreffen, werden Sie unbedingt hellhörig oder sehen Sie vom Kauf des Welpen ab!

- **Die Mutterhündin sieht nicht aus, als wäre sie gerade trächtig gewesen** (keine geschwollene Zitzen, sie kümmert sich nicht um die Welpen, sie scheint nicht vertraut mit ihnen? Sie säugt die Welpen nicht (obwohl die Welpen im entsprechenden Alter sind))
- **Es sind keine Geschwistertiere vor Ort**
- **Die Welpen sehen nicht aus, als wären sie miteinander verwandt** (verschiedene Größen, verschiedene Alter oder Rassen)
- **Die Welpen wurde nicht geimpft, gechippt und entwurmt?** (Impfpass zeigen lassen und Papiere prüfen!)
- **Der Welpe wirkt nicht gesund?** (Apathisch, verschmutzte Augen und Ohren, After verschmiert, Durchfall, abgemagert, aufgeblähter Bauch (Verdacht auf Wurmbefall), stumpfes Fell oder Schuppen ...)
- **Der Züchter drängt auf den Kauf des Welpen, macht Ihnen Schuldgefühle oder Druck**
- **Der Welpe ist angeblich acht Wochen alt, sieht aber jünger aus**
- **Der Verkauf findet nicht beim Züchter zuhause statt** (Kein Verkauf auf Märkten, in Zoofachhandlungen, auf Parkplätzen oder sonstwo! Kein Kauf aus Mitleid! Bedenken Sie immer: Mit einem Kauf eines Billigwelpen unterstützen Sie die Produktion des nächsten und Sie zahlen IMMER im Nachgang drauf (Krankheiten, Verhaltensstörungen, etc.)

Checkliste für den Hund aus dem Tierheim

Leider können die Tierheimmitarbeiter bei Hunden aus dem Tierheim nicht immer alle Fragen und zu jedem Hund beantworten. Aber sie können die Hunde meist zumindest einschätzen und falls bekannt etwas zur Vorgeschichte erzählen. Versuchen Sie alles zu erfahren, was an Wissen zu dem Hund vorhanden ist. Vieles können Sie aber auch selbst testen, bevor Sie den Hund zu sich holen. Wenn Sie hier Hilfe bei der Einschätzung brauchen, ziehen Sie einen Hundetrainer zur Einschätzung des Hundes vor dem Kauf hinzu. Grundsätzlich gilt hier das gleiche wie in der Checkliste für den erwachsenen Hund (mit Vorbesitzer). Zusätzlich kann man bei einem Tierheimhund noch folgendes beachten:

- **Wieso wurde der Hund abgegeben?**
- **Wie hat der Hund gelebt, bevor er ins Tierheim kam?**
  - Kommt er aus Deutschland oder aus dem Ausland? (Wenn ja – siehe auch Checkliste Hunde aus dem Ausland)
  - Hat der Hund besondere Ängste? Auffälligkeiten?
  - Hat der Hund schon einmal in einer Wohnung gelebt?
  - Hat der Hund vorher schon in einer Familie gelebt?
  - Kennt er Kinder? Wie alt waren die Kinder, bei denen er gelebt hat? Gab es im Tierheim Kontakt zu Kindern oder resultiert die Aussage nur auf Hörensagen?
  - Wurde der Hund bereits mit anderen Haustieren zusammengebracht? (andere Hunde, Katzen, Kleintiere, Pferde usw.)
- **Was hat der Hund schon alles gelernt und welche Eigenschaften bringt er mit?**
  - Welche Signale kennt er?
  - Jagt er?
  - Ist er stubenrein?
  - Wurde er als Arbeitshund gehalten?
  - Was waren bisher seine Aufgaben?

Checkliste für den Hund aus dem Ausland

Bei Hunden aus dem Ausland ist es immer von Vorteil, wenn der Hund bereits in Deutschland bei einer Pflegefamilie untergebracht war, da man durch sie viel besser einschätzen kann, wie er sich in Deutschland verhält und ob er mit dem Leben im Alltag klarkommt. Die Pflegestellen können einem hier oft schon viele Fragen beantworten. Sollte der Hund noch im Ausland sein, sollte man sich ihn im Idealfall dennoch vor dem Kauf vor Ort anschauen. Grundsätzlich können Sie einer Pflegestelle alle Frage stellen, die Sie in den Checklisten für den erwachsenen Hund (mit Vorbesitzer) und Tierheimhunde finden.

Der Kauf nur nach einem Bild, ohne den Hund live gesehen zu haben, wird nicht empfohlen!

- **Wie hat der Hund gelebt, bevor er im Ausland ins Tierheim/Auffangstation kam?**
  - Hat er schon mal in einem Haus gewohnt? (Wenn nicht, ist er oft nicht stubenrein und muss an alle Regeln erst gewöhnt werden)
  - Hat er bereits in einer Familie gelebt?
- **Wurde er zur Jagd eingesetzt?**
- **Verträgt er sich mit anderen Hunden bzw. anderen Haustieren?**
- **Ist er an Menschen gewöhnt? Wie reagiert er auf sie?** (viele Auslandshunde haben nicht selten speziell mit Männern Probleme)
- **Zeigt der Hund auffallend ängstliche Verhaltensweisen?**
- **Wurde der Hund auf Auslandskrankheiten getestet?** (Wie beispielsweise Babesiose, Ehrlichiose, Leishmaniose und die Herzwurmerkrankung Dirofilariose)

Worauf sollte man bei einem Tierschutzverein achten?

- **Wie verläuft eine Vermittlung?**
- **Stellt der Verein Ihnen Fragen zu Ihren Lebensumständen?**
- **Wünscht der Verein einen Vorkontakt?** (Sollte der Fall sein)
- **Wie wird der Hund transportiert?** (Auto? Flugzeug?)
- **Hat der Verein eine Zulassung laut §11 des Tierschutzgesetzes?**
- **Klärt der Verein auf der Website über verschiedene Faktoren von Auslandshunden auf?**
- **Kastrationspflichten in Verträgen können ignoriert werden, da diese nicht zulässig sind.**

Einzug des Hundes in ein neues Zuhause

Einzug eines Welpen

Jetzt ist es soweit: Das neue Familienmitglied wird bald im neuen Zuhause einziehen. Um diesen Schritt für den Welpen so entspannt wie möglich zu gestalten, sollten Sie ein paar Dinge beachten. So kann es einem Welpen schon sehr helfen, wenn der Umzug nicht allzu abrupt abläuft. Im Idealfall haben Sie Ihren Welpen vor der Abgabe schon ein paar Mal besucht, sodass Sie ihn schon etwas kennenlernen konnten. Aber Sie können noch mehr machen. Hunde nehmen die Welt als allererstes über Gerüche wahr. So kann man dem Neuankömmling das neue Zuhause schon vorher zumindest geruchlich etwas bekannter machen, indem man ihm bereits beim Züchter zum Beispiel Decken oder Kleidungsstücke der späteren Familienmitglieder zur Verfügung stellt. So lernt er den Geruch seines neuen Zuhauses schonmal kennen und es ist nicht gleich alles total fremd und unbekannt für ihn. Auch sollte der Züchter dafür sorgen, dass der Welpe in der sensiblen Phase schonmal mit den Haustieren in Kontakt kommt, die im neuen Zuhause da sein werden. Seien es Kaninchen, Meerschweinchen, Hühner oder Katzen.

Die ersten Tage

Wenn Ihr Welpe bei Ihnen einzieht, begegnen ihm viele neue Eindrücke. Oft wird er in der ersten Zeit etwas zurückhaltend sein, weil er erst einmal alles verarbeiten muss. Daher ist für den Kleinen die allerwichtigste Priorität, Ruhe und Zeit zu bekommen. Ruhe, um alle Eindrücke verarbeiten zu können und Zeit, um alles kennenzulernen. Lassen Sie den Kleinen selbst in die Wohnung gehen. Versuchen Sie ihm alles mit viel Gelassenheit zu zeigen und große Aufregungen zu vermeiden. Besuche von Nachbarn, Freunden oder Verwandten sollten erst einmal warten, um den Welpen nicht zu überfordern. Sie haben noch genug Zeit, die kleinen Neuling jedem zu zeigen. Geben Sie Ihrem Hund ein paar Tage, um anzukommen und Sie und alle Mitbewohner des Hauses kennenzulernen. Und auch, um sein neues Heim erkunden zu können. Räume, die für den Welpen später tabu sein sollen, sollten dies von Anfang an sein. So bekommt der Welpe klare Regeln, die Bestand haben. Hat der Züchter bereits Vorarbeit geleistet und bestimmte Signale aufgebaut, nutzen Sie diese und achten darauf, sie weiterzuführen. Beispielsweise einen Pfiff, wenn es Futter gibt oder ähnliches. Ab jetzt wird es Ihre Aufgabe als neuer Besitzer, dem Hund viel Lob und Bestätigung für erwünschtes Verhalten zu geben oder unerwünschte Verhaltensweisen zu ignorieren beziehungsweise klare Abbrüche zu kommunizieren, wenn der Hund inakzeptables Verhalten zeigt. Also all das, was vorher die Mutter, Geschwister und der Züchter geleistet haben, ist nun Ihre Aufgabe. Nutzen Sie die Welpenzeit!

Wie lange Ihr Hund braucht, um anzukommen, ist ganz individuell und nicht allgemeingültig zu sagen. Wann Sie das erste Mal Besuch empfangen, in die Hundeschule gehen und neue Dinge mit ihrem Welpen machen, müssen Sie von Ihrem Hund abhängig machen. Dazu sollte der Hund einen gültigen Impfschutz haben, bevor er in die Hundeschule geht.

Die erste Nacht im neue Heim

Der Welpe braucht viel Nähe und Körperkontakt zum Mensch, um Sicherheit, Souveränität und Routine zu entwickeln. Bis jetzt hat er immer bei seiner Mutter und seinen Geschwistern geschlafen. Dass ein Welpe daher die erste Nacht unruhig ist und vielleicht weint, wäre verständlich. Sperren Sie Ihren Welpen nicht in einen eigenen Raum, in dem er alleine ist. Manchmal ist am Anfang etwas Kreativität gefragt. Manchen Welpen reicht es aus, etwas Geräusche und ein bisschen Wärme zu haben, um ruhig zu schlafen, zum Beispiel durch Musik und eine kleine lauwarme Wärmflasche. Manche brauchen ihren Menschen und wollen nah am Bett schlafen. So könnte man zum Beispiel das Hundekörbchen neben das Bett stellen. Wenn Sie zukünftig Ihrem Hund das Schlafen im Bett erlauben möchten, ist das auch eine Möglichkeit. Sie sollten das allerdings nur erlauben, wenn Sie das auch beibehalten möchten. Man weiß mittlerweile, dass das Schlafen im selben Zimmer extrem wichtig für eine gute Bindung und die Beziehung zum Hund ist. Hunde sind Rudeltiere, sie möchten in der Regel zusammen schlafen. Allerdings gibt es auch immer wieder Hunde, die kein Problem haben, woanders zu schlafen. Ein Welpe ist aber noch schutzlos und sollte nicht alleine gelassen werden.

Bedenken Sie, dass Ihr Welpe vermutlich ein paar Mal die Nacht raus muss und Sie das mitbekommen sollten. Helfen kann dabei zum Beispiel eine schöne Hundebox aus Stoff, die Sie neben das Bett stellen können. So ist der Welpe nicht alleine, kann aber auch nicht herumrennen. Stoffboxen lassen sich von oben öffnen, sodass man sehr gut auch mal die Hand hineinhängen lassen kann, um den Welpen zu beruhigen. Für welche Variante Sie sich entscheiden, kommt ganz auf Sie, Ihren Hund und Ihre Wünsche an.

Mein Haus, meine Regeln

Welpenzeit ist eine Zeit, um Grundlagen für das weitere Leben zu legen. Der größte Fehler, den man machen kann, ist dem Neuzugang alles durchgehen zu lassen, nur weil er klein und süß ist. Vor allem bei Welpen fällt es vielen Leuten schwer, wirklich konsequent zu sein. Entweder weil man Hemmungen hat, zu

dem kleinen Welpen streng zu sein oder weil man das Verhalten eigentlich goldig findet. Aber genau das wäre ein Fehler, denn was beim Welpen noch so süß ist, ist es beim ausgewachsenen Hund meist nicht mehr. Auch wenn man bei einem Welpen nicht erwarten kann, dass er stundenlang brav in seinem Körbchen liegt oder sich geduldig zurückhält, wenn ihm langweilig ist, legen sich diese Verhaltensweisen später nicht automatisch. Das gilt auch für das in die Füße beißen, das Hochspringen, überall zuerst sein zu wollen, Besuch stürmisch begrüßen, Sachen kaputt beißen, andere Haustiere jagen oder andere Unarten. Das richtige Verhalten muss ihm beigebracht werden. Und zwar von Anfang an, klar und konsequent. Manche mögen es süß finden, wenn der Welpe zur Tür rennt, wenn Besuch kommt und mit seinen kleinen Pfötchen am Besuch hochklettert, aber spätestens, wenn der Hund ausgewachsen ist und vielleicht 25 kg erreicht hat, ist das Ganze nicht mehr komisch. Überlegen Sie sich genau, wie Sie sich das Zusammenleben mit Ihrem ausgewachsenen Hund vorstellen und legen Sie dafür Regeln und Verhaltensweisen fest. Ihr Jungspund wird es zwar nicht von Anfang an schaffen, alles eins zu eins umzusetzen, aber wenn Sie ihm Ihre Regeln gut kleinschrittig erklären, geduldig trainieren und konsequent einhalten, wird er es mit der Zeit verstehen und es wird ihm immer mehr gelingen, die Regeln zu befolgen. Auch hier sind Geduld und Konsequenz gefragt. Haben Sie keine Hemmungen, Ihrem Welpen klarzumachen, was Sie erwarten.

Ganz wichtig: Scheuen Sie sich nicht, professionelle Hilfe in Anspruch zu nehmen, BEVOR Probleme auftreten. Es von Anfang an richtig zu machen ist viel einfacher, als eingefahrene Verhaltensweisen wieder rückgängig machen zu wollen. Wenn Sie sich bei manchen Sachen unsicher sind, ziehen Sie sich einen guten Hundetrainer oder Hundeverhaltenstherapeuten hinzu und fragen Sie nach oder holen Sie sich Tipps, wie sie die Dinge umsetzen können.

Wie fördere ich meinen Welpen?

Viele Hundehalter meinen es sehr gut und nehmen ihren Welpen überall mit hin. Doch das kann schiefgehen und sogar dazu führen, dass der Welpe überfordert ist und das

Erlebte dann mit Angst und Stress verknüpft, statt eine gute Beziehung zu Ihnen aufzubauen und entspannt zu bleiben. Das Zauberwort für die richtige Förderung Ihres Welpen ist „bewältigbar". Das bedeutet, dass der Welpe zwar immer wieder neue Dinge und Geräusche kennenlernen sollte und das auch sehr wichtig ist, aber es darf ihn auf keinen Fall überfordern. Denn dann geht die Förderung nach hinten los und es kann passieren, dass der Hund durch die nicht bewältigbare Situation Ängste entwickelt. Nach dem Motto „die Dosis macht das Gift" ist es durchaus wichtig, dass Sie Ihrem Welpen frühzeitig Ihre Welt zeigen, aber es ist unabdingbar, dass er dann auch die nötige Ruhe bekommt, um alles zu verarbeiten. Neues soll er immer nach und nach kennenlernen. Wie schnell Sie Ihren Hund mit Neuem, wie verschiedene Geräusche, Dinge, Menschen, Untergründe usw. konfrontieren können, ist abhängig von Ihrem Hund und davon, wie gut und schnell er diese Eindrücke verarbeiten kann. Eine gute Hundeschule kann Ihnen dabei helfen zu erkennen, wann Ihr Welpe überfordert ist und in welchem Maße Sie ihn fördern sollten.

Einzug eines erwachsenen Hundes

Wenn Sie einen bereits erwachsenen Hund als neues Familienmitglied in Ihrem Haus willkommen heißen, ist das nicht weniger aufregend als bei einem Welpen. Auch hier gibt es ein paar Dinge, die dabei helfen können, dass der Umzug ins neue Heim reibungslos funktioniert.

Grundsätzlich ist es für Hunde schwer, einen Umzug in eine völlig fremde Umgebung zu bewältigen. Sollte daher die Möglichkeit bestehen, dass der Hund Ihr Zuhause im Vorfeld kennenlernt, dann machen Sie es ihm um einiges angenehmer. Kommt der Hund von einem Vorbesitzer oder auch aus einem Tierheim, ist es sicherlich möglich, den Hund vor dem Umzug schon einmal zu Besuch kommen zu lassen, mit ihm schon ein paar Mal spazieren gegangen zu sein und ihn schon mal ein wenig kennengelernt zu haben.

Ist dann der Tag der endgültigen Abholung gekommen, sollten Sie darauf achten, dass der Einzug entspannt vonstatten gehen kann.

Nehmen Sie sich nicht nur die nächsten Tage Urlaub, sondern auch an dem Tag genug Zeit. Gehen Sie nach der Abholung eine entspannte Runde mit dem Hund spazieren. Puschen Sie ihn bei diesem Spaziergang bitte nicht durch zum Beispiel Ballspielen auf. Ziel des Spaziergangs soll es sein, den Hund bei Ankunft in das neue Zuhause in eine ruhige und zufriedene Stimmung versetzt zu haben, damit er sein neues Heim mit genau dieser Energie betritt und verknüpft. Zuhause angekommen, sollten Sie darauf achten, dass Sie Ihren Hund durch das Haus führen und nicht andersherum. Also nicht Tür auf und „do what ever you want". Zeigen Sie ihm, wo er hin darf, besonders, wenn Sie ein großes Haus mit Grundstück haben. Übrigens muss Ihr Welpe nicht alles an einem Tag kennenlernen. Verhalten Sie sich auf die gleiche Art und Weise, wie Sie sich verhalten würden, wenn Sie einem anderen Besucher Ihr Haus zeigen. Sie würden ihn hineinbitten und ihm wahrscheinlich erst einmal kurz die Räume zeigen, die er betreten darf.

Der ängstliche, unsichere Hund

Bekommen Sie einen Hund, der etwas unsicherer oder sogar ängstlich ist, dann ist es umso wichtiger, ihn möglichst schrittweise an sein neues Leben zu gewöhnen. Er soll ja nicht gleich überfordert werden. Genau wie beim Welpen sollte mit Besuch erstmal abgewartet werden. Geben Sie Ihrem Hund Zeit, sich umzuschauen und alles in Ruhe kennenzulernen. In manchen Fällen und je nach Hund kann es auch helfen, ihm nicht gleich das ganze Haus zur Verfügung zu stellen, sondern erst mal nur den Raum, der auch sein Rückzugsbereich sein wird. Je nachdem, wie ängstlich der Hund ist, kann es ihm vielleicht lieber sein, wenn Sie sich einfach neben ihn setzten, ohne ihn zu beachten (kein Sprechen, kein Anfassen, kein Anschauen) und er alles in Ruhe erkunden kann. Übrigens möchten manche Hunde in der Anfangszeit nicht angefasst werden. Vermitteln Sie Ihrem Hund Sicherheit, indem Sie selbst ruhig und entspannt sind. Drängen Sie ihn zu nichts und lassen Sie ihm Raum. Richten Sie sich nach seinem Tempo.

Achtung: Oft fängt man vor allem bei einem ängstlichen Hund – aus Mitleid– an, ihm alles durchgehen zu lassen. Man ist ja schließlich froh, dass er sich etwas traut und überhaupt hat er ja eine schlimme Zeit durchgemacht, da darf man jetzt nicht zu hart zu ihm sein – denkt man. Leider ist genau das ein sehr großer Fehler. Denn vor allem ängstliche und unsichere Hunde können mit zu viel Freiraum überfordert sein. Sie bekommen somit Aufgaben und Verantwortung zugeteilt, denen sie nicht gewachsen sind und oft endet das dann in unerwünschten Verhaltensweisen.

Ein Halter, der weiß, was er will, also Regeln vorgibt, Grenzen setzt und sicher vorangeht, tut genau das Richtige, denn diese Hunde brauchen jemanden, an dem sie sich orientieren können. Daher gilt gerade bei einem ängstlichen Hund: Legen Sie Regeln fest. So weiß er genau, wo er hingehört und wie er sich zu verhalten hat. Das gibt ihm die nötige Sicherheit.

Sollten Sie sich unsicher sein, wie Sie sich bei einem ängstlichen Hund verhalten sollten, fragen Sie einen Fachmann, der Sie speziell zu Ihrem Hund beraten kann. Am besten so früh wie möglich.

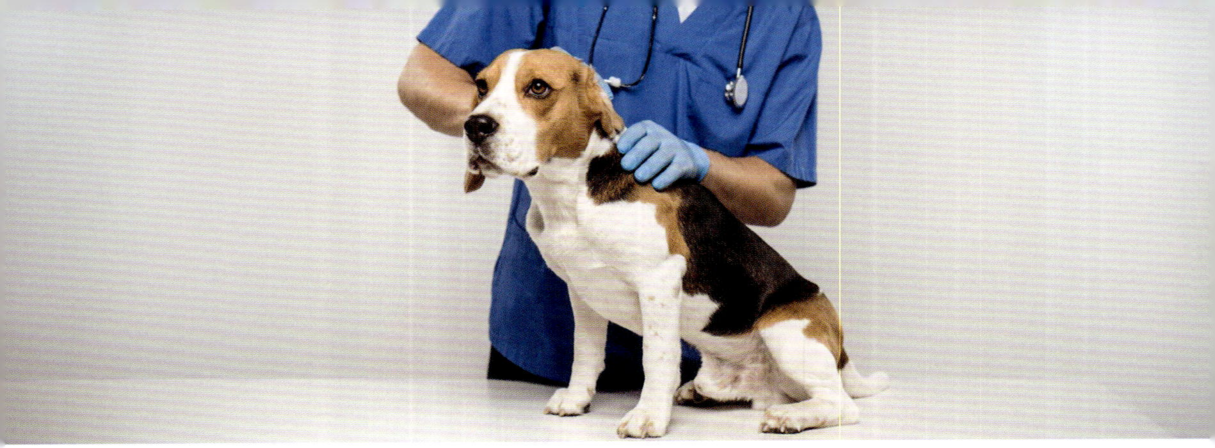

Wen spreche ich an, wenn es zu Problemen kommt?

Man kann sich noch so gut theoretisch vorbereiten und man wird dennoch bereits nach wenigen Tagen unsicher. Macht man das, was man gerade tut, eigentlich richtig? Ist man schon dabei, alles für die Zukunft Wichtige kaputtzumachen? An wen wendet man sich, wenn man erste Zweifel hat? Vielleicht gerade, wenn eigentlich noch alles gut läuft oder man denkt, dass es ja so schlimm nicht ist. Wenden Sie sich an einen guten Hundetrainer oder Hundeverhaltenstherapeuten. Denn entgegen dem Glauben, dass man einen Hundetrainer erst zu Rate ziehen soll, wenn das Problem schon da ist, sind viele sehr dankbar, wenn Hundehalter sie schon vor dem Problem kontaktieren. Ein Hundetrainer gibt Ihnen wertvolle Tipps und worauf Sie speziel bei Ihrem Hund achten sollten. Vielleicht gibt er Ihnen auch einfach nur die nötige Sicherheit für den Umgang mit Ihrem Hund. Bitte zögern Sie nicht und kommen Sie sich nicht schlecht vor, weil Sie Hilfe in Anspruch nehmen. Sich in der ersten Zeit jemanden zu holen, der einem den Rücken stärkt und den ein oder anderen wertvollen Tipp geben kann, ist Gold wert. Auch ein guter Züchter kann helfen. Manche Züchter kennen sich vor allem mit ihrer Rasse recht gut aus und können mit Rat und Tat zur Seite stehen. Allerdings sollte man mit Bedacht vorgehen. Nicht jeder Züchter ist auch ein guter Hundetrainer. Wenn die Hunde Ihres Züchters ruhig, ausgeglichen und sich für Sie vorbildlich verhalten haben, dann brauchen Sie auch keine Angst zu haben, Ratschläge Ihres Züchters anzunehmen.

Der erste Tierarztbesuch

Damit der Tierarzt anhand des Impfpasses überprüfen kann, ob der Hund ausreichend geimpft ist und gesund ist, sollte der Welpe, auch wenn er gesund erscheint, dem Tierarzt vorgestellt werden. Für den Welpen ist das sogar eine richtig wichtige Erfahrung, denn so hat er seinen ersten Tierarztbesuch, ohne eine Spritze oder Schmerzen und verknüpft den Tierarzt mit etwas Positiven. Häufig geben Tierärzte dem Welpen Leckerlis und üben schon mal erste Untersuchungen, um Vertrauen zu schaffen. So verbindet Ihr Hund den Tierarzt nicht mit Stress.

Es gibt eine Reihe von Tierärzten, die es sogar begrüßen, wenn Sie weitere „Trainingsbesuche" machen und dabei helfen, dass Ihr Hund sie positiv erleben und Abläufe in der Praxis schon früh kennenlernt und sich an sie gewöhnt.

Was brauche ich alles?

Hundebedarf ist ein äußerst profitabler Markt, in dem man ohne Weiteres viel Geld ausgeben kann. Die Optionen für Hund und Halter scheinen schier unbegrenzt zu sein. Abgesehen von kontroversen Gegenständen gibt es bestimmte unverzichtbare Grundausstattungen, die jeder angehende Hundebesitzer benötigt.

Bei der Beschaffung dieser Grundausstattung sind bestimmte Details zu beachten. Um Ihnen angesichts der Fülle an Angeboten eine hilfreiche Orientierung zu bieten, wird im Folgenden erläutert, worauf es beim Kauf besonders ankommt.

CHECKLISTE

CHECKLISTE AUSSTATTUNG

Hauptausstattung:

1. Leine
2. Schleppleine fürs Training
3. Geschirr / Halsband
4. Schlafplatz
5. Fressnapf und Trinknapf
6. Handtuch für den Hund
7. Sicherung während der Autofahrt (Box, Gurt o.ä)
8. Schutz vor Schmutz und Kratzern
9. Futter
10. Zeckenzange
11. Kotbeutel
12. Leckerlis fürs erste Training

Praktisches für den Alltag:

1. Leckerlibeutel fürs Training
2. Leuchthalsband / Signalweste für Abends
3. Hundedecke zum Mitnehmen
4. Trinkflasche für unterwegs
5. Spielzeug / Trainingsutensilien
6. Fellpflegeprodukte

Organisatorisches:

1. Chipnummer registrieren
2. Hund bei der Stadt/Gemeinde anmelden
3. Versicherungen abschließen
4. Adressanhänger kaufen
5. Den richtigen Tierarzt finden
6. Impfen
7. Wurmbefall beim Hund

HAUPTAUSSTATTUNG

Die Leine

Es gibt eine große Auswahl an Leinen. Da sind die verstellbaren 2–3 Meter Leinen, es gibt kurze, einfache Ein-Meter-Leinen, es gibt die Flexileinen und andere Modelle mehr. Auch bei Farben und Materialien gibt es eine große Vielfalt. Letztendlich ist es natürlich Ihnen überlassen, wie Ihre Leine aussehen soll. Allerdings sollten Sie sich bei zum Beispiel Flexileinen bewusst sein, dass ein schnelles Einholen des Hundes sowie ein kontrolliertes, entspanntes Erlenen der Leinenführigkeit kaum möglich ist. Außerdem ist immer ein leichter Zug auf dem Halsband oder dem Geschirr und es passiert nicht selten, dass ein

Hund panisch vor einer hinterherfliegenden Leine wegrennt, weil der Halter aus Versehen den Griff hat fallen lassen und der dem Hund jetzt „hinterherrennt". Fürs Erste bietet sich eine längere Leine von zwei bis drei Metern an. (Bitte achten Sie allerdings darauf, dass das Verhältnis von Leine zu Hund stimmt und er das Gewicht der Schleppleine auch bewältigen kann.)

Vor allem Welpen haben Schwierigkeiten, an sehr kurzer Leine zu laufen, weil sie es noch nicht gelernt haben und es ist einfacher für sie, wenn sie etwas mehr Platz haben. Für bereits ältere Hunde kann man auch zu einer kürzeren Leine greifen. Können Sie Ihren Hund noch gar nicht von der Leine lassen, empfiehlt sich für Spaziergänge die Schleppleine.

Die Schleppleine

Die Schleppleine ist vielfältig einsetzbar, dient aber vor allem dem Training mit dem Hund. Sie bietet ihm Freiraum, solange er nicht sicher frei laufen kann. Außerdem hat man durch sie die Möglichkeit, mit dem Hund auch auf Distanzen zu trainieren, ohne ihn frei lassen zu müssen. Wie Sie den Umgang mit einer Schleppleine lernen, zeigt Ihnen Ihre Hundeschule, denn die lange Leine kann einen, gerade als Anfänger manchmal ein wenig überfordern. Doch mit ein paar Tricks lässt sie sich super handhaben.

Schleppleinen gibt es ebenfalls in allen möglichen Längen. Oft reichen aber fünf Meter aus, denn vor allem bei größeren Hunden sollte man bedenken, dass eine enorme Kraft dahinter steckt, wenn der Hund doch mal mit Anlauf in die Leine rennt. Bei zehn Meter Anlauf oder mehr kann das sehr schmerzhaft sein und sogar zu Verletzungen führen. Bei kleineren Hunden reichen fünf Meter, da sie sonst zehn Meter Leine hinter sich her ziehen müssen und das ist eine Menge Schnur. Stellen Sie sich darauf ein, dass ein Hund das erste Lebensjahr an der Schleppleine verbringt, bis er von Ihnen gelernt hat, zuverlässig und in jeder Situation auf Rückruf zu Ihnen zu kommen. Denn so lange dauert es in der Regel, bis ein Hund mit gutem Training zuverlässig abrufbar ist. Welpen laufen einem meist ohnehin hinterher, aber spätestens mit Beginn der Pubertät wird der Sprössling flügge werden und die Welt unabhängig erkunden wollen. Ein Jahr mag für manche nach einer langen Zeit klingen, aber ein Jahr im Training an der Schleppleine bedeutet dafür viele Jahre Freilauf.

Geschirr / Halsband

Es gibt große Diskussionen darüber, ob man einen Hund am Geschirr oder am Halsband führen soll. Doch eigentlich gibt es hier kein entweder oder. Denn ob ich mich für ein Geschirr oder ein Halsband entscheide, kommt auf die Situation, den Hund und darauf an, was man braucht und möchte. Wenn Sie einen Hund an der Leine führen, kommt es dazu, dass Kräfte freigesetzt werden. Sei es dadurch, dass der Halter an der Leine zieht oder ruckt oder der Hund in die Leine springt und dort hinzieht, wo er hin will. Je nach Größe des Hundes können auch seine Kräfte enorm sein.

Grundsätzlich gilt:

Weder Halsband noch Geschirr ersetzen die Erziehung des Hundes! Eine gute Leinenführigkeit muss immer zuerst ordentlich trainiert und aufgebaut werden, egal ob am Geschirr oder am Halsband. Keins von beiden nimmt einem das Training ab. Von „Hilfsmitteln", die versprechen, dass der Hund durch Schmerzen das Ziehen unterlässt, ist nicht nur abzuraten, sie sind auch nicht dauerhaft wirksam und der Schmerz sorgt beim Hund für zusätzlichen Stress, was andere Verhaltensprobleme erzeugen kann. Wer lernen möchte, wie man dem Hund Leinenführigkeit beibringt, sollte sich an eine gute Hundeschule wenden.

Schaden kann man seinem Hund auf Dauer grundsätzlich sowohl mit Halsband als auch mit Geschirr. Denn auch das Geschirr kann schaden, wenn es nicht richtig passt, dem Hund Schmerzen zufügt oder es nicht richtig eingesetzt wird! Das Führen eines Hundes an der Leine muss immer auch einen verantwortungsvollen Umgang mit der Gesundheit des Hundes bedeuten.

Das Halsband

Beim Halsband wirken Kräfte wie Ziehen oder Rucken nur auf wenige Quadratzentimeter am Hals des Hundes. Dadurch bietet sich die Möglichkeit einer wirksamen Einwirkung auf den Hund und damit einer guten Kontrolle. Sie haben es leichter, dem Hund klarere Signale zu geben und ihn leichter zu lenken. Das kann viele Situationen und auch das grundsätzliche Leinentraining erleichtern. Allerdings sollte man sich bewusst sein, dass die Halsmuskulatur des Hundes zwar etwas stärker ausgeprägt ist als die des Menschen, aber nicht weniger empfindlich ist. Am Hals liegen viele empfindlich Organe und Nerven auf die das Halsband – je nach Position – drücken kann. Wer seinen Hund also am Halsband führt, sollte sich dieser Tatsachen immer bewusst sein! Wer daran zweifelt, sollte sich einmal selbst ein Halsband anlegen und sich fragen, wie fest man möchten, dass jemand daran zieht oder sogar ruckt? Außerdem weiß man selbst, was eine Verspannung im Schulter–Nackenbereich alles auslösen kann. Von Schmerzen über Schwindel bis hin zu starken Kopf- und Kieferschmerzen ist alles möglich. Behalten Sie das bitte immer im Hinterkopf. Der Hund kann sich oft nicht äußern, wenn er Schmerzen oder Schluckbeschwerden hat. Außerdem gewöhnen sich Hunde mit der Zeit an gewisse Schmerzen und den dadurch ausgelösten Stress, was viele Menschen dann missverstehen.

Ein Halsband wird falsch eingesetzt, wenn der Hund zum Beispiel stark zieht, der Halter den Hund hin und her zerrt oder Hund oder Halter unkontrolliert daran rucken. Dann sind Kehlkopfentzündungen, Schäden an der Wirbelsäule, Schäden an der Luftröhre, Husten, chronisches Röcheln, hoher Blutdruck oder erhöhter Augeninnendruck mögliche Folgen. Auch gibt es den Verdacht, dass infolgedessen eine Schilddrüsenunterfunktion entstehen kann. Wer also ein Halsband einsetzt, sollte das mit sehr viel Verantwortung tun und darauf achten, dass es ausreichend breit ist, damit sich der Druck möglichst über den Hals verteilt. Schnallen sollten nicht auf den Hals drücken und Hunde mit Problemen an der Halswirbelsäule sollten grundsätzlich ein Geschirr tragen.

Halsbänder, die dafür gemacht sind, dem Hund aktiv Schmerzen zuzufügen, wie zum Beispiel Stachelhalsbänder, oder sogenannte „Würgehalsbänder", die sich ohne einen Stoppring komplett zuziehen, sind abzulehnen!

Das Geschirr

Ein Geschirr hat den Vorteil, dass es um den Oberkörper des Hundes angelegt wird und sich so alle einwirkenden Kräfte über den Körper verteilen. So kann man den Hund in einer kritischen Situation auch mal wegziehen, ohne Schaden oder Schmerzen zu verursachen. Wenn Sie mit Ihrem Hund an der Leine Sport machen oder ihn an der Schleppleine führen, sollte die Leine auf jeden Fall an einem Geschirr gefestigt sein, da so ein ungewollter Zug oder Ruck an der Leine durch Bewegung kein Problem für den Hund ist. Andererseits verleiht ein Geschirr dem Hund aber auch eine Menge Zugkraft. Hat er also noch nicht gelernt, an der Leine entspannt zu laufen, so fällt es ihm im Geschirr viel leichter, stark zu ziehen, als bei einem Halsband – hier kann er ja mit dem gesamten Körpergewicht ziehen. Vor allem bei großen Hunden kann das enorme Auswirkungen haben.

Bei manchen Hunden kommt man gar nicht um ein Geschirr herum. Ein Angsthund zum Beispiel sollte idealerweise ein Sicherheitsgeschirr tragen, aus dem er nicht panisch rausschlüpfen kann, da es einen dritten Gurt um den Bauch hat, sodass der Hund sich nicht rausziehen kann. Auch Welpen, die noch extrem empfindliche Knochen und Muskeln haben, sollten an einem weichen Geschirr geführt werden, bis sie sicher an der Leine gehen. Bei kleinen Rassen, deren Hals viel filigraner und feiner ist, empfiehlt sich ebenfalls ein Geschirr. Wie bereits erwähnt, ist es beim Geschirr unabdingbar, dass es die Bewegungsfähigkeit des Hundes nicht einschränkt. Vor allem die freie Bewegung der Schulterblätter spielt eine große Rolle in der Fortbewegung des Hundes. Sitzt ein Geschirr nicht richtig oder wird es falsch eingesetzt, kann auch dies zu Rücken- oder Haltungsschäden führen. Scheuert ein Geschirr zum Beispiel beim Gehen unter den Achseln des Hundes, kann eine Stellung der Ellbogen nach außen die Folge sein. Man sollte also darauf achten, dass es weder zwischen den Vorderbeinen noch vorne an oder auf der Schulter reibt. Es sollten keine Metallringe auf Gelenken oder Knochen sitzen und es sollte beim Ziehen nicht vorne in die Luftröhre schneiden. Daher ist es beim Geschirr wichtig, auf die Passform, die Polsterung und den genauen Sitz zu achten, um die Beweglichkeit des Hundes nicht einzuschränken. Bei der Wahl des Geschirrs empfiehlt sich ein Zughundegeschirr. Diese sind so konzipiert, dass sie eine gute Bewegungsfreiheit ermöglichen. Allerdings reichen sie in der Regel bis zum Rutenansatz, um die Zugkraft bei der Arbeit gleichmäßig zu verteilen, was für das alltägliche Gassigehen eher etwas unpraktisch sein kann. Es gibt auch kürzere Modelle, die nur bis zum mittleren Rücken reichen und damit für den Alltag gut einsetzbar sind. Eine gute Auswahl an Zughundegeschirren findet man auf Websites wie *uwe-radant.com* oder *derhundling.de*.

Das eine, perfekt sitzende Geschirr für jeden Hund gibt es nicht, denn dafür haben die verschiedenen Rassen eine zu unterschiedliche Körperform. Welches Geschirr Ihrem Hund passt, müssen Sie am besten selbst herausfinden. Überprüfen Sie, ob sich das Bein komplett nach vorne und hinten bewegen lässt, ohne an einer Stelle zu reiben. Ist das Schulterblatt komplett frei oder liegt das Geschirr darauf? Liegt der Metallring auf einem Knochen auf (Brustknochen, Wirbelsäule)? Drückt das Geschirr in den Hals des Hundes oder schnürt es irgendwo ein?

Schlafplatz

Es gibt Unmengen an Körbchen, Decken, Boxen und Sofas für Hunde. Was genau für Ihren Hund das Richtige ist, ist im Vorhinein schwer zu sagen. Der Schlafplatz des Hundes sollte ein Rückzugsort sein und in einer ruhigen Ecke stehen. Manche Besitzer stellen auch mehrere auf, zum Beispiel eins im Schlafzimmer und eins im Wohnzimmer. Manche Hunde mögen es gerne weich und kuschelig, andere wiederum schlafen gerne auf einer etwas härteren flachen Matratze, auf der

Beispiele:
Folgende Geschirre schränken den benötigten Bewegungsfreiraum des Hundes (grün) über der Schulter oder unter den Achseln stark ein. Teilweise liegen Metallringe auf dem Brustknochen oder der Wirbelsäule. Reibung, Schmerzen und dadurch bedingte Bewegungsprobleme und Schonhaltungen können die Folge sein.

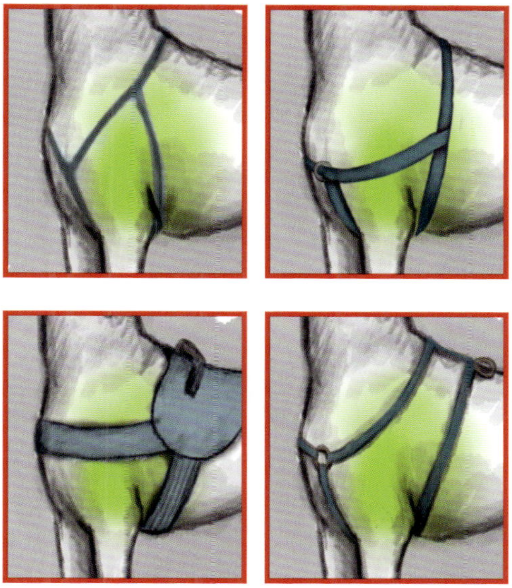

Das Geschirr unten bietet dagegen optimalen Bewegungsfreiraum und besitzt keine reibenden Schnallen oder Metallringe.

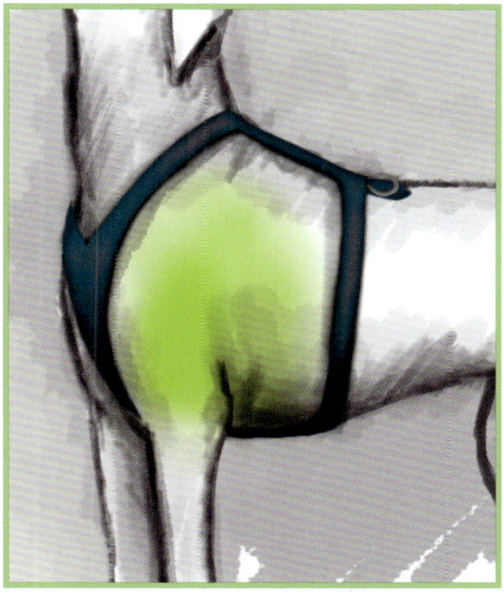

sie sich ausbreiten können. Manche Hunde kugeln sich gerne zusammen und wieder andere strecken am liebsten auf dem Rücken liegend alle Viere von sich. Zu welchem Schlaftyp Ihr Hund gehören wird, müssen Sie allerdings erst herausfinden.

Für Welpen empfiehlt sich, erst einmal etwas Günstiges und vielleicht auch etwas Kleineres zu kaufen (um sich besser einkuscheln zu können), denn die kleinen Milchzähnchen machen in den ersten Monaten meist vor nichts halt und es wäre schade, wenn das teure Körbchen schon in den ersten Wochen dran glauben muss. Am endgültigen Hundekörbchen empfiehlt es sich dann allerdings nicht zu sparen. Billige Hundesofas und Kissen sind oft nicht waschbar oder verlieren sehr schnell ihre Form, sodass der Hund früher oder später auch im Körbchen quasi auf dem Boden liegt. Dazu kommt, dass ein hochwertiges Hundebett auch gelenkschonend sein kann. Vor allem im höheren Alter kann das Thema werden. Daher gilt hier: Wer nicht zweimal kaufen möchte, der holt sich lieber direkt was Gutes für ein bisschen mehr Geld. Viele Hersteller von Hundebetten bieten eine individuelle Online-Konfiguration an, in der man Größe, Stoffe und Füllungen auswählen kann.

Die Hundebox

Viele Halter haben ein emotionales Problem mit der Hundebox und empfinden sie als ein Einsperren des Hundes. Dabei kann die Box richtig eingesetzt, ein guter Rückzugsort für den Hund sein. Sie darf zwar geschlossen nicht als dauerhafter Aufenthaltsort des Hundes genutzt werden, aber als eine kleine Schlafplatzhöhle kann sie sehr praktisch sein. Vor allem für Hunde, die schwer Ruhe finden oder etwas ängstlicher sind, kann die Box ein Segen sein. Hat der Hund sie als seinen Schlafplatz angenommen, kann sie auch, sofern zum Transport geeignet, überall mit hingenommen werden. So finden die Hunde auch an unbekannten Orten schnell Ruhe. Auch für Welpen kann eine Box hilfreich sein, da man sie schließen kann und der Welpe nachts nicht in der Wohnung herumlaufen kann. Das kann auch für das Stubenreinheitstraining sehr praktisch sein.

Wichtig ist immer: Der Hund sollte gut an die Box gewöhnt sein und sie niemals mit Stress, sondern mit Ruhe verbinden und als einen Rückzugsort sehen. Nehmen Sie sich Zeit und Ruhe, um die Box positiv aufbauen zu können. Es gibt übrigens spezielle Hundeboxen fürs Auto, die die Fahrt sicherer für Ihren Vierbeiner machen.

Fress- und Trinknapf

Ob Ihr Fressnapf aus Keramik, Edelstahl oder Kunststoff ist, sei Ihnen überlassen, obwohl es Hunde gibt, die das eine oder andere bevorzugen. Bei Kunststoff sollte auf jeden Fall darauf geachtet werden, dass es frei von Giftstoffen ist. Der Hund leckt den Napf jeden Tag ab und daher sollte das Material unbedenklich sein. Edelstahl ist unkaputtbar und lässt sich leicht reinigen. Keramik geht zwar auch mal zu Bruch, ist dafür allerdings schwerer und rutscht nicht so leicht auf dem Boden herum. Für alle Hunde, die beim Fressen eher an ein Wettrennen denken als an ein gemütliches Mahl, gibt es die sogenannten Antischlingnäpfe. Diese sollen durch eingebaute „Hindernisse" helfen, beim Fressen den Hund ein wenig auszubremsen und das Essen somit nicht gleich im Ganzen zu verschlingen.

Hundehandtuch

Um ein Handtuch für den Hund kommt man nicht herum, alleine schon fürs Pfotenabtrocknen. Es gibt natürlich auch spezielle Hundehandtücher mit extra Löchern für die Pfoten oder mit speziellem Aufdruck. Ob das nötig ist, darüber lässt sich streiten. Am Ende tut es ein normales, am besten altes Handtuch genauso gut.

Sicherung während der Autofahrt

Hund im Auto – Wissenswertes

- Stellen Sie immer sicher, dass Ihr Hund sich im Auto wohlfühlt
- Gewöhnen Sie Ihren Hund langsam ans Autofahren. Hier kann auch der Züchter schon gute Vorarbeit leisten.
- Manchen Hunden kann während einer Autofahrt schlecht werden. Hier kann es helfen, den Hund vorher nicht zu füttern oder den Tierarzt um Rat zu fragen.
- Bieten Sie Ihrem Hund auf lange Fahrten zu Trinken an.
- Planen Sie auf langen Fahrten genug Pausen zum Gassigehen ein.

Ganz wichtig! Lassen Sie Ihren Hund bei höheren Temperaturen nie alleine im Auto! Jedes Jahr sterben Hunde qualvoll den Hitzetod in Autos, weil die Halter die Temperaturen unterschätzen. Bei einer Außentemperatur von nur 20° C ist es nach einer Stunde im Auto bis zu 46° C heiß! Bei 30° C braucht es nur eine halbe Stunde, um auf 50° C zu steigen! Daher bitte NIEMALS den Hund bei warmem Wetter im Auto lassen!

Achtung! Bei längeren Fahrten mit dem Hund im Kofferraum sollten Sie unbedingt darauf achten, dass die Sonne nicht in den Kofferraum knallt. Denn auch, wenn vorne die Klimaanlage läuft, kann sich der Kofferraum (vor allem beim Fließheck) massiv aufwärmen und somit für den Hund sehr gefährlich werden.

Wie sichere ich meinen Hund während der Fahrt?

Wer einen Hund im Auto transportieren will, sollte einiges beachten und sich im Vorfeld Gedanken machen. Für die eigene Sicherheit und die des Tieres sowie die Sicherheit aller anderen Verkehrsteilnehmer ist eine richtige Sicherung des Hundes unerlässlich! Beim Transport des Hundes geht es im Grundsatz um das Gleiche wie bei jeder anderen Ladungssicherung auch, nämlich darum, dass „Gegenstände" nicht zum Geschoss werden. Bei Gefährdung oder Beschädigung durch ein ungesichertes Tier kann es sogar hohe

Bußgelder und Punkte in Flensburg geben. Außerdem kann es im Falle eines Unfalls mit einem ungesicherten Hund Schwierigkeiten mit der Versicherung geben. Und mal abgesehen von den gesetzlichen Bestimmungen ist es für Ihren Hund einfach lebensgefährlich! Ein 20 kg schwerer Hund entwickelt bei einem Unfall eine Durchschlagskraft von 600 kg! Das ist sowohl für den Hund, als auch für den Halter lebensbedrohlich.

Um einen Hund während der Fahrt zu sichern, gibt es mehrere Möglichkeiten. Der ADAC hat hierzu verschiedene Tests gemacht, die alle online nachzulesen sind. Hierbei hat man herausgefunden, dass die sicherste Möglichkeit, Tiere im Auto zu befördern, Transportboxen im Fußraum der Rücksitze oder im Kofferraum direkt hinter den Sitzlehnen, kombiniert mit einem Trenngitter oder Trennnetz sind.

§ 22 Abs. 1 StVO
(Straßenverkehrsordnung)
„Die Ladung ist so zu verstauen und zu sichern, dass sie selbst bei Vollbremsung oder plötzlicher Ausweichbewegung nicht verrutschen, umfallen, hin- und herrollen, herabfallen oder vermeidbaren Lärm erzeugen kann."

§ 23 Abs. 1 StVO
„Wer als Fahrzeugführer vor Fahrtantritt nicht dafür gesorgt hat, dass eine Beeinträchtigung seiner Sicht oder seines Gehörs durch Tiere ausgeschlossen ist, muss mit einem Verwarnungsgeld rechnen."

Hundesicherheitsgurt

Mit einem Sicherheitsgurt wird der Hund – wie der Mensch auch – einfach während der Fahrt angeschnallt. Der Gurt wird hierfür am Geschirr des Hundes befestigt und in das normale Gurtschloss gesteckt. Wichtig ist dabei, dass der Hund ein gutes, sicheres Geschirr trägt. Ein normales Hundegeschirr ist hierfür nicht geeignet, da es die Wucht eines Aufpralls nicht aushalten würde. Es sollte breit, weich, gepolstert und vor allem Crashtest geprüft sein. Der Einsatz des Gurtes zur Sicherheit des Hundes hat den Vorteil, dass er schnell und einfach anzulegen ist. Man sollte jedoch bedenken, dass der Hund meist einen großen Bewegungsfreiraum auf dem Sitz hat und sich während der Fahrt sogar verheddern kann, wenn er sich zu viel bewegt. Das wiederum kann zu einer erhöhten Ablenkung für den Fahrer führen und beim Hund bei Kollisionen zu einer höheren Verletzungsgefahr.

Transportboxen

Metall-Hundeboxen bieten in einem Auto eine der sichersten Möglichkeiten, Ihren Hund während der Fahrt zu transportieren, besonders im Falle eines Unfalls. Außerdem kann man sie auch nach der Autofahrt als Schlafplatz und Rückzugsort nutzen. Große Boxen sollten im Auto allerdings immer zusätzlich befestigt werden, damit sie nicht samt Hund durchs Auto fliegen können. Transportboxen gibt es aus Kunststoff, Metall und Stoff. Jede Box kann natürlich auch außerhalb des Autos genutzt werden. Die passende Box für sein Auto zu finden kann etwas schwierig sein. Vor allem nicht in der Kombination: Kleines Auto – großer Hund. Hinzu kommt, dass eine Box sehr viel Platz wegnimmt und man dann für zusätzliche Ladung eingeschränkt ist. Genau wie bei der normalen Hundebox sollte der

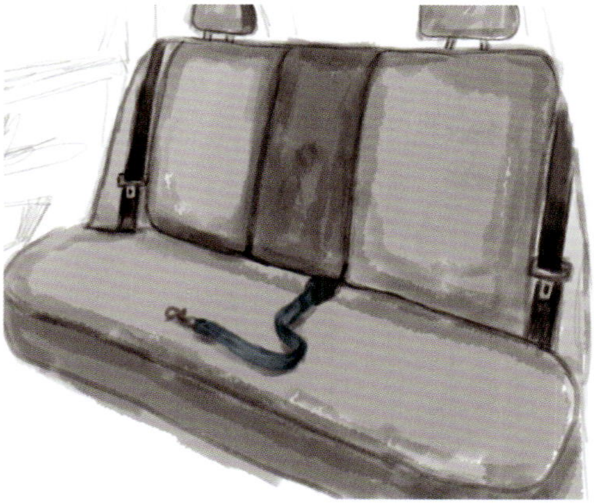

Hund vorher gut an die Box gewöhnt sein, damit er den Fahrer während der Fahrt nicht ablenkt und auch selbst keinen Stress hat. Die Autobox sollte so groß sein, dass der Hund aufstehen und sich drehen kann.

Wer eine sichere und stabile Hundebox für sein Auto möchte muss mit mehreren hundert Euro rechnen.

Abtrennung im Fahrzeuginnenraum

Es gibt die Möglichkeit, spezielle raumhohe Sicherheitsabtrennungen hinter den Fahrzeugsitzen, zum Beispiel auf der Rückbank, mithilfe des Sicherheitsgurtes zu verankern. Das Tier sitzt frei auf der Rückbank und kann sich bewegen. Durch das Trenngitter wird das Vorschleudern des Tieres während einer Bremsung verhindert. Allerdings hat der Hund hier andererseits ein stark erhöhtes Verletzungsrisiko, weil er sehr viel Platz hat, durch den er dann beschleunigt werden kann.

Trennnetz oder Trenngitter für den Kofferraum

Trenngitter für den Kofferraum sollten vom Boden bis zur Decke gehen und nach DIN (75410-2) verwendet werden. Der Vorteil ist, dass das Tier den Fahrer bei der Fahrt nicht stört. Eine sehr hohe Verletzungsgefahr ist nicht zu erwarten. Jedoch kann es bei einem größeren Kofferraum zu einem Aufschlag des Tieres auf den Rücksitz kommen. Netze und Gitter, die nicht stabil im Fahrzeug verankert sind, können das Durchschlagen von größeren Tieren nicht verhindern.

Der Autositz für Hunde

Der Hunde-Autositz bzw. der Tiersicherheitssitz ist eigentlich eine Art Körbchen, welches man auf den Sitz stellt und das angeschnallt werden kann. Dieser Sitz ist im Auto sowohl auf den Vorder- als auch auf den Rücksitzen einsetzbar. Wichtig ist, dass man ein sicheres Geschirr zum Anschnallen verwendet. Für eine gute Sicherheit sollte man nur solche Autositze wählen, die durch Anschnallen am Sitz befestigt werden und nicht nur in das Auto gestellt werden.

Schutz vor Kratzern und Schmutz

Um das Auto nicht zu verschmutzen, gibt es die Option, spezielle Schondecken zu kaufen. Sie schützen die Rückbank und bieten trotzdem die Möglichkeit, den Hund anzuschnallen. Auch für den Kofferraum gibt es spezielle Schutzdecken, die unter anderem auch einen Kratzschutz für den Lack beim Ein- und Aussteigen bieten. Eine Alternative, um den Autolack zu schonen, ist eine Schutzfolierung an den Einstiegsstellen. Für Hunde, die nicht gut springen können (beispielsweise Welpen oder ältere Hunde), gibt es auch Einstiegshilfen in Form einer Treppe oder einer Rampe. Sie lassen sich ausklappen und erleichtern so dem Hund das Ein- und Aussteigen.

Futter

Wenn Sie einen Hund bekommen, ist dieser in der Regel bereits an ein bestimmtes Futter gewöhnt. Auch Welpen haben durch den Züchter bereits eine Futterprägung hinter sich. Möglicherweise möchten Sie aber ein anderes Futter füttern, vielleicht weil Sie ein besseres gefunden haben oder eigene Vorstellungen von der Art den Hund zu füttern verwirklichen. Wichtig ist hier zu wissen, dass viele Hunde den plötzlichen Wechsel nicht gut vertragen und man sie daher langsam umstellen sollte. Das ist von Hund zu Hund natürlich unterschiedlich und manche vertragen im Grunde alles, aber trotzdem sollte man langsam vorgehen. Daher ist es sinnvoll, das bisherige Futter auf jeden Fall erstmal beizubehalten, um es dann langsam zu wechseln. Züchter geben oft eine Portion des alten Futters mit. Bei einem erwachsenen Hund sollte man einfach den Vorbesitzer fragen, was der Hund bisher bekommen hat. Wenn Sie einen Hund bekommen, bei dem Sie das nicht herausfinden können, zum Beispiel wenn er aus dem Ausland kam, bleibt Ihnen nichts anderes übrig, als es auszuprobieren.

Zeckenzange

Zecken sind für manche Halter ein unangenehmes Thema, aber leider kommt man nicht drumherum, wenn man einen Hund hat. Auch wenn man zum Schutz vor Zecken Chemie zum Einsatz bringt, kann es sein, dass man dennoch beim Hund eine Zecke findet, die sich bereits festgebissen hat. Diese sollte schnellstmöglich entfernt werden. Hierzu gibt es verschiedene Möglichkeiten. Welche letztendlich Ihre Lieblingsmethode wird, müssen Sie selbst rausfinden. Wichtig ist nur: Entfernen Sie niemals Zecken durch Beträufeln mit Substanzen oder gar mit dem Feuerzeug. Was sich anbietet, sind Zeckenzange, Zecken-Karte, Zecken-Haken, Pinzette oder auch die eigenen Finger. Finden Sie raus, womit Sie am besten klarkommen und wie Sie sowohl große als auch kleine Zecken gut und schnell entfernen können. Die Zeckenzange fasst die Zecke gut und sicher und sie ist universal für kleine und große Zecken geeignet, während die Zecken-Karte mehrere „Ausschnitte" für verschiedene Zeckengrößen hat. Wenn es besonders schnell gehen muss, kann man die Zecke auch mit den Fingern entfernen. Packen Sie sie vorsichtig zwischen Daumen und Zeigefinger und möglichst nahe an der Haut. Ziehen Sie sie vorsichtig heraus. Diese Methode ist allerdings nicht jedermanns Sache. Wenn Sie unsicher sind, wie Sie eine Zecke richtig entfernen, wenden Sie sich besser an Ihren Tierarzt oder auch Hundefriseur. Er zeigt Ihnen die beste Technik und worauf Sie achten müssen. Nach jedem Entfernen einer Zecke sollte überprüft werden, ob sie komplett entfernt wurde. Auch sollte die Stelle noch ein paar Tage im Auge behalten werden und bei auftretenden Veränderungen der Tierarzt aufgesucht werden.

Kotbeutel

Wer einen Hund hat, sollte auch dafür sorgen, die Häufchen des Hundes zu entsorgen, insbesondere, wenn sie an einer ungünstigen Stelle beziehungsweise in der Öffentlichkeit liegen. Hierfür gibt es mittlerweile viele verschiedene Möglichkeiten. Am gängigsten sind die Tüten aus Plastik. Sie lassen sich einfach und schnell händeln und sind wasserdicht. Hier sollte darauf geachtet werden, möglichst biologisch abbaubare Tüten zu nehmen. Denn auch wenn klar ist, dass Hundehaufen schnell verrotten, so sollte man sie nicht in etwas packen, was noch Jahrzehnte braucht, um selbst zu verrotten. Es gibt alternativ auch die Papiervariante, aber damit muss man zurechtkommen.

Und noch eine Bitte: Schmeißen Sie die vollen Tüten (egal ob aus Plastik oder Papier) niemals in die Natur oder lassen sie liegen! Auch, wenn Sie die gute Absicht haben, es später wieder mitzunehmen: Es wird in der Regel vergessen. Hier gibt es praktische Haken, an denen man den Kotbeutel an der Leine befestigen kann, ohne ihn den ganzen Spaziergang in der Hand halten zu müssen.

Leckerlis fürs erste Training

Leckerlis dürfen ruhig etwas Besonderes sein. Vor allem für den Rückruf kann es gerne mal Leberwurst aus der Tube, Wurst oder Käse sein. Sie möchten Ihrem Hund ja schließlich einen richtig guten Anreiz bieten, zu Ihnen zurückzukommen.

Finden Sie heraus, was Ihr Hund gerne mag, gut frisst und verträgt und achten Sie immer auch auf die Inhaltsstoffe.

PRAKTISCHES FÜR DEN ALLTAG

Leckerlibeutel fürs Training

Immer hilfreich: Ein Leckerlibeutel. Die Größe sollte sich nach der Größe des Hundes und der Anzahl der Leckerlis, die man benötigt, richten. Beutel, die an der Hose festzumachen sind, sind besonders praktisch und man kann echt schnell nach den Leckerlis greifen. Suchen Sie sich einen Beutel, bei dem die Leckerlis auch nicht herausfallen, wenn Sie sich bücken. Das Greifen der Leckerlies sollte schnell und einfach möglich sein.

Leuchthalsband / Signalweste

Vor allem in der Winterzeit kommt man nicht drumherum, im Dunkeln nochmal eine Runde zu drehen. Damit der Hund sowohl an der Leine als auch im Freilauf gut sichtbar ist, empfehlen sich Reflektoren oder noch besser etwas Selbstleuchtendes am Hund. Hier bietet sich ein Leuchthalsband sehr gut an. Hat der Hund allerdings so viel Fell am Hals, dass man das Halsband gar nicht richtig sieht, sollte man nach einer Alternative suchen oder dafür sorgen, dass man es gut sehen kann. Signalwesten können auch helfen. Allerdings leuchten sie nicht selbstständig, sondern nur, wenn die Reflektoren direkt angeleuchtet werden. Wer auf der sicheren Seite sein will, sollte beides zum Einsatz bringen.

Hundedecke zum Mitnehmen

Wenn Sie viel mit Ihrem Hund unterwegs sind, ist es oft umständlich, das Körbchen mitzunehmen – vor allem, wenn es groß oder schwer ist. Eine praktische Alternative ist eine Hundedecke. Sie bietet Ihrem Hund einen festen Platz, an dem er Ruhe finden und bleiben kann – was gerade auf Reisen oder bei längeren Aufenthalten irgendwo wichtig ist. Tipp: Achten Sie beim Material darauf, dass es sich leicht waschen lässt und Hundehaare nicht zu leicht dran haften bleiben, das macht das sauber machen einfacher. Manche Hundedecken haben auch praktische Tragehenkel, wenn sie zusammengefaltet sind.

Trinkflasche für unterwegs

Man kann viel Kram einpacken, wenn man mit seinem Hund unterwegs ist, aber eine Trinkflasche ist unerlässlich, besonders wenn Sie längere Touren mit Ihrem Hund planen. Hier kann man sich entweder für eine normale Wasserflasche und einen Napf entscheiden (es gibt auch Faltbare Näpfe) oder für eine spezielle Hundetrinkflasche, bei denen der Deckel als Trinkgefäß dient, was vorallem für unterwegs sehr platzsparend und praktisch sein kann. Wichtig ist in jedem Fall, dass Sie Ihren Hund jederzeit mit Wasser versorgen können.

Spielzeug / Trainingsutensilien

Ob es etwas zum Werfen, Verstecken oder Ziehen sein soll, ist Geschmackssache. Natürlich sollte die Priorität beim Spielen auf Hund und Halter liegen und man sollte auch ohne Spielzeug miteinander spielen können. Trotzdem kann ein Spielzeug eine tolle Mög-

lichkeit zur Interaktion mit Ihrem Hund sein. Finden Sie heraus, was Ihr Hund mag beziehungsweise bevorzugt. Achten Sie beim Kauf darauf, dass das Spielzeug keine Giftstoffe enthält und dem Hund nicht schaden kann. Anbieten würde sich Naturkautschuk oder Ähnliches.

Die Sache mit dem Quietschespielzeug

Überall werden sie einem angeboten: die sogenannten „Quietschis". Also Hundespielzeuge, die bei Druck ein lautes, hochfrequentes Quietschen von sich geben. Hunde reagieren darauf oft mit großer Erregung und Aufmerksamkeit, weshalb sie auch oft von vielen Hundehaltern gekauft werden. Aber warum reagieren Hunde so stark auf diese Geräusche?

Es gibt zwei Aspekte, die man im Bezug auf das Quietschespielzeug wissen sollte.

1. In der natürlichen Kommunikation unter Hunden ist das Quietschen ein Signal, welches ein Hund macht, wenn beispielsweise ein anderer Hund beim Spielen zu fest zubeißt. Der quietschende Hund signalisiert damit, dass es Zeit ist, das Spiel zu stoppen und loszulassen. Auf dieses Signal folgt häufig eine deutliche Reaktion des anderen Hundes, die das Spiel beendet. Dieser Mechanismus wird als „Beißhemmung" bezeichnet. Hunde lernen auf diese Art, wie stark sie zubeißen dürfen, ohne dass es unangemessen wird. Das Quietschen ist also ein Korrektursignal. Das Quietschen wird also zu einer Art „Belohnung" für das Beißen, was den Hund dazu anregt, immer stärker zu beißen, um das Geräusch zu hören. Für viele Hunde ist das sehr unterhaltsam und stimulierend, weshalb sie oft mit großer Begeisterung auf Quietschspielzeuge reagieren. Doch dieses Verhalten ist nicht ganz unproblematisch. Da das Spielzeug – im Gegensatz zu einem anderen Hund – keine Konsequenzen oder ein tatsächliches Ende des Spiels liefert, verstärken sich bei vielen Hunden die Reaktionen auf das Quietschen, da es eben an das natürliche Spielverhalten erinnert, bei dem die Reaktion des anderen Hundes eine Rolle spielt. Stellen Sie sich vor, der Hund trifft beim Spaziergang auf einen Artgenossen, und das Spiel wird etwas zu grob. Was macht der kleine Hund? Richtig, er quietscht. Wenn der Hund nun das Quietschspielzeug im Kopf hat, könnte er instinktiv nachsetzen, weil er das Verhalten aus dem Spielzeug kennt – es gibt keine Konsequenz. Dies kann durchaus auch zu ernsthaften Problemen mit anderen Hunden führen.

2. In freier Wildbahn machen Beutetiere beim Ergreifen Geräusche, sei es durch Quieken, Fiepen oder andere Geräusche. Diese Geräusche können Hunde im Spiel anregen, da sie mit dem „Ergreifen" von Beute verbunden sind. Das Quietschen eines Spielzeugs imitiert also das Geräusch eines verletzten Tieres und verstärkt so den Beutefanginstinkt des Hundes. Dies kann zu einer intensiveren Reaktion führen, bei welcher der Hund immer wieder nach dem Spielzeug schnappt, zubeißt

und es „verfolgt“, als würde er ein echtes Tier fangen. Das ist auch der Grund, warum Hunde auch oft ihre Spielzeuge im Anschluss schütteln. Den Schütteln wird vom Hund zur Tötung eingesetzt. Er „erlegt“ in diesem Moment quasi seine Beute.

Wenn ein Hund jetzt regelmäßig mit einem Quietschspielzeug spielt, kann er lernen, dass das Geräusch des Quietschens ein Signal für „Erfolg“ im Spiel ist. Es funktioniert ähnlich wie das Belohnungssystem beim Beutefang – der Hund hat das Gefühl, dass er durch sein Beißen etwas erobert hat. Das erzeugt eine Art „positive Verstärkung“ für das Zubeißen, was das Verhalten weiter verstärken kann.

Das soll jetzt in der Konsequenz nicht heißen, dass jeder Hund, der ein Quietschspielzeug benutzt, den Unterschied nicht erkennt. Aber es stellt sich die Frage, ob man das Risiko wirklich eingehen möchte, den Hund in diesen beiden Aspekten zu fördern. Ich persönlich bin froh, dass meine Hündin ein Quietschspielzeug sofort loslässt, wenn sie bei anderen eines zwischen die Zähne bekommt. Denn es ist ein Zeichen, dass sie gelernt hat sofort loszulassen, wenn es „zu weit“ geht und ich persönlich habe auch kein Interesse daran, das Beutefangverhalten meines Hundes zu fördern.

Fellpflegeprodukte

Welche Fellpflege Ihr Hund benötigt, ist von Rasse zu Rasse unterschiedlich und dementsprechend auch, welche Produkte Sie benötigen.

Bürsten und Trimmen

Beispielsweise müssen viele Terrierarten getrimmt werden, da ihr Fell von alleine nicht ausfällt. Es muss mit der Hand herausgeholt werden. Passiert das nicht, kann es u. a. zu Juckreiz kommen. Trimmen bedarf Übung. Daher ist zu überlegen, es dem Hundefriseur zu überlassen. Wiederum andere Hunde haben keine Unterwolle und wieder andere sehr viel. Jedes Mal braucht es andere Bürsten. Hier sollten Sie sich von einem Fachmann beraten lassen, insbesondere, wenn Sie sich nicht sicher sind. Beim Kauf einer Fellbürste fahren Sie mit der Bürste über Ihre Handfläche und überprüfen Sie, wie scharfkantig sie ist. Sie sollte Ihnen nicht die Haut zerkratzen oder wehtun. Außerdem gibt es spezielle Bürsten, die sich super zum Entfernen von Unterwolle eignen. Die sind ideal für den Fellwechsel.

Baden und Waschen

Ein Hund muss in der Regel nicht sehr oft gebadet werden, und vor allem sollte Hun-

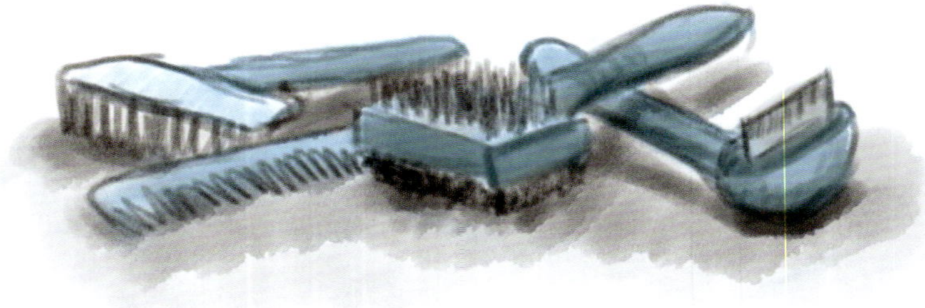

deshampoo sparsam verwendet werden, um den natürlichen Fettschutz der Haut nicht zu stark zu beeinträchtigen. Es gibt eine Vielzahl von Hundeshampoos auf dem Markt. Viele Menschen wissen jedoch nicht, dass Hundeshampoos nicht unter die Kosmetikverordnung fallen, sondern unter die Regelungen für Reinigungsmittel. Daher sind die Anforderungen an die Deklaration von Inhaltsstoffen nicht besonders hoch und nicht alle enthaltenen Substanzen müssen aufgeführt werden. Leider kann dies dazu führen, dass einige Produkte Inhaltsstoffe enthalten, die dem Hund schaden können.

Hunde haben einen anderen pH-Wert auf ihrer Haut als Menschen. Daher ist es äußerst wichtig, niemals für Menschen gedachtes Shampoo zum Baden des Hundes zu verwenden, da dies sowohl der Haut als auch dem Fell des Hundes schaden kann. Wenn der Hund schmutzig ist, reicht in den meisten Fällen einfaches Wasser aus. Wenn er jedoch stark riecht, beispielsweise weil er sich in etwas Unangenehmem gewälzt hat, kann ein spezielles Hundeshampoo verwendet werden. Hier ist die Wahl eines hochwertigen Naturprodukts zu empfehlen. Dennoch sollte der Hund nicht zu häufig gebadet werden und es sollte berücksichtigt werden, dass Hunde über 150 Millionen Riechzellen verfügen. Daher ist es ratsam, nach einem unparfümierten Shampoo zu greifen, um die empfindliche Geruchswahrnehmung des Hundes nicht zu beeinträchtigen. Bei Fragen können Sie sich auch in einem Hundesalon professionell beraten lassen.

Schneiden und Frisieren

Bestimmte Hunderassen benötigen eine regelmäßige Fellpflege. Auch gibt es Rassen, deren Fell die ganze Zeit wächst, wie beispielsweise beim Pudel, und somit regelmäßig geschnitten bzw. geschoren werden muss. Dies kann man entweder selbst machen oder man geht zum einem Hundefriseur. Viele Hundebesitzer meinen es im Sommer gut und scheren ihrem Hund bei hohen Temperaturen das Fell ganz kurz. Leider schaden sie ihrem Hund damit mehr als sie ihm helfen, denn das Fell des Hundes schützt ihn vor Wind und Wetter und dazu gehören auch Sonne und Hitze! Daher haben geschorene Hunde meist eine viel höhere Temperatur auf der Hautoberfläche als jene, die ihr Fell noch haben und dadurch geschützt sind. Andere Folgen können Haarausfall, dauerhafte Deckhaarschäden bis hin zu Sonnenbrand sein. Das wird von den meisten Hundebesitzern völlig unterschätzt. Wer seinem Hund im Sommer helfen will, sollte nur die Unterwolle durch Auskämmen entfernen, denn lediglich diese wärmt den Hund. Das Deckhaar sollte erhalten bleiben.

ORGANISATORISCHES

Chipnummer registrieren

Die meisten Hunde werden heutzutage gechippt oder seltener im Ohr tätowiert. Der Chip wird dem Hund mit einer Nadel unter die Haut implantiert. So kann ein Tierarzt mit einem speziellen Lesegerät die auf dem Chip platzierte Nummer auslesen. Diese Nummer soll helfen, Ihnen Ihren Hund wieder zuordnen zu können, wenn er zum Beispiel entlaufen ist. Wenn Ihr Hund gechippt wurde, nützt diese Nummer Ihnen nur etwas, wenn sie eingetragen und registriert wurde, was Sie selbst veranlassen müssen. Tun Sie das nicht, kann man zwar den Chip auslesen, aber man kann die Chipnummer und somit den Hund niemandem zuordnen. Wenn Ihr Hund einen Chip bekommt, wird diese Nummer in seinem Impfpass oder EU-Heimtierausweis eingetragen. Es gibt mehrere Anlaufstellen, um die Nummer zu registrieren. Eine der bekanntesten ist TASSO. Melden Sie sich bei TASSO an und registrieren Sie Ihren Hund mit seiner Chipnummer und Ihren Kontaktdaten und Angaben zum Hund. Würde Ihr Hund nun verlorengehen und dann von jemandem gefunden, könnte derjenige ihn zu einem beliebigen Tierarzt bringen, den Chip auslesen lassen und Sie über TASSO ausfindig machen. TASSO ist übrigens kostenlos. Beachten Sie: Läuft Ihr Hund weg und wird gefunden, kann die Person mit dem Chip zwar selbst nichts anfangen, aber jeder Tierarzt kann Auskunft geben. Es bieten sich außerdem Adressanhänger mit Telefonnummer an. So könnten Finder auch direkt Kontakt zu Ihnen aufnehmen. Wenn Ihr Hund grundsätzlich zu jenen gehört, der gerne die Welt auf eigene Faust erkundet, können Sie auch auf einen GPS-Tracker am Halsband zurückgreifen! So können Sie jederzeit sehen, wo der eigene Hund gerade ist – zumindest so lange er den Tracker trägt.

Hund bei der Stadt anmelden

Hunde unterliegen der Hundesteuer. Das bedeutet, dass Sie Ihren Hund bei Ihrer örtlichen Behörde registrieren lassen müssen, sobald er bei Ihnen einzieht. Die Höhe der

Steuersätze variiert stark und wird von der jeweiligen Stadt oder Gemeinde festgesetzt. Die Spanne reicht in der Regel von 20 bis 200 € pro Jahr. Zudem ist zu prüfen, ob Ihr Hund auf der Liste der als gefährlich eingestuften Rassen in Ihrem Bundesland verzeichnet ist. Auch dies ist von Bundesland zu Bundesland unterschiedlich. Bitte informieren Sie sich daher vor dem Kauf eines Hundes, um die Höhe der Hundesteuer zu erfahren und eventuelle spezielle Auflagen zu berücksichtigen, die aufgrund der Einstufung Ihres Hundes gelten könnten.

Versicherungen abschließen

Was Sie für Ihren Hund auf jeden Fall abschließen sollten, ist eine Tierhalterhaftpflichtversicherung. Die ist nicht teuer, aber unverzichtbar und manchmal kann man auch die bestehende, eigene Haftpflichtversicherung erweitern. Wenn Ihr Hund in ein Auto laufen würde, etwas zerstören oder jemanden verletzen sollte oder auf andere Art und Weise ein Schaden entstehen würde, ist es wichtig, dass dieser Schaden gedeckt ist. Achten Sie aber auf das Kleingedruckte und lassen Sie sich am besten beraten. Ihr Hund sollte auch versichert sein, wenn er von anderen Personen betreut wird oder auch, wenn er nicht an der Leine ist. Ferner ist zu überlegen, ob Sie eine OP- oder Krankenversicherung abschließen möchten. Bei einer Operation entstehen sehr schnell hohe Kosten. Egal ob der Hund sich verletzt oder verletzt wird, vor ein Fahrzeug läuft oder aufgrund einer Krankheit operiert werden muss, lohnt sich so eine Versicherung. Die Beiträge sind in der Regel nicht sehr hoch, jedoch gilt auch hier, sich das Kleingedruckte gut durchzulesen und sich gegebenenfalls beraten zu lassen.

Adressanhänger kaufen

Unabhängig von einer Chipnummer für Ihren Hund gibt es auch kleine Adressanhänger, die man am Halsband befestigen kann. Denn den implantierten Chip kann nur ein Tierarzt auslesen, der vielleicht am Wochenende nicht erreichbar ist, während eine Telefonnummer oder Adresse am Halsband des Hundes dem Finder jederzeit ermöglicht, sich direkt mit Ihnen in Verbindung zu setzen. Neben den gravierten Anhängern mit Name und Telefonnummer und solche mit Zettelchen drin gibt es auch Anhänger, die über eine Website und einen QR-Code funktionieren. Dies ermöglicht neben der Eingabe von Kontaktdaten auch die Angabe von Krankheiten oder Eigenschaften des Hundes. Außerdem kann man diesen Code über das Handy scannen und durch einen Klick melden, dass und von wem der Hund gefunden wurde. Die Website kontaktiert Sie dann in der Regel per Mail. Des Weiteren kann man im Falle eines Urlaubs hier auch die Urlaubsadresse eingeben und jederzeit Änderungen vornehmen. Tipp: Damit die Anhänger am Halsband des Hundes nicht die ganze Zeit nervig klimpern beim Laufen, kann man sie abkleben oder auf Leine und Halsband verteilen. Oder man sucht sich eine Alternative zum Metallschildchen.

Den richtigen Tierarzt finden

Es ist nicht immer leicht, den für sich richtigen Tierarzt zu finden. Denn neben dem Bedürfnis, sich gut aufgehoben zu fühlen, ist es auch wichtig, den Tierarzt gut erreichen zu können. Wie bei jedem anderen Arzt müssen Sie Vertrauen haben und sich auf sein Urteil verlassen können. Dazu könnten Sie sich beispielsweise im Vorfeld darüber informieren,

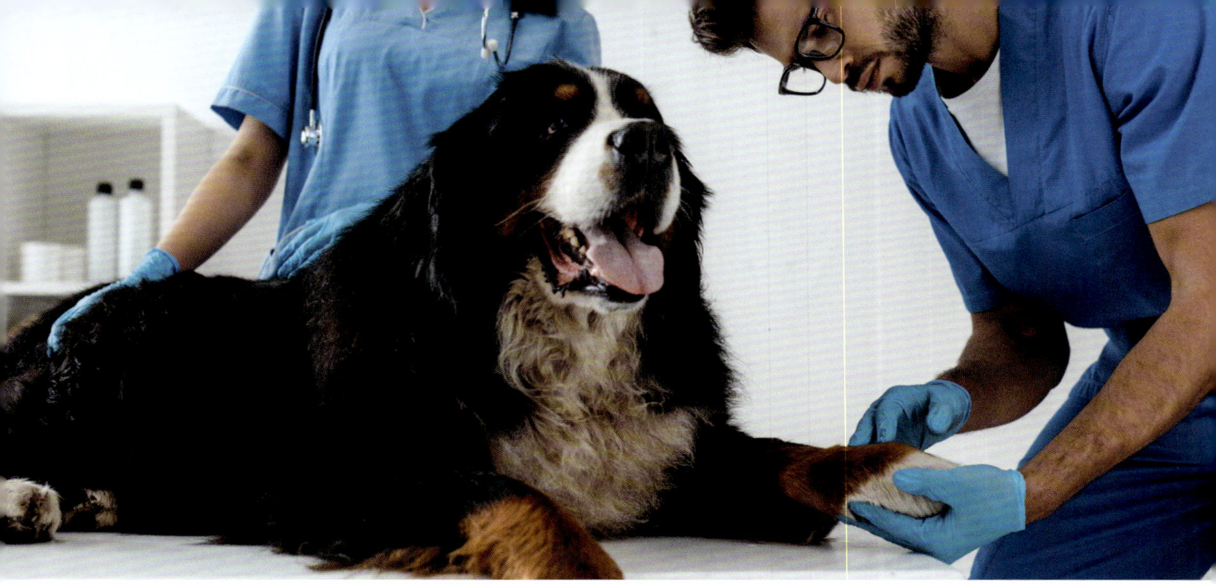

welche Fortbildungen und Ausbildungen der Tierarzt gemacht hat oder nach welcher Philosophie er arbeitet.

Ein Tierarzt sollte Zeit haben, all Ihre Fragen zu beantworten, er sollte Ruhe ausstrahlen und kompetent sein. Es gibt sehr viele gute Tierärzte, aber leider immer wieder auch ein paar „schwarze Schafe", bei denen man sich fragen könnte, ob es noch um die Gesundheit des Hundes geht oder nur um das Geldverdienen. Achten Sie darauf, dass sich Ihr Hund (so gut es eben geht) wohlfühlt und dass der Arzt sich Zeit nimmt. So bieten manche Tierärzte auch Kennenlernbesuche an, bei denen der Hund erst mal nicht behandelt wird und den Arzt somit zunächst mit etwas Positivem verknüpft. Auch ist es praktisch, wenn man seinem Hund von Anfang an daran gewöhnt, überall angefasst oder auch festgehalten zu werden, denn das erleichtert jeden Tierarztbesuch.

Wichtig:

Suchen Sie sich gleich am Anfang die Adressen und Kontaktdaten von Notfalltierärzten in Ihrer Nähe raus, damit sie im Notfall wissen, wo Sie anrufen oder hinfahren können und Sie das nicht erst in Stresssituation herausfinden müssen. Denn Tierärzte haben in der Regel abends und am Wochenende geschlossen. Einen organisierten Notarzt für Tiere gibt es leider in vielen Regionen nicht. Hier können Websites wie: www.vetfinder.de weiterhelfen.

Impfen

In Deutschland besteht keine generelle Impfpflicht für Hunde, es sei denn, Sie und reisen in Länder, die eine solche Pflicht haben oder besuchen mit Ihrem Hund bestimme Veranstaltungen. Dennoch ist es äußerst wichtig, Hunde gegen bestimmte Krankheiten zu impfen, da einige davon schwerwiegend und sogar tödlich sein können. In der Regel erhalten Welpen bereits in den ersten Lebenswochen ihre ersten Impfungen, um eine Grundimmunisierung aufzubauen. Diese Impfungen umfassen in der Regel Schutz vor Krankheiten wie Staupe, Parvovirose (Parvo) und Hepatitis, oft als Dreifachschutz verabreicht. Es ist wichtig, sicherzustellen, dass der Welpe zum Zeitpunkt der Impfung gesund ist. Die Impfung gegen Tollwut erfolgt normalerweise etwas später und erfordert insgesamt drei Injektionen im Verlauf eines bestimmten Zeitraums, um eine Grundimmunisierung zu erreichen.

Pro und Contra Impfen

Auch in der Hundewelt gibt es viel Diskussion rund um das Thema Impfen. Grundsätzlich haben Hunde – wie wir Menschen auch – ein natürliches Immungedächtnis. Das ist der Grund, warum bei manchen Erkrankungen (nicht allen) die Impfung nur alle zehn Jahre aufgefrischt werden muss. Beim Hund jedoch gibt es immer wieder Diskussionen darüber, wie oft wirklich geimpft werden muss. Das liegt daran, dass es für den Hundebesitzer manchmal recht unübersichtlich ist, wie lange ein Impfstoff eigentlich genau beim Hund im Körper wirkt. Manche Tierärzte bieten „großzügig" jährliche Impfungen an, ohne Sie tatsächlich aufzuklären.

Die Impf-„Leitlinien" und viele andere Tierärzte sagen, dass man alle drei Jahre impfen sollte. Wenn man sich nach manchen Wissenschaftlern richtet, reicht die Grundimmunisierung als Welpe für den Rest des Hundelebens (also auch ca. 10 Jahre). So gibt es Hundebesitzer, die den Tierärzten vorwerfen, angeblich nur Geld verdienen zu wollen und deshalb den Hund viel zu oft (zum Beispiel jedes Jahr) zu impfen. Dazu kommt, dass viele vermeintlich nötige „Impfungen" beim Tierarzt angeboten werden, die den Hund aber nicht – wie man bei einer Impfung vermutet – gegen eine Krankheit schützen, sondern lediglich die Symptome abschwächen sollen, falls der Hund mal erkrankt. Der Hund kann also trotzdem an der Krankheit erkranken. Dennoch wird es gerne als „Impfung" verkauft, was irreführend ist. Oder es sind Impfstoffe, deren Wirkung oder Nebenwirkungen höchst umstritten sind, da die Kontrollen der Impfstoffe in der Veterinärmedizin nicht so streng sind wie die in der Humanmedizin.

Trotz allem sollte man nicht vergessen, dass es einfach sehr viele Krankheiten für den Hund gibt, die durchaus heftige Verläufe haben können und die im schlimmsten Fall nach einem langen Leidensweg auch tödlich für den Vierbeiner enden können. Dazu zählen unter anderem Parvovirose, Staupe, Tollwut und unter Umständen Hepatitis. So sollte man wissen, dass ein Hund, der keinen aktuellen Impfschutz gegen Tollwut hat und bei dem der Verdacht besteht, dass er Kontakt zu einem tollwutinfizierten Tier hatte, aus Sicherheitsgründen eingeschläfert werden muss. Impfungen sind grundsätzlich wichtig zum Schutz vor Krankheiten. Übrigens, auch wenn in Deutschland die Tollwut nur noch sehr selten vorkommt, so kommen aktuell wieder viele Hunde aus dem Ausland zu uns, die diese Krankheiten mitbringen können. Auch kann der Hund sich durch Kontakt mit Wildtieren infizieren. Letztendlich sollte man bedenken, dass man mit einem kranken Hund auch alle anderen Hunde gefährdet. Übrigens muss ein erkrankter Hund nicht immer Symptome haben. Ein ungeimpfter Hund kann immer Überträger sein, auch, wenn er äußerlich gesund wirkt.

Gibt es Alternativen?

Einige Tierärzte bieten an, statt regelmäßiger Impfungen eine Titerbestimmung durchzuführen. Eine Titerbestimmung ist ein Bluttest, mit dem der Gehalt an Antikörpern gegen bestimmte Krankheiten im Körper gemessen wird. Sie zeigt also an, ob der Hund noch ausreichend Schutz durch eine Impfung hat oder ob eine Auffrischung notwendig ist. Konsultieren Sie am besten Ihren Tierarzt, um sich beraten zu lassen. Beachten Sie, dass für Reisen ins Ausland die spezifischen Einreisebestimmungen beachtet werden müssen, die im Voraus überprüft werden sollten. Eine Titerbestimmung reicht nicht als Nachweis für eine Reise ins Ausland aus.

Fazit

Informieren Sie sich über das Thema Impfen. Gehen Sie nicht sorglos mit dem Thema um, glauben aber bitte auch nicht jedes Gruselmärchen, was man erzählt. Die Wahrheit liegt meist in der Mitte und ja, Fakt ist, Tierärzte verdienen an den Impfungen Geld. Manche Impfungen sind fragwürdig und auch Impfungen können unter bestimmten Umständen Nebenwirkungen haben. Aber Fakt ist auch, dass Impfungen Leben retten und dass viele Tierärzte schon eine Menge Hunde an sehr schlimmen Krankheiten, die durch Impfungen wahrscheinlich hätten verhindert werden können, haben sterben sehen. Bilden Sie sich Ihre eigene Meinung und tun Sie das, was Sie vertreten können. Lassen Sie sich von guten Fachleuten beraten und hören Sie sich deren Argumente an.

Wurmbefall beim Hund

Was sind Würmer?

Würmer sind Parasiten, die Hunde auf verschiedene Arten infizieren können. Sie durchlaufen verschiedene Entwicklungsstadien im Hundekörper, von Eiern bis hin zu ausgewachsenen Würmern, die wiederum Eier legen können. Würmer ernähren sich von einem Wirt, der normalerweise ein artfremder Organismus ist, wie in diesem Fall der Hund, der den Parasiten mit Nährstoffen versorgt. Zum Nachteil des Hundes. Der Hund kann sich mit Würmern infizieren, indem er beispielsweise Wurmeier oder Larven aufnehmt, die im Kot anderer Tiere sind oder mit Würmern infizierten Beutetiere wie Nagetiere, Vögel oder Insekten frisst. Welpen können sich auch über die Muttermilch infizieren, wenn die Mutterhündin bereits Würmer hat. Es gibt viele Arten von Würmern, die Hunde befallen können, darunter Spulwürmer, Hakenwürmer, Bandwürmer oder Herzwürmer. Wie hoch das Risiko für einen Hund ist, Würmer zu bekommen, hängt von verschiedenen Faktoren ab, wie den Haltungsbedingungen, Ernährung, dem Alter und der Stärke des Immunsystems.

Symptome

Ein Wurmbefall kann durchaus, vor allem in der Anfangszeit, symptomlos verlaufen. Meist zeigt sich dann mit der Zeit ein starker und ernstzunehmender Mangel an Nährstoffen, Durchfall, Erbrechen, Verstopfung, Juckreiz um den Anus („Schlittenfahren"), Appetit- und Gewichtsverlust bis hin zu einem – bei sehr massivem Befall – aufgeblähten „Wurmbauch". Auch ein akuter Wurmbefall kann sehr gut behandelt werden, wenn er festgestellt wird. Wird der Befall allerdings sehr lange ignoriert und nicht rechtzeitig behandelt, kann dieser Zustand vor allem für Welpen, aber auch für ältere Tiere auch lebensbedrohlich werden, weshalb es wichtig ist, sich mit diesem Thema auseinanderzusetzen. Vor allem für Welpen kann ein Wurmbefall sehr gefährlich sein, da ihr Immunsystem noch nicht vollständig ausgereift ist, wodurch sie anfälliger für die schädlichen Auswirkungen von Würmern sind. Daher werden Welpen von Züchtern bereits in den ersten Lebenswochen entwurmt.

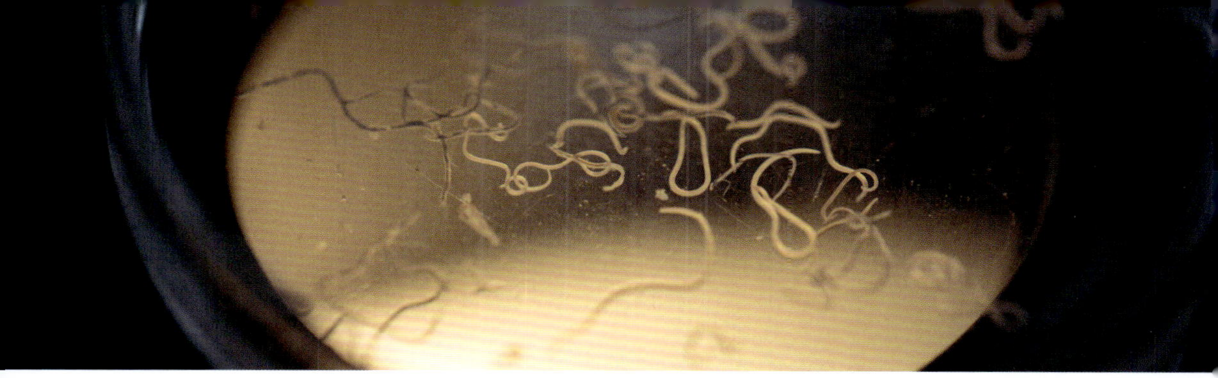

Behandlung

Für eine effektive Behandlung eines Wurmbefalles bekommt man beim Tierarzt eine Wurmkur, welche die vorhandenen Würmer abtötet.

Regelmäßige pauschale Wurmkuren?

Viele Tierärzte empfehlen eine regelmäßige Entwurmung, manche sogar alle drei Wochen. Diese regelmäßige Gabe der Wurmkur wird allerdings häufig von vielen auch kritisch gesehen. Aber warum? Und was ist denn jetzt richtig? Als erstes muss man verstehen, dass eine Wurm-"kur" leicht missverstanden werden kann. Denn es handelt sich hierbei nicht um eine Kur im herkömmlichen Sinne – also eine Maßnahme zur Stärkung der Gesundheit – und auch nicht um eine Prophylaxe, also eine Maßnahme, die darauf abzielt, Krankheiten oder gesundheitliche Probleme zu verhindern, bevor sie entstehen – also den Hund in Zukunft vor Würmern zu schützen.

Bei einer Wurmkur handelt es sich um ein neurotoxisches Mittel, welches im Körper vorhandene Würmer abtöten und somit einen akuten Befall behandeln soll. Und zwar immer nur den Befall, der zum Zeitpunkt der Einnahme vorhanden ist. Das bedeutet, dass eine Wurmkur nicht zur Vorsorge gegeben werden kann. Sie entfernt immer nur, was sich im Moment im Körper befindet. Viele Wurmkurgegner argumentieren, dass diese „Chemiekeule", die durch die Wurmkur vom Hund aufgenommen wird, Organe wie Darm, Nieren oder Leber belastet und das eher kontraproduktiv für die Gesundheit des Hundes sei. Es ist eben immer noch ein Medikament, das durchaus Nebenwirkungen haben kann. Sie sagen, dass vor allem der Darm für ein starkes Immunsystem wichtig sei und dass man ihn nicht unnötig mit Chemie belasten sollte. Schon gar nicht so regelmäßig. Eine Alternative könnte sein, Kotproben von mehreren Tagen beim Tierarzt abzugeben, um zu prüfen, ob der Hund überhaupt Würmer hat, die bekämpft werden müssten. Das soll unnötige Behandlung mit einer Wurmkur verhindern. Eine 100%ige Garantie können diese Tests allerdings nicht geben, da zwar der größte Teil, aber nicht alle Arten von Würmern oder Eier nachgewiesen werden können. Empfehlenswerten ist immer eine Unterstützung der Darmflora mit natürlichen Mitteln.

Ein gesunder Hund kann in guter Haltung ein Leben lang auch ohne Wurmkur weitgehend wurmfrei bleiben und leben kann. In Haushalten mit Kleinkindern sollte man allerdings wissen, dass auch in der symptomlosen Zeit Übertragungen von Hund auf Mensch stattfinden können, die dann gesundheitliche Schäden anrichten können. Daher raten viele Tierärzte vor allem bei Haushalten mit Kleinkindern zu einer regelmäßigen Entwurmung mit herkömmlichen Mitteln.

Das richtige Futter finden

Die Ernährung spielt eine entscheidende Rolle in der Gesundheit und im Verhalten von Hunden. Die Auswahl an Hundefutter ist überwältigend, und es ist wichtig, die individuellen Bedürfnisse Ihres Hundes zu berücksichtigen und gegebenenfalls mit einem Tierarzt oder einem Ernährungsberater für Haustiere zu konsultieren, um die beste Fütterungsmethode und die geeigneten Futteroptionen zu bestimmen.

Wie wichtig ist das richtige Futter?

Genau wie bei uns Menschen hat die Ernährung einen erheblichen Einfluss auf die Gesundheit, das Verhalten und das Wohlbefinden von unseren Hunden. Daher sollte man die Bedeutung einer hochwertigen Ernährung für seinen Hund ernstnehmen und sich vorher mit dem Thema auseinandersetzen. Denn die richtige Ernährung ist die beste Gesundheitsvorsorge, die man machen kann und hier sollte auf keinen Fall gespart werden!

Die Wahl des richtigen Hundefutters kann allerdings bei manchen Menschen fast schon religiöse Züge annehmen. Man bekommt dann das Gefühl vermittelt, ein Tierquäler zu sein, wenn man sich nicht jeden Tag mindestens eine halbe Stunde in die Küche stellt.

Man sollte sich beim Futter also auf jeden Fall Gedanken machen und nicht naiv sein, sollte aber auch die „Kirche im Dorf" lassen. Der Hund ist ein Allesfresser, das heißt, er ist kein Gourmet, aber eben auch kein Müllschlucker – für beides gibt es natürlich Ausnahmen.

FERTIGES ALLEINFUTTER

Trocken- und Nassfutter

Trockenfutter ist beliebt aufgrund seiner Haltbarkeit und Bequemlichkeit. Je nach Größe hat der Hund auch etwas zum Kauen und man kann es auch evtl. als Leckerlis nutzen. Dazu kann es preisgünstiger sein als Nassfutter. Bei der Auswahl sollten man, wie bei jedem anderen Futter auch, auf hochwertige Zutaten achten.

Nassfutter hingegen enthält mehr Feuchtigkeit und kann daher eine gute Option für Hunde sein, die nicht genug trinken. Es ist oft geschmacksintensiver und kann daher wählerische Esser ansprechen. Die Fütterung von Trocken- und Dosenfutter ist sehr einfach, weshalb sie auch von vielen Hundebesitzern bevorzugt wird. Das Futter ist einfach zu dosieren und auch leicht in den Urlaub mitzunehmen. Im besten Fall hat der Hund in einer Tüte alles, was er braucht und es muss nichts zugefüttert werden.

Fertigfutter muss durch verschiedene Verfahren haltbar gemacht werden. So kann es sein, dass man in vielen Trockenfuttern am Einsatz von Konservierungsstoffen nicht drumherumkommt. Manche Hunde haben allerdings Probleme damit. Wer darauf verzichten möchte, sollte sich ein Trockenfutter ohne Konservierungsstoffe suchen oder auf eine andere Fütterungsmethode zurückgreifen. Dosenfutter beispielsweise erreicht seine Haltbarkeit überwiegend durch starkes Erhitzen. Leider können aber auch so Nährstoffe verlorengehen. Hier kann man auch kalt gepresstes Futter bekommen, was wiederum die Nährstoffe schont.

Viele Trockenfutter können durch ihre Machart im Magen des Hundes aufquellen und somit dem Hund nicht nur Wasser entziehen, sondern auch den Magen aufblähen. Das lässt sich durch vorheriges Einweichen des Futters oder durch spezielle Trockenfutter, die nicht aufquellen, verhindern. Das ist übrigens auch der Grund, warum Hunde, die Trockenfutter bekommen, mehr trinken.

Aber Achtung! Es gilt wie fast immer – lassen Sie sich nicht von den schönen Bildern glücklicher Hunde auf der Vorderseite der Verpackung blenden. Die riesige Auswahl von Futtermitteln kann einen im ersten Moment schon erschlagen. Um ein gutes Futter für seinen Hund zu finden, sollte man sich als allererstes einmal anschauen, was im Kleingedruckten, meist auf der Rückseite, der Verpackung steht.

Wer sich ein fertiges Hundefutter kauft, sollte sich folgende Dinge auf einer Verpackung anschauen:

Zusammensetzung

Die Zusammensetzung listet die Hauptbestandteile (normalerweise in absteigender Reihenfolge nach Gewicht) des Futters auf. Dies gibt Ihnen einen Einblick, welche Zutaten den größten Anteil im Futter ausmachen. Achten Sie darauf, dass hochwertige Proteinquellen wie Fleisch oder Fisch an erster Stelle stehen.

Analytische Bestandteile

Diese Angaben zeigen die Durchschnittswerte bestimmter Nährstoffe im Futter. Typische analytische Bestandteile umfassen Protein, Fett, Rohfaser und Feuchtigkeit. Es ist wichtig sicherzustellen, dass die Werte den Bedürfnissen Ihres Hundes entsprechen und dass sie ausgewogen sind. Hierbei kann Ihnen beispielsweise ein Hundeernährungsberater weiterhelfen.

Zusatzstoffe

Hier werden alle Stoffe aufgeführt, die dem Futter zugesetzt wurden, einschließlich Vitamine, Mineralien, Konservierungsstoffe und Farbstoffe. Achten Sie darauf, dass keine unnötigen oder potenziell schädlichen Zusatzstoffe enthalten sind, wie zum Beispiel künstliche Lock- und Geschmacksstoffe und vor allem kein Zucker, auch nicht in Form von Melasse, Maltodextrin, Inulin oder was auch immer.

4. Feuchtigkeitsgehalt

Der Feuchtigkeitsgehalt gibt den prozentualen Anteil an Wasser im Futter an. Trockenfutter hat in der Regel einen niedrigeren Feuchtigkeitsgehalt als Nassfutter. Es ist wichtig, den Feuchtigkeitsgehalt zu berücksichtigen, vor allem bei Dosenfutter wird hier gerne getrickst. Durch das Lesen und Verstehen dieser Angaben können Sie gute Entscheidungen über das Futter Ihres Hundes treffen und sicherstellen, dass es seinen Ernährungsbedürfnissen gerecht wird. Damit Sie im Detail wissen, worauf Sie achten müssen, helfe ich Ihnen zu verstehen, was genau auf der Verpackung steht.

Was ist da eigentlich drin?

Wenn man sich die Zusammensetzung eines Futters anschaut, sind die Inhaltsstoffe immer nach der enthaltenen Menge sortiert. Also was zuerst genannt wird, ist auch am meisten drin. Ein gutes Trockenfutter hat im Idealfall einen hohen Fleischgehalt, gute Zutaten und eine hochwertige Kohlehydratquelle.

Aber Achtung! Futtermittelhersteller sind Geschäftsleute. Es gibt Wege, bei der Deklarierung in die Irre zu führen. Um Geld zu sparen, befinden sich in minderwertigem Fertigfutter für den Hund oft Produkte, die das Futter strecken. So befinden sich im Trockenfutter oft als Füllstoffe verschiedene Pflanzenreste oder billiges Getreide. Damit das aber nicht gleich auffällt, werden diese Stoffe unterteilt. So kann zum Beispiel Mais den Hauptbestandteil des Futters ausmachen, muss aber nicht am Anfang stehen, wenn man es als Maisfuttermehl, Maiskleberfutter, Maisgrütze und Maisstärke unterteilt. Auch steht vorne gerne ein sehr hoher Fleischgehalt drauf, was sich bei genauerem Hinsehen dann als geschummelt erweist. Schauen Sie also genau hin, lesen Sie sich die Zusammensetzung durch und vertrauen Sie auf keinem Fall alleine dem Verpackungsdesign.

Ungenaue Angaben

Auf einem guten, hochwertigen Futter werden genaue Angaben dazu gemacht, was und wie viel davon im Futter enthalten ist. Möchte ein Futtermittelhersteller die Inhalte nicht genau deklarieren, glauben Sie mir bitte, dann möchten Sie das auch nicht wissen! Statt zum Beispiel Rindfleisch könnte nur „Fleisch und tierische Nebenprodukte" draufstehen. Oder es wird einfach nur „Rind" draufgeschrieben. Dann wissen Sie aber immer noch nicht, was genau vom Rind?

Fazit – Worauf sollten Sie bei der Zusammensetzung achten?

1. Spezifische Quellen: Statt allgemeiner Begriffe wie „Fleisch" oder „tierische Nebenprodukte" sollten die spezifischen Quellen angegeben werden. Zum Beispiel sollte es statt „Fleisch" lieber „Rindfleisch" oder „Hühnerfleisch" heißen. Es sollte also genau angegeben werden, von welchem Tier und auch welche Teile von diesem Tier.

2. Angaben in Prozent: Eine genaue Angabe der Inhaltsstoffe in Prozent ist hilfreich, um zu verstehen, wie viel von jedem Bestandteil im Futter enthalten ist. Dadurch können Hundebesitzer besser einschätzen, wie ausgewogen das Futter ist.

3. Vermeidung vager Begriffe: Allgemeine Begriffe wie „tierische Nebenprodukte" oder „pflanzliche Nebenprodukte" sollten vermieden werden, da sie keine klare Vorstellung davon vermitteln, was tatsächlich enthalten ist.

4. Keine versteckten Inhaltsstoffe: Es sollten keine versteckten oder unklaren Inhaltsstoffe aufgeführt sein. Wenn ein Hersteller nicht bereit ist, genaue Informationen über die Inhaltsstoffe seines Futters preiszugeben, ist das ein Grund zur Besorgnis.

5. Natürliche Zusätze: Hochwertige Futtermittel enthalten keine unnötigen Zusatzstoffe wie Farb- und Aromastoffe. Achten Sie darauf, dass das Futter frei von künstlichen Zusatzstoffen ist.

Zusammensetzung

Fleisch

Fleisch sollte Hauptbestandteil eines guten Futters sein, nicht Getreide! Fleisch sollte je nach Hund und Alter 50–70 % des Futters ausmachen. Gerne wird Fleisch auch mit Innereien ersetzt. Das ist nicht grundsätzlich schlecht, sollte aber das Fleisch nicht komplett ersetzen. Auch hier gilt es genau zu lesen, was enthalten ist. Fleisch ist das teuerste und hochwertigste am Tier und wird daher in der Futtermittelherstellung meist reduziert.

Damit das Fleisch in einem Trockenfutter verarbeitet werden kann, muss es – wer hätte das gedacht – getrocknet werden. Das bedeutet, dass ihm Wasser entzogen wird. Fleisch darf vom Hersteller für die Mengenangabe auf der Verpackung aber auch vor dem Trocknen gewogen werden (deklariert als Frischfleisch). Das führt dann allerdings dazu, dass der Anteil des Fleisches in der Zusammensetzung sehr viel höher ausfällt, als wenn das Fleisch im getrockneten Zustand oder als Mehl verarbeitet angeben wird. Auch hier kann also geschummelt werden.

Außerdem sollten Sie bei den Zutaten im Kopf haben, dass Leber und Niere Reinigungsorgane des Körpers sind. Antibiotika, Gifte und andere Medikamente werden genau von diesen Organen ausgefiltert und sollte daher, wenn möglich, in Bioqualität oder nur reduziert gefüttert werden.

Tierische Nebenerzeugnisse

Bei tierischen Nebenerzeugnissen handelt es sich meist um Schlachtabfälle, die nicht für den menschlichen Verzehr geeignet sind. Darunter fallen Fleischreste, Hufe, Ohren, Federn, Fell, Füße usw. Hier ist entscheidend, um welche Nebenprodukte es sich handelt und wie viel Prozent vom Futter sie ausmachen. An sich sind tierische Nebenprodukte nichts Schlimmes. Mehrheitlich werden Ohren, Hufe, Füße, Fell und Co. im Zoofachhandel als Knabberei angeboten und von den Hunden gerne genommen. Allerdings sollten Nebenprodukte nicht die Hauptquelle tierischen Eiweißes in der Ernährung des Hundes ausmachen.

Pflanzliche Nebenerzeugnisse

Pflanzliche Nebenprodukte werden häufig als Füllstoffe in minderwertigen Hundefuttern verwendet, da sie im Vergleich zu hochwertigen Zutaten wie Fleisch oder Gemüse weniger nahrhaft sind. Diese Nebenprodukte können verschiedene Abfallprodukte aus der Lebensmittelproduktion umfassen, wie beispielsweise Schalen, Stroh, Zellulose, Wurzeln und Pressrückstände aus der Ölgewinnung. Die Verwendung von pflanzlichen Nebenprodukten als Hauptbestandteil im Hundefutter kann zu Verdauungsproblemen führen und dazu beitragen, dass der Hund nicht die erforderlichen Nährstoffe erhält. Daher ist es wichtig, hochwertige Futtermittel zu wählen, die klare und spezifische Angaben zu den enthaltenen Zutaten machen und möglichst wenige oder gar keine pflanzlichen Nebenprodukte enthalten. Es gibt aber auch pflanzliche Nebenerzeugnisse, die gezielt eingesetzt sehr hilfreich sein können. Zellulose ist ein Pflanzenfaserstoff (eine Rohfaser), die weder einen Nährwert noch Kalorien besitzt. Vor allem bei Diätfuttermitteln wird Zellulose gerne eingesetzt, da der Hund trotz weniger Futter mehr Sättigungsgefühl hat. Für Hunde, die eh wenig Sättigungsgefühl und immer Hunger haben, kann es daher auch hilfreich sein.

Getreide

Getreide ist eine häufig verwendete Zutat in Hundefutter und wird in vielen kommerziellen Futtersorten gefunden. Es wird oft als Kohlenhydratquelle verwendet und kann verschiedene Getreidesorten wie Weizen, Mais, Reis, Gerste, Hafer und Hirse umfassen. Diese Getreidesorten werden entweder als ganze Körner oder in Form von Mahl- und Mehlprodukten in Hundefutter verarbeitet. Getreide kann eine wichtige Energiequelle für Hunde sein, da es Kohlenhydrate liefert, die für die Energiebereitstellung benötigt werden.

Darüber hinaus können bestimmte Getreidesorten Ballaststoffe, Proteine, Vitamine und Mineralien enthalten, die zur Gesundheit und zum Wohlbefinden des Hundes beitragen können. Allerdings gibt es auch Hunde, die empfindlich auf Getreide reagieren können. Bei einigen Hunden können Getreideallergien oder Unverträglichkeiten auftreten, die sich in Symptomen wie Hautausschlägen, Juckreiz, Magen-Darm-Problemen oder anderen allergischen Reaktionen äußern können. In solchen Fällen kann es ratsam sein, auf getreidefreies Hundefutter umzusteigen, das alternative Kohlenhydratquellen wie Kartoffeln, Süßkartoffeln oder Erbsen verwendet. Es ist wichtig zu beachten, dass die Qualität und Verarbeitung des Getreides im Hundefutter von Bedeutung sind. Hochwertige Futtersorten enthalten oft vollwertige Getreide, die gut verdaulich sind und eine ausgewogene Ernährung bieten. Es ist ratsam, die Inhalts-

stoffe des Hundefutters sorgfältig zu überprüfen und gegebenenfalls mit einem Tierarzt zu besprechen, um sicherzustellen, dass die Ernährungsbedürfnisse des Hundes erfüllt werden.

Zucker

Zucker gehört weder ins Hundefutter noch in Leckerlis. Insbesondere in minderwertigen Produkten werden verschiedene Zucker oft als Füllstoffe und Lockstoffe verwendet. Zucker kann zu einer Vielzahl von Gesundheitsproblemen führen, einschließlich Übergewicht, Diabetes, Zahnproblemen und Verdauungsstörungen.

Rübentrockenschnitzel kann man auch oft auf Hundefutterverpackungen lesen. Diese werden aus Zuckerrüben hergestellt und können als Ballaststoffe dienen, die die Verdauung regulieren können. Allerdings ist es wichtig zu beachten, dass sie auch Zucker enthalten, was nicht ideal ist, insbesondere in großen Mengen. Es ist daher entscheidend, auf die Menge und Qualität der Zutaten zu achten, wenn es um Produkte mit Rübentrockenschnitzel oder anderen ballaststoffreichen Zutaten geht. Hochwertige Hundefutterhersteller verwenden möglicherweise Rübentrockenschnitzel in begrenzten Mengen, um die Verdauung zu unterstützen, ohne zu viel Zucker hinzuzufügen. Es ist jedoch ratsam, die Zutatenliste sorgfältig zu überprüfen und Produkte zu wählen, die keinen unnötigen Zucker enthalten.

Analytische Bestandteile

Jeder Futtermittelhersteller muss neben der Zusammensetzung auch die analytischen Bestandteile angeben. Diese Werte sagen nichts über die Qualität eines Futters aus. Wissen, was sie bedeuten, sollte man dennoch.

Ein Futtermittelhersteller kann analysieren lassen, welche Mineralien und Nährstoffe sein Futter hat. Da dies aber teuer ist, machen es die wenigsten. Hat ein Hersteller einen Wert analysieren lassen, sind diese bei den analytischen Bestandteilen mit aufgelistet. Oft findet man auf der Verpackung aber nur die künstlich zugesetzten Mineralien und Nährstoffe. Diese sind dann unter den Zusatzstoffen aufgezählt.

Rohprotein

Proteine, oder auch Eiweiße, bestehen aus Aminosäuren und sind Baustoffe für die Zellen und das Gewebe. Man, beziehungsweise der

Hund, benötigt es für den Muskelaufbau, die Energie und viele weitere Funktionen des Körpers. Daher ist es wichtig, hochwertige Eiweiße über die Nahrung aufzunehmen. Wie viel Protein ein Hund benötigt, hängt immer von seinem Alter und der körperlichen Belastung ab. Je mehr ein Hund körperlich beansprucht wird, desto höher ist sein Proteinbedarf. Auch Welpen brauchen für ein gesundes Wachstum hochwertige Proteine. Diese können sich qualitativ nämlich extrem unterscheiden, denn je nachdem, ob das Eiweiß aus Muskelfleisch, aus Bindegewebe, aus Hufen, Federn und Haaren oder gar aus pflanzlichen Stoffen gewonnen wird, kann es ganz unterschiedlich vom Hund verdaut und verwertet werden. Ein zu hoher Gehalt an minderwertigem Eiweiß kann Leber- und Nierenwerte beeinträchtigen, Übelkeit, Blähungen, Erbrechen und Durchfall verursachen oder Auswirkungen auf Fell und Haut haben. Auch steht ein zu hoher minderwertiger Proteingehalt während der Welpenzeit in Verdacht, zu schnelles und damit ungesundes Wachstum zu fördern und daraus resultierende Gelenk- und Muskelprobleme mit sich zu bringen.

Der Rohproteingehalt im Fertighundefutter sagt **nichts** über die Fleischmenge oder die Fleischqualität im Futter aus und schon gar nicht, aus welcher Quelle das Protein stammt. Ein Protein kann, wie gesagt, sowohl aus tierischen als auch aus pflanzlichen oder anderweitigen Quellen gewonnen werden. So hat ein Futter mit viel Pflanzenanteil nicht selten einen sehr hohen Rohproteingehalt. Dosenfutter, trotz des hohen Fleischgehaltes, einen geringeren.

Empfohlener Richtwert:
Mindestens 18 % (üblich sind 20–26 %)

Rohfett

Der Rohfettgehalt gibt lediglich an, wie viel Fett insgesamt im Futter enthalten ist, sagt jedoch nichts über die Qualität oder Herkunft des Fetts aus. Das Fett kann sowohl tierischen als auch pflanzlichen Ursprungs sein, und seine Qualität kann stark variieren. Hochwertige Hundefutter enthalten in der Regel tierische Fette, die eine gute Quelle für essenzielle Fettsäuren wie Omega-3 und Omega-6 sind. Diese Fettsäuren sind wichtig für die Gesundheit der Haut und des Fells, die Funktion des Immunsystems und die allgemeine Gesundheit des Hundes. Es ist ratsam, nach Futtermitteln zu suchen, die klare Angaben zur Herkunft und Qualität der enthaltenen Fette machen. Natürliche tierische Fette wie Hühnerfett oder Lachsöl sind oft bevorzugt, während minderwertige pflanzliche Fette vermieden werden sollten.

Eine genaue Deklaration und Transparenz seitens des Herstellers sind entscheidend, um die Qualität des Futters zu beurteilen.

Empfohlener Richtwert:
Mindestens 5 % (üblich sind 6–17 %)

Rohaschegehalt

Der Rohaschegehalt gibt an, wie viel Mineralien und unverdauliche Rückstände im Futter enthalten sind. Dieser Wert wird durch Verbrennen des Futters bei hoher Temperatur ermittelt, wobei alle organischen Bestandteile verbrannt werden und nur die anorganischen Mineralien übrig bleiben. Ein hoher Rohaschegehalt deutet darauf hin, dass das Futter viele unverdauliche Bestandteile enthält, was für die Verdauung des Hundes nicht ideal ist. Hunde, die Futter mit einem hohen Rohaschegehalt erhalten, müssen oft große

Mengen Kot ausscheiden, da ein Großteil des Futters nicht verwertet werden kann.

Es ist wichtig, auf einen angemessenen Rohaschegehalt zu achten und sicherzustellen, dass die Mineralien aus hochwertigen Quellen stammen. Ein übermäßig hoher Rohaschegehalt kann auf minderwertige Zutaten oder eine unzureichende Verarbeitung des Futters hinweisen, was langfristig die Gesundheit und das Wohlbefinden des Hundes beeinträchtigen kann.

Empfohlener Richtwert:
Unter 10 % (üblich sind 4.7–8.7 %)

Rohfasern

Rohfaser ist ein wichtiger Bestandteil in der Ernährung von Hunden, da sie dazu beiträgt, die Verdauung zu regulieren und die Kotkonsistenz zu verbessern. Rohfasern sind unverdauliche Pflanzenbestandteile, die eine wichtige Rolle bei der Förderung einer gesunden Darmfunktion spielen. Ein angemessener Gehalt an Rohfaser in Trockenfutter liegt normalerweise zwischen 2 und 3,5 %. Diese Menge ist ausreichend, um die Verdauung zu unterstützen, ohne dass es zu Verdauungsproblemen kommt. Es ist wichtig zu beachten, dass Rohfaser nicht mit Ballaststoffen verwechselt werden sollte. Insgesamt sind Ballaststoffe ein Überbegriff, der verschiedene Arten von unverdaulichen Fasern umfasst, einschließlich derjenigen, die als Rohfasern bezeichnet werden. Ballaststoffe spielen eine wichtige Rolle bei der Förderung der Verdauungsgesundheit und haben viele gesundheitliche Vorteile, während Rohfasern ein spezifischerer Begriff sind, der sich auf die unverdaulichen Fasern in pflanzlichen Lebensmitteln bezieht.

Empfohlener Richtwert:
Mindestens 1 % (üblich sind 2–4.5 %)

Zusatzstoffe

Zusatzstoffe im Hundefutter sind spezielle Mineralien, Vitamine oder andere Nährstoffe, die dem Futter künstlich zugesetzt werden, um sicherzustellen, dass es alle erforderlichen Nährstoffe enthält, die für die Gesundheit und das Wohlbefinden Ihres Hundes wichtig sind. Diese Zusatzstoffe können beispielsweise Vitamin A, Vitamin D, Vitamin E, Calcium, Phosphor, Zink und andere sein.

Obwohl die Zusatzstoffe wichtige Nährstoffe liefern können, ist es dennoch entscheidend, dass das Futter auch eine ausgewogene Mischung natürlicher Inhaltsstoffe enthält, um eine optimale Ernährung zu gewährleisten. Es ist wichtig, die Analyse der Nährstoffe des gesamten Futters zu berücksichtigen, um sicherzustellen, dass Ihr Hund alle benötigten Nährstoffe erhält. Eine ausgewogene Ernährung ist entscheidend für die Gesundheit und das Wohlbefinden Ihres Hundes. Wenn Sie unsicher sind, ob das von Ihnen gewählte Futter alle notwendigen Nährstoffe enthält, ist es ratsam, mit einem Tierarzt oder Ernährungsberater für Haustiere zu sprechen, um sicherzustellen, dass Ihr Hund die bestmögliche Ernährung erhält.

Feuchtigkeitsgehalt / Wasseranteil

Nicht jedes Futter hat eine Angabe über den Feuchtigkeitsgehalt, da dieser erst ab 14 % angegeben werden muss. Der Feuchtigkeitsgehalt sagt aus, wie viel Wasseranteil im Hundefutter ist.

B.A.R.F. (BIOLOGISCH ARTGERECHTE ROHFÜTTERUNG)

Einige Hundebesitzer entscheiden sich auch dafür, das Futter ihres Hundes selbst zuzubereiten. Diese Fütterungsmethode bezeichnet man als Barfen.

Beim Barfen werden rohes Fleisch, Knochen, Innereien und gelegentlich auch pflanzliche Bestandteile wie Gemüse und Obst gefüttert, um eine Ernährung zu imitieren, die dem natürlichen Verhalten von Hunden näherkommt. Diese Fütterungsform orientiert sich am ursprünglichen Ernährungsverhalten des Wolfs, der in der Natur ganze Beutetiere frisst und dadurch einen Großteil seines Nährstoffbedarfs deckt. Der Verdauungsapparat eines domestizierten Haushundes hat sich allerdings im Laufe der Evolution angepasst, um eine breitere Palette von Nahrungsmitteln zu verdauen. Im Gegensatz zum Wolf ist der Haushund in der Lage, Kohlenhydrate zu verdauen, was ihn zu einem Allesfresser (Omnivore) macht, im Gegensatz zum reinen Fleischfresser (Karnivore) Wolf.

Barfen ist allerdings keine reine Rohfleischfütterung, sondern einfach generell die Fütterung von „Rohkost" – also Gemüse, Obst, Ei, Salat, Öl, Kohlehydrate und natürlich Fleisch. Meist werden Mineralien in natürlicher Form, in der Regel in Form von Pulver, ergänzt. Eine reine Fleischfütterung würde zu einer starken Mangelernährung und einer Belastung der Organe führen. Es könnte sogar zu hormonbedingten Verhaltensänderungen kommen. Daher ist es wichtig, beim Barfen sicherzustellen, dass der Hund alle benötigten Nährstoffe erhält, einschließlich Proteine, Fette, Kohlenhydrate, Vitamine und Mineralien, um eine ausgewogene Ernährung zu gewährleisten. Dies kann durch eine sorgfältige Planung und Auswahl verschiedener Nahrungsmittel erreicht werden, die den individuellen Bedürfnissen des Hundes entsprechen. Es ist auch ratsam, einen Tierarzt oder Ernährungsberater für Haustiere zu konsultieren, um einen Ernährungsplan zu erstellen und somit sicherzugehen, dass die Ernährung des Hundes ausgewogen und gesund ist. Aber keine Angst, dies klingt nach mehr Aufwand als es ist. Ist der Plan einmal erstellt, kommt schnell die Routine in die Fütterung.

Vorteile des Barfens

Transparenz und individuelle Futtergestaltung: Barfen ermöglicht es, genau zu wissen, welche Zutaten im Futter enthalten sind und eröffnet die Möglichkeit, die Ernährung individuell anzupassen, um den Bedürfnissen Ihres Hundes gerecht zu werden.

Verzicht auf Konservierungsstoffe:
Da beim Barfen in der Regel frische und rohe Zutaten verwendet werden, sind keine künstlichen Konservierungsstoffe erforderlich.

Verbesserte Mundhygiene:
Einige Hundebesitzer berichten, dass ihre Hunde durch Barfen weniger Zahnstein und Mundgeruch haben, da das Kauen von rohen Knochen die Zähne auf natürliche Weise reinigt.

Stärkeres Immunsystem:
Eine ausgewogene, natürliche Ernährung kann das Immunsystem stärken und die Widerstandsfähigkeit gegen Krankheiten verbessern.

Verbesserte Verdauung und Kotqualität:
Einige Hundebesitzer bemerken, dass ihre Hunde beim Barfen kleinere Kotmengen ausscheiden und dass die Verdauung insgesamt besser ist.

Verbesserte Muskel- und Gelenkgesundheit:
Durch die Bereitstellung von natürlichen Nahrungsmitteln mit hohem Proteingehalt und wichtigen Nährstoffen können Barfende berichten, dass ihre Hunde eine verbesserte Muskel- und Gelenkgesundheit haben.

Schöneres Fell:
Eine ausgewogene Ernährung kann dazu beitragen, dass das Fell gesund, glänzend und weniger anfällig für Hautprobleme ist.

Mehr Freude am Fressen:
Die Vielfalt an rohen Zutaten und die Abwechslung in der Ernährung können für Hunde ansprechend sein und ihnen mehr Freude am Fressen bereiten.

Es ist wichtig zu beachten, dass die Vorteile des Barfens je nach individuellem Hund variieren können. So gibt es auch Hunde, die BARF nicht mögen oder es aufgrund ihrer Futterprägung nicht vertragen. Eine sorgfältige Planung und Beratung durch einen Tierarzt oder Ernährungsberater für Hunde sollte gemacht werden, um auch sicherzustellen, dass die Ernährung ausgewogen und gesund ist.

Nachteile des Barfens

Das Barfen kann aber auch Nachteile haben. Füttert man zum Beispiel ganze Knochen, besteht – vor allem bei extrem schlingenden Hunden – dann Verletzungsgefahr, wenn der Hund sie nicht richtig zerkaut und in zu großen Stück schluckt. Eine Alternative könnten hier kleingemahlene Knochen sein. Des Weiteren kann es beim Füttern zu großer Mengen Knochen und Knorpel, zu Verstopfung, sogenannten „Knochenkot“, bekommen.

Das Barfen kann für manchen Hundebesitzer auch etwas Überwindung kosten, da es öfters als etwas „unhygienischer“ empfunden wird. Mit rohem Fleisch, Innereien und Pansen zu hantieren, ist für manche eben etwas gewöhnungsbedürftig. Allerdings gibt es auch hier schon klein geschreddertes Fleisch, was optisch fast schon Dosenfutter gleicht. Da BARF in den meisten Fällen tiefgekühlt eingekauft wird, ist es je nach Größe des Hundes erforderlich, die Möglichkeit zu haben, größere Mengen an Fleisch unterzubringen, was oft eine extra Tiefkühltruhe bedeutet.

Bei der Fütterung von Schlund- und Kopffleisch sowie ganzen Hühnerhälsen ist die Einnahme aktiver Schilddrüsenhormone möglich. Hier sollte überlegt werden, ob man sie nicht besser weglässt. Bei reinigenden Organen wie Niere und Leber sollte man überlegen, ob man eher zur Bioware greift, da sich vor allem in ihnen Antibiotika und Medikamentenrückstände schnell ablagern.

Falsches Barfen kann beim Hund (genau wie schlechtes Fertigfutter) über einen längeren Zeitraum schnell zu einer Über- oder Unterversorgung mit Nährstoffen führen, insbesondere, wenn keine richtige Rationsberechnung gemacht wurde! Daher empfiehlt es sich, einen Ernährungsexperten für Hunde zu beauftragen und einen Ernährungsplan erstellen zu lassen, damit man weiß, der Hund bekommt alles, was er braucht. Dafür kann man sich online Beratung suchen oder zu einem Barfladen gehen, dem man vertraut.

Achtung: Auch wenn jährliche Blutbilder beim Tierarzt Auskunft über die Gesundheit des Hundes geben, sind sie nicht geeignet, um zu überprüfen, ob der Hund durchs Futter alle Nährstoffe erhält. Möchte man wissen, ob der eigene Hund alles bekommt, was er braucht, sollte man sich die Ernährung selbst ansehen und den Ernährungsplan überprüfen lassen, da Blutbilder lediglich eine Momentaufnahme darstellen.

Braucht mein Welpe eigentlich spezielles Futter?

Welpen und junge Hunde haben in ihrer Wachstumsphase besondere Nährstoffbedürfnisse, da sich während der ersten Lebensmonate und -jahre ihre Knochen, Muskeln, Organe und das Immunsystem noch entwickeln. Welpenfutter enthält in der Regel bedarfsorientiert einen höheren Anteil an Proteinen, Fett, Kalzium und Phosphor, die alle wichtig für ein gesundes Wachstum sind. Auch Vitamine wie Vitamin D und E sowie Omega-3-Fettsäuren tragen zur Entwicklung des Gehirns und der Augen bei. Welpenfutter ist in der Regel etwas teurer als das Futter für erwachsene Hunde. Wenn Sie sich entscheiden, Ihren Hund zu barfen, sollten Sie auch hier unbedingt bedarfsgerecht füttern und den Futterplan an die Bedürfnisse Ihres Hundes anpassen.

Worauf muss man achten?

Welpenfutter ist oft energiereicher und enthält zusätzliche Wachstumsförderer, die erwachsene Hunde nicht benötigen. Das Protein- und Fettverhältnis sowie die Menge an Kalzium und Phosphor sind so abgestimmt, dass sie das Wachstum unterstützen, ohne die Nieren oder andere Organe zu belasten. Diese Nährstoffe fördern zwar das Wachstum, können jedoch, wenn sie in zu hohen Mengen verabreicht werden, zu einem ungleichmäßigen oder zu schnellen Knochenwachstum führen. Denn ein überfütterter Welpe wird erst einmal nicht dick, sondern groß! Das kann bei großwüchsigen Rassen oft zu Problemen wie Gelenkfehlstellungen, Hüftdysplasie oder Ellenbogenproblemen führen. Daher sollte man vor allem bei großen Rassen darauf achten, welches Futter man füttert und vor allem wie viel und sich gut beraten lassen. Außerdem empfiehlt es sich, den Welpen wöchentlich zu wiegen, um eventuell das Futter anzupassen.

Tipp: Oft orientieren sich Hundehalter an der Futterempfehlung auf der Verpackung, die meist die Menge für das aktuelle Gewicht des Welpen angibt. Dadurch kann es leicht zu Über- oder Unterfütterung kommen: Ein ohnehin schon kräftiger Welpe bekommt oft zu viel Futter, was das Risiko für Gelenkprobleme erhöhen kann, während kleinere, leichtere Welpen nicht genügend Nährstoffe erhalten und in ihrem Wachstum zurückbleiben. Daher ist es sinnvoller, die Futtermenge an der Wachstumskurve (finden Sie online) und am angestrebten Idealgewicht des Welpen auszurichten. Bitte sprechen Sie bei Bedarf auch hier mit Ihrem Tierarzt oder einem Ernährungsberater für Ihren Hund.

Wie lange sollte man Welpenfutter füttern?

Die Dauer, in der Welpenfutter gefüttert wird, hängt von der Größe des Hundes ab und ist sehr individuell. Daher gilt auch hier der Rat, sich vor Ort von einem Ernährungsberater beraten lassen. Es gibt zwar Fütterungsempfehlungen auf den Verpackungen, aber diese sind oft sehr allgemein treffen daher auch nicht auf jeden Hund zu. Sobald der Hund ausgewachsen ist, kann man auf Futter für erwachsene Hunde umstellen, das weniger Kalorien und eine andere Nährstoffverteilung bietet. Bei manchen Hunden empfiehlt sich diese Umstellung aber eventuell auch früher.

Übrigens: Nicht nur als Welpe hat man einen anderen Nährstoffbedarf. Auch als Seniorhund verändert sich der Stoffwechsel und die Verdauung und das Futter sollte dementsprechend überprüft und angepasst werden.

Ernährung und Verhalten

Dass Ernährung wichtig für die Gesundheit ist, ist mittlerweile bekannt. Was viele Hundebesitzer aber oft nicht wissen ist, dass Ernährung durchaus auch Einfluss auf das Verhalten des Hundes haben kann. Um zu verstehen, wie es dazu kommt, folgt nun ein kleiner Ausflug in die Biologie.

Die Sache mit dem Serotonin

Serotonin ist ein Hormon. Genauer – ein Hormon, das im Gehirn entsteht. Man kann sagen, es ist eine „natürliche Droge" für bessere Stimmung. Wenn der Körper Serotonin produziert, macht einen das glücklich und zufrieden, sorgt für ein ausgeglichenes

Verhalten und eine beruhigende Stimmung. Es hemmt die Impulsivität und Aggression. Leidet man unter Serotoninmangel, ist man müde, antriebslos, depressiv, schlecht gelaunt, leidet unter Konzentrationsmangel bis hin zur Hyperaktivität. Außerdem kann es zu unangemessenen aggressiven Reaktionen kommen, zwanghaftes Verhalten begünstigen, Ängstlichkeit fördern oder zu einem erhöhten Stresslevel führen. Serotonin hat bei Stress eine besondere Funktion. Hat man Stress, schüttet der Körper Cortisol (passives Stresshormon) aus. Serotonin ist ein natürlicher Gegenspieler des Cortisols, was bedeutet, dass es hilft das Cortisol einzudämmen und somit weniger gestresst zu reagieren. Leider kann der Körper Serotonin aber nicht selbst herstellen. Um es produzieren zu können, benötigt er bestimmte Bausteine, die über die Nahrung aufgenommen werden müssen. Bekommt der Körper diesen Baustein nicht, kann er auch kein Serotonin produzieren.

Einer dieser Bausteine ist eine Aminosäure, die sich Tryptophan nennt. Aminosäuren sind die kleinsten Bauteile von Eiweiß. Sie ist zum Beispiel in bestimmten Fleischsorten, Milchprodukten und anderen Lebensmitteln enthalten. Jetzt könnte man meinen, dass das Problem damit gelöst wäre und man einfach viel tryptophanhaltiges Fleisch füttern muss. Doch bedauerlicherweise ist das nicht so einfach. Fleisch besteht nämlich nicht nur aus der Aminosäure Tryptophan, sondern auch noch aus vielen anderen Aminosäuren, die alle in Konkurrenz zueinander stehen. Es ist wichtig, die richtige Menge an Tryptophan zu erhalten. Bei all den verschiedenen Aminosäuren ist es schwer, die Voraussetzungen zu schaffen, die erforderlich sind, um die Serotoninproduktion sicherzustellen. Aus diesem Grund kann zu viel Protein beim Hund, aufgrund eines Tryptophanmangels, psychisch krank machen.

Man konnte mittlerweile sogar beobachten, dass ein hoher Proteingehalt eine verstärkte Aggressivität und auch Aktivität bei Hunden verursacht. Hunde, die daher falsch gebarft werden, können sich sowohl sehr schmerzempfindlich zeigen als auch stark reaktiv oder besonders emotional verhalten.

Damit genau das nicht passiert und das Tryptophan dort hingelangt, wo es gebraucht wird, benötigt der Körper zusätzlich ein paar „Helferlein". Zu diesen gehören Magnesium, verschiedene B-Vitaminen und Kohlehydrate. Vor allem Kohlehydrate spielen hier eine wichtige Rolle, denn für für ihre Verdauung schüttet die Bauchspeicheldrüse das Hormon Insulin aus und dieses schickt die anderen, konkurrierenden und bisher „stärkeren" Aminosäuren in die Muskeln. Die Blut-Hirnschranke wird somit frei für das Tryptophan. Sorgt man also für eine Nahrung beim Hund, die viel Tryptophan enthält und dass dieses auch mithilfe von Magnesium, B-Vitamine und hochwertigen Kohlehydraten dort hinkommt, wo es gebraucht wird, kann der Körper es umwandeln und das benötigte Serotonin produzieren. Fehlen diese Grundstoffe, kann der Körper das Hormon nicht produzieren. Man weiß mittlerweile, dass ein erhöhter Stresslevel und die damit verbundene erhöhte Cortisolproduktion dazu führt, dass ein Enzym produziert wird, das wiederum Tryptophan abbaut. Das bedeutet, dass Hunde, die kontinuierlich im Stress sind, sehr wahrscheinlich auch einen Tryptophan- und somit auch einen Serotoninmangel haben.

Zusammenfassend kann man also sagen, dass Hunde, die Symptome von Serotoninmangel aufweisen, durchaus mit einer Futterumstellung unterstützt werden können, um ihre Serotoninproduktion zu sichern und ihnen so zu helfen, ruhiger und ausgeglichener zu werden.

Die Sache mit dem Mais

Viele Hundehalter achten bereits darauf, ein getreidefreies Futter zu kaufen. Vor allem Mais wird von vielen verteufelt. Meist wissen sie aber eigentlich gar nicht, warum. Es sollte jedoch mittlerweile bekannt sein, dass Kohlehydrate gar nicht schlecht für den Hund sind, ja sogar gebraucht werden und auch verdaut werden können.

Nachteile von Mais:

Mais ist ein sehr beliebtes und billiges Füllmaterial im Hundefutter. Daher wird es auch gerne überall beigemischt und zwar in verschiedenen Formen und Konsistenzen. Mais, aber auch Soja oder Weizen sind extrem arm an Tryptophan und enthalten einen hohen Tyrosinanteil (konkurrierende Aminosäure zu Tryptophan), was bei instabilen, gestressten oder ängstlichen Hunden durchaus problematisch werden kann, weil Tryptophan dadurch zu viel Konkurrenz bekommt. Ein stressanfälliger Hund würde von einem maishaltigen Futter also kontraproduktiv versorgt. Dasselbe gilt auch für Hundesenioren, die in der Regel ein leichter erregbares Cortisolsystem haben. Daher sollten Sie bei Verhaltensauffälligkeiten – insbesondere bei älteren Hunden – die Ernährung Ihres Hundes überprüfen, da ein Serotoninmangel die Ursache sein kann. Hunde benötigen Mais in ihrer Ernährung eigentlich nicht. Dennoch enthalten Hundefutter oft einen sehr hohen Anteil, und das meist zulasten des Fleischanteils. Daher sollte man lieber auf für den Hund hochwertige Kohlehydrate wie Reis oder Kartoffeln zurückgreifen.

Vorteile von Mais

Mais hat andererseits eine zweite entscheidende Eigenschaft, die im Zusammenhang mit der Verhaltensbeeinflussung durch die Nahrung zu beachten ist. Denn er enthält ein Enzym, das bei der Bildung der sogenannten Katecholamine geschwindigkeitsbestimmend ist. Katecholamine sind Hormone aus dem Nebennierenmark. Zu ihnen gehören Adrenalin, Noradrenalin und Dopamin. All diese Hormone bewirken aktives Verhalten beim Hund.

So kann beispielsweise bei hyperaktiven Hunden oder Balljunkies, die durch Dopamin gesteuert sind, Mais im Futter helfen. Denn durch das Enzym aus dem Mais wird die Bildung der Katecholamine verlangsamt und das führt wiederum zu einem ruhigeren Verhalten beim Hund. Allerdings sollte man unbedingt darauf achten, dass die Versorgung mit ausreichend Tryptophan unverändert gewährleistet ist.

Es besteht die Möglichkeit, auf spezielle Nahrungsergänzungsmittel zurückzugreifen, welche die Tryptophanversorgung trotz Maisfütterung aufrechterhalten. Sprechen Sie im Zweifel mit einem Fachmann.

Proteinreiche Lebensmittel mit viel Tryptophan:

Lamm, Kaninchen, Dorsch, Eier, Milchprodukte (zum Beispiel Hüttenkäse)

Hochwertige Kohlehydrate:

Kartoffeln, Süßkartoffeln, Vollkornreis, Karotten, Gerste und Hafer.

Vitamin B-haltige Lebensmittel:

Fisch, grünes Blattgemüse, Bierhefe, Milchprodukte

Magnesiumhaltige Lebensmittel:

Knochen, Knochenmehle, Sesamsamen, Weizenkeime, Alfalfa, Brennnessel, Bananen

Ernährung und Hüftgelenksdysplasie (HD)

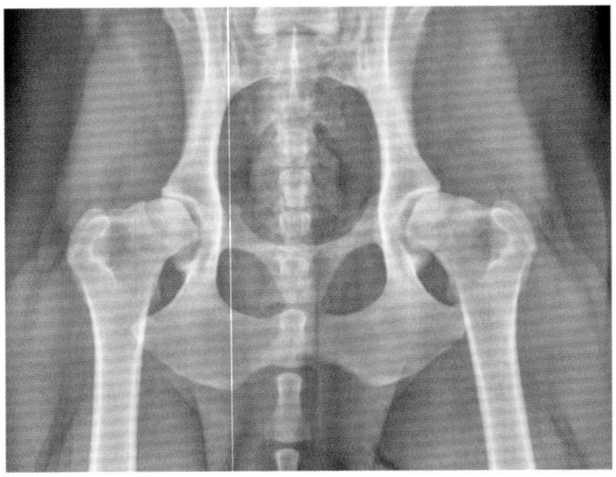

Wie bereits erklärt, ist die Hüftgelenksdysplasie (HD) eine bei Hunden sehr verbreitete Erkrankung des Gelenkapparats. Viele Rassen (vor allem größer gewachsene) bringen von sich aus schon eine Tendenz zu dieser Krankheit mit, aber auch andere Rassen und Mischlinge können daran erkranken. Bei einer HD gibt es verschiedene Schweregrade. Je nach Ausmaß kann der Hund eine leichte bis hochgradige HD und dementsprechende Probleme und Schmerzen haben. Bekommt ein Welpe aufgrund einer falschen Fütterung ein zu energiereiches Futter, wird das dazu führen, dass er einfach viel schneller an Gewicht zunimmt und viel schneller wächst, als es günstig wäre. Das kann wiederum, vor allem bei großen Rassen oder Rassen, die eine genetische Tendenz zu einer HD haben, fatale Folgen haben. Denn das zu schnelle Wachstum fördert eine fehlerhafte Entwicklung der Gelenke. Jeder Hund braucht für sein Wachstum Zeit, damit sich die Gelenke und Muskeln richtig entwickeln können.

Übrigens: Auch eine zu frühe Kastration kann die Entstehung einer HD negativ beeinflussen.

Wie findet man die richtige Hundeschule?

Welpenschule

Für fast alle Welpen ist es äußerst empfehlenswert, an einer Welpengruppe teilzunehmen oder generell eine Hundeschule zu besuchen. In der Hundeschule lernt nicht nur der Halter den richtigen Umgang und die Erziehung des Hundes, sondern auch der Hund hat die Möglichkeit, seine sozialen Fähigkeiten durch den Kontakt mit anderen Hunden zu entwickeln, zu verbessern und zu lernen, richtig mit ihnen zu kommunizieren. Selbst wenn man bereits Erfahrung in der Hundeerziehung hat und in der Lage ist, den Hund alleine zu trainieren, bietet die Teilnahme an einer Welpengruppe Ihrem Hund Chance auf regelmäßigen Sozialkontakt mit verschiedenen Hunden.

Trotzdem ist es von entscheidender Bedeutung, die richtige Hundeschule auszuwählen, da eine fehlgeleitete Gruppe sogar negative Folgen für den Hund haben kann. Daher ist es wichtig, sich über die Qualifikationen der Trainer und den Ruf der Schule zu informieren. In manchen Hundeschulen besteht die Möglichkeit, vor der Anmeldung kostenlos beim Unterricht zuzuschauen, ohne teilzunehmen, um einen ersten Eindruck zu gewinnen. Denn leider gibt es kein einheitliches Qualitätssiegel für Hundeschulen, und es daher unerlässlich, dass Sie diese Entscheidung selbstständig treffen.

Hier sind einige Anhaltspunkte, die bei der Auswahl einer Hundeschule helfen können:

Wichtig bei einer Welpengruppe:

1. Der Aufbau der Gruppen
2. Die Führung und Betreuung der Gruppen
3. Unterrichtsinhalt – was lerne ich?

1. Aufbau der Gruppen

Um eine gute Welpengruppe leiten zu können, ist es wichtig, dass die Gruppen nicht zu groß sind. Wenn Hundeschulen eine größere Gruppe anbieten, sollte ein Assistenztrainer zur Betreuung dabei sein. Der Grund hierfür liegt vor allem darin, dass ein Trainer alleine nicht mehr alle Welpen im Blick haben kann, wenn es zu viele sind. Die Größe der Gruppe sollte sich daher idealerweise auf fünf bis sechs Mensch-Hund-Teams pro Hundetrainer beschränken.

Neben der Gruppengröße spielt auch die Gruppenzusammensetzung eine Rolle, also welche Hundearten in einer Gruppe vertreten sind. Wenn Hundegruppen eine Vielzahl von Rassen umfassen, sollte besonders darauf geachtet werden, dass der riesige Doggenwelpe nicht mit dem zerbrechlichen Chihuahuawelpen spielt. Dazu sollte der wilde, temperamentvolle Welpe nicht die etwas unsicheren, kleineren über den Haufen rennen – auch wenn sie dieselbe Größe haben. Welpen neigen dazu, noch sehr ungestüm und wild zu sein, und je nach Gewicht und Impulsivität kann dies schnell zu Verletzungen oder erheblichem Stress bei schwächeren Hunden führen. Dies gilt es unbedingt zu vermeiden. Daher ist es ratsam, dass Hundeschulen die Gruppen nach Temperament und Größe separieren oder innerhalb der Gruppe sicherstellen, dass keinem der Beteiligten übermäßig viel zugemutet wird. Eine Möglichkeit ist es beispielsweise, zunächst die kleineren Hunde innerhalb der Gruppe spielen zu lassen und dann die größeren Hunde. Letztere Vorgehensweise hat zusätzlich den Vorteil, dass alle Welpen gleichzeitig lernen, dass sie eben auch nicht immer spielen dürfen, wenn andere spielen. Dies fördert die positive Entwicklung der Frustrationstoleranz. Achten Sie daher immer auf die Zusammensetzung der Hundegruppe und wie sie geleitet wird.

2. Führung und Betreuung der Gruppen

„Die regeln das unter sich!" – Ein Satz, den man leider sehr oft in Hundeschulen hört, der jedoch bei falscher Handhabung schwerwiegende und unumkehrbare Folgen haben kann. Zunächst einmal muss betont werden: Ja, es ist wichtig, dass Hunde Sozialverhalten erlernen. Dazu gehört auch das gelegentliche Austragen von Konflikten, um zu verstehen, wie man sich angemessen verhält, welche Grenzen es gibt und ab wann Verhalten schmerzhaft sein kann. Es ist wichtig zu erkennen, dass Hunde durch solche Interaktionen lernen. Werden Hunde jedoch bei jeder kleinen Auseinandersetzung sofort getrennt, verhindert dies, dass sie lernen, wie man sich angemessen verhält oder dass es Konsequenzen für unangemessenes Verhalten gibt. Dennoch ist es unerlässlich, dass der Leiter der Gruppe genau beobachtet, wie die Hunde interagieren.

Besonders in größeren Gruppen können Verhaltensweisen wie Mobbing auftreten, bei denen sich alle Hunde gegen einen richten, insbesondere gegen Schwächere, unsicherere oder Kleinere. In solchen Situationen müssen die Halter wissen, wie sie eingreifen können, um ihren Hund zu schützen. Der Hundetrainer sollte erklären, wie und wann Halter eingreifen können und wie sie ihren Hund unterstützen können, wenn er Schutz sucht. Es ist entscheidend, dass der Hund lernt, dass er sich im Notfall auf seinen Halter verlassen kann und dass dieser die Situation unter Kontrolle hat.

3. Unterrichtsinhalt – was lerne ich?

Wer sich für den Besuch einer Hundeschule entscheidet, erwartet oft, dass sein Hund hier die grundlegenden Befehle wie „Sitz", „Platz",

„Hier" und „Aus" lernt – Kommandos, die im Alltag unerlässlich sind. Der Grundgehorsam und das normale Training mit dem Hund sind schließlich auch von entscheidender Bedeutung für sein Leben. Jedoch wird oft sowohl von Hundehaltern als auch von einigen Hundeschulen übersehen, dass es im ersten Lebensjahr des Hundes Dinge gibt, die viel wichtiger sind als Kommandos. Denn das Training kann theoretisch jederzeit nachgeholt werden, andere Dinge sollte er aber definitiv schon als Welpe lernen, da es sonst schwer wird, das später nachzuholen. Hierzu zählen Aspekte wie soziale Kompetenz, Erziehung, respektvoller Umgang miteinander, Frustrationstoleranz und motorische Fähigkeiten. Es geht darum zu verstehen, wie man sich streitet, wie man sich verträgt, wie man sich gegenüber Menschen und Artgenossen verhält, wie man seine Füße richtig einsetzt und wie viel Kraft wo angemessen ist. All diese Dinge sind in der frühen Phase des Hundelebens von großer Bedeutung. Es ist wichtig, dass er in seiner Sozialisierungsphase wichtige Grundregeln lernt und neue Erfahrungen sammelt. Achten Sie daher dringend darauf, dass Ihre Hundeschule auf mehr achtet und mehr fördert als nur die Grundkommandos. Darüber hinaus ist es wichtig, dass Sie lernen, wie Sie sich mit Ihrem Hund verständigen und zusammenarbeiten. Sie sollten wissen, wie Sie reagieren, wenn Ihr Hund unsicher ist oder etwas falsch macht, wie Sie ihn unterstützen können und wie Sie gemeinsam Aufgaben bewältigen. Sie sollten lernen, wie Sie Ihre Körpersprache einsetzen, Ihrem Hund Grenzen setzen und die Körpersprache Ihres Hundes lesen können. Teamarbeit und das Feiern von Erfolgen sind ebenfalls von großer Bedeutung. Sie sollten lernen, wie Sie und Ihr Hund später zusammenarbeiten werden, um die Grundlage dafür zu bilden, wie gut Ihr Hund später auf Sie hören wird. Dies ist viel wichtiger als das bloße Erlernen von Signalen.

Und noch als letzter Punkt: Achten Sie auch auf die Aus- und Weiterbildungen der Trainer in der Hundeschule. Ein qualifizierter Hundetrainer bildet sich regelmäßig fort und informiert sich über neueste Forschungen, um immer auf dem aktuellsten Stand zu bleiben. Gleichzeitig sollten Sie selbst auch ein fundiertes Verständnis für Ihren Hund entwickeln. Lesen Sie entsprechende Literatur und zeigen Sie Interesse daran, die Bedürfnisse Ihres Hundes zu verstehen. Nur so können Sie Situationen erkennen und angemessen einschätzen.

Verstehst du mich?

Der Wert der Kommunikation

Obwohl das Thema der Kommunikation zwischen Mensch und Hund äußerst komplex ist und den Rahmen eines Buches sprengen könnte, möchte ich dennoch kurz darauf eingehen, da eine effektive Kommunikation zwischen Mensch und Hund sowie unter Hunden von entscheidender Bedeutung für ein harmonisches Zusammenleben ist. Trotz seiner Komplexität ist es unerlässlich, dass Hundebesitzer sich intensiv mit diesem Thema auseinandersetzen und die verschiedenen Aspekte der Kommunikation verstehen.

Die Kommunikation mit dem Hund umfasst nicht nur verbale Befehle, sondern auch nonverbale Signale wie Körpersprache, Gestik,

Mimik und Tonfall. Hunde sind äußerst sensibel für diese Signale und reagieren entsprechend darauf. Daher ist es wichtig, dass Hundebesitzer lernen, wie sie effektiv mit ihrem Hund kommunizieren können, um Verhaltensprobleme zu vermeiden und eine starke Bindung aufzubauen.

Hunde kommunizieren untereinander durch Körpersprache, Gerüche, Lautäußerungen und andere Signale. Als Hundebesitzer ist es entscheidend, das Verhalten und die Signale von Hunden richtig zu interpretieren, um Konflikte zu vermeiden und positive Interaktionen zu fördern.

Viele Menschen, die einen Hund haben, leben mit ihm nebeneinander her, ohne jemals wirklich zu verstehen, was er ihnen sagt. Auch in Kontakt mit anderen Hunden wissen viele Halter eigentlich gar nicht, was die Hunde miteinander kommunizieren und interpretieren in die Sprache der Hunde Dinge hinein, die nicht stimmen. Das ist einer der größten Problementstehungspunkte mit Hunden. Die Halter verstehen ihren Hund nicht, schätzen Situationen falsch ein, reagieren nicht richtig und fördern so unbewusst unerwünschtes Verhalten. Daher möchte ich Ihnen einen sehr wertvollen Rat geben, der vor dem Hundekauf und auch während Ihrer Zeit mit Ihrem Hund wichtig ist: Lernen Sie die Sprache Ihres Hundes!

Die Sprache der Hunde unterscheidet sich in viele Punkten stark von unserer eigenen, weshalb es auch so viele Missverständnisse gibt. Hunde haben sich im Laufe der Jahrtausende immer mehr an uns Menschen angepasst. Sie sind extrem gut und schnell darin unsere Sprache zu lernen, wenn sie gut sozialisiert

und mit uns aufgewachsen sind. Sie lernen, dass unser „Zähne zeigen“ keine Drohgebärde ist und lernen Mimik und kleinste Gesten von uns zu lesen und sogar zu deuten. In Studien hat man herausgefunden, dass Hunde, denen Fotos mit fröhlichen oder traurigen Menschen gezeigt wurden, einwandfrei erkennen können, in welcher Stimmung diese sind. Wir Menschen sind da leider nicht ganz so gut. Versteht man nicht, dass ein Hund, der seinen Blick abwendet, durch Beschwichtigungssignale oder Erstarren signalisiert, dass er sich sehr unwohl fühlt, kann es ausgesprochen schnell zu Missverständnissen bis hin zu Unfällen kommen. Vor allem für Kinder, die meist recht distanzlos sind, kann das fatale Folgen haben.

Auch sollte man lernen, die eigene Körpersprache bewusst einzusetzen. Denn zu einer sicheren Führung des Hundes gehört neben klarer Kommunikation eben auch eine selbstsichere und bestimmte innere Haltung. Ein aufrechter Gang, mit verständlichen Worten und Gesten, schafft Vertrauen und Klarheit. Das ist eine wichtige Grundlage für das vertrauensvolle Verhältnis zu unserem Hund. Ebenso konsequentes Handeln, das zuverlässige Befolgen unserer eigenen Regeln im Alltag. Seien Sie bereit, sich darauf einzulassen, die Perspektive Ihres Hundes auf diese Welt kennenzulernen, damit Sie ihn nicht in vermeidbare Konflikte bringen. Um Ihrem Hund helfen zu können, müssen Sie verstehen lernen, wann er unsicher ist und wann er sich unwohl oder bedroht fühlt. Sie sollten in der Lage sein, Situationen, die Ihrem Hund betreffen, richtig einzuordnen, und lernen, wann Sie eingreifen müssen oder wann Sie sich heraushalten sollten.

Suchen Sie sich Bücher, (Empfehlungen für den Sie hinten im Buch) schauen Sie sich Videos an, besuchen Sie Seminare oder fragen Sie einen Fachmann und lernen Sie die Unterschiede in der Kommunikation zwischen Mensch und Hund kennen. Lernen Sie Ihre Körpersprache richtig einzusetzen, um Ihrem Hund klarzumachen, was Sie von ihm möchten. Dann werden Sie mit Ihrem Hund keine Verständigungsprobleme haben, die Erziehung fällt Ihnen wesentlich leichter und das Zusammenleben mit Ihrem Hund wird harmonisch und entspannt sein. Ihr Hund wird es Ihnen danken!

Hund und Kind

„Mama, Papa – ich will einen Hund!" Welche Eltern haben diesen Satz nicht schon gehört. Die meisten Kinder haben von Natur aus ein großes Interesse an Tieren, weshalb der Wunsch nach einem Haustier meist nicht fern ist. Einen Freund haben, der mit einem durch Dick und Dünn geht, einen, der immer zuhört, mit einem spielt, der einfach da ist, auch wenn man Angst hat und an dessen weichem Fell man kuscheln kann, wann immer man möchte. Kinder haben einen großen Wunsch nach Verbundenheit und Verständnis, jemand, der ihren Seelen zuhört und auf sie aufpasst. Ein Hund kann da schon der richtige Partner sein. Verständlicherweise haben viele Erwachsene aber auch Bedenken, was die Anschaffung eines Hundes angeht. Zurecht. Denn grundsätzlich sollte man einen Hund nicht anschaffen, nur weil das Kind einen haben möchte.

So manche Eltern haben ihre Entscheidung danach bereut, weil Sie sich vorher keine Gedanken über die Konsequenzen gemacht haben. Aber auch wenn sich die ganze Familie einen Hund wünscht, müssen viele Fragen bedacht werden, wie die Kosten, die erforderliche Zeit und nicht selten auch die Sorge, dass es zwischen Kind und Hund nicht wie erwartet funktioniert.

Damit vor allem Letzteres entspannt und harmonisch sein kann, ist es wichtig, bestimmte Regeln und Voraussetzungen zu bedenken. Wenn das Zusammenleben mit Ruhe und Respekt erfolgt, kann ein Hund eine unglaubliche Bereicherung für jede Kindheit sein.

Erste Überlegungen

Wie bereits gesagt, ist es sehr wichtig, dass alle Familienmitglieder einen Hund haben möchten und nicht nur das Kind. Denn man kann von einem Kind noch nicht erwarten, allein die große Verantwortung zu übernehmen und sich wirklich bewusst zu sein, welche Verpflichtungen mit einem Hund einhergehen. Ein Hund kann 13 – 16 Jahre alt werden. Da sollte man sich als Eltern klar darüber sein, was das bedeuten wird. Schließlich werden Sie es sein, die sich hauptsächlich um den Hund kümmern müssen, ihn finanzieren und sich darum kümmern, dass es ihm gut geht. Es müssen alle an einem Strang ziehen. Daher ist eigentlich klar, dass der Wunsch eines Kindes allein kein ausreichender Grund sein kann. Es sollte immer die Entscheidung der ganzen Familie sein und alle sollten bereit sein, Aufgaben zu übernehmen und sich gemeinsam und liebevoll um den Hund kümmern. Besprechen Sie in der Familie, welche Vorstellung und Ansprüche jedes Familienmitglied an den Hund hat und wie jeder sich das Zusammenleben vorstellt. Am besten schreiben Sie es sich auf, auch wie viel Zeit Ihr Kind pro Tag mit welchen Aktivitäten mit dem Hund verbringen möchte. Dann werden Sie sehen, ob diese Zeit überhaupt zur Verfügung steht.

Auch wenn man für sich danach entscheidet, dass es doch nicht möglich ist, einen Hund zu zu halten, sollte man den Wunsch des Kindes trotzdem ernstnehmen und genau hinhören, was der Grund für den Wunsch ist und ob man gegebenenfalls eine andere Lösung finden kann.

Das Tolle an der Kindheit mit einem Hund

Kinder entwickeln oft eine sehr intensive Beziehung zu Hunden und finden einen einzigartigen Zugang zu ihnen. Vor allem, wenn Kinder Ängste, Wut oder andere emotionalen Nöte haben, kann ihnen der Hund ein treuer Freund und Zuhörer sein und sie auf eine Art und Weise erreichen, wie es für uns Erwachsene manchmal kaum möglich erscheint. Hunde haben eine unglaubliche Wirkung auf Kinder, und das nicht nur auf der sozialen Ebene. Mittlerweile weiß man, dass Kinder, die mit einem Hund aufwachsen, nicht nur ein besseres Sozialverhalten haben, sondern häufig auch pflicht- und verantwortungsbewusster sind. Dazu kommt, dass der Hund eine starke Verbundenheit zur Natur schaffen kann. Er fördert das Einfühlungsvermögen der Kinder, senken deren Stresspegel und lehren sie respektvoll und rücksichtsvoll miteinander umzugehen. Bei Kindern, die besonders aktiv, unkonzentriert oder sogar aggressiv sind, kann ein Hund helfen, einen Ausgleich zu finden und sie zu beruhigen.

Auch auf die körperliche Gesundheit der Kinder wirkt sich der Hund positiv aus. Durch den engen Kontakt mit dem Hund, der von draußen eine Vielzahl an Mikroorganismen ins Haus bringt und durch das Schnüffeln an den Kindern und auch das Ablecken entwickeln die Kinder eine vielfältigere Darmflora. Dadurch sind sie seltener erkältet, haben weniger Infektionen, entwickeln oft auch weniger Allergien und Atemwegserkrankungen. Dazu kommt, dass Kinder durch einen Hund selbst viel häufiger draußen sind.

Der Hund muss jeden Tag raus und es ist so sehr viel einfacher, das Kind bei Wind und Wetter mit vor die Tür zu bekommen, was für eine gesunde Entwicklung ebenfalls wichtig ist. Und wer denkt, dass ein Hund eine zu große Ablenkung wäre, der sollte wissen, dass ein Hund durchaus positive Wirkungen auf die Schulnoten der Kinder haben kann, da Kinder mit Hunden in der Schule weitaus konzentrierter sind und dadurch oft bessere Ergebnisse erzielen.

Deshalb gibt es heute auch immer mehr sogenannte „Schulhunde“, die während des Unterrichtes anwesend sind und positive Wirkungen auf die Kinder haben. Außerdem ist ein Hund für Kinder mit Leseschwäche ein wertvoller Zuhörer und wird immer wieder auch so eingesetzt. Diese sogenannten „Lesehunde“ sind einfach nur dafür da, zuzuhören. Durch ihre ruhige und liebevolle Art schaffen Hunde es, die Kinder nicht unter Druck zu setzen. Sie haben keine Angst, etwas falsch zu machen, weil der Hund sie nicht bewertet.

Wann ist der richtige Zeitpunkt?

An sich gibt es kein empfohlenes Alter des Kindes, ab dem man einen Hund ins Haus holen kann. Selbst bei einem Säugling gibt es kein Problem, wenn bestimmte Regeln eingehalten werden. Wichtig ist, dass Sie sich selbst nicht übernehmen. Wenn Sie beispielsweise Ihr erstes Kind erwarten und noch nicht wissen, was auf Sie zukommt, sollten Sie sich gut überlegen, ob Sie sich auch noch einen Welpen ins Haus holen. Es kann unter Umständen zu viel für Sie werden.

Wenn das Kind schon da ist und der Hund dazukommt

Kommt der Hund in ein neues Zuhause, in dem bereits Kleinkinder sind, gilt es unbedingt aufzupassen – egal ob erwachsener Hund oder Welpe. Man kennt den Hund noch nicht und auch die Kinder kennen wahrscheinlich den Umgang mit Hunden allgemein noch nicht. Und auch wenn Ihnen gesagt wurde, dass der Hund superlieb zu Kindern ist, sollte man sich immer ein eigenes Bild machen. Die erste und wichtigste Regel ist, den Hund erst einmal in Ruhe zu lassen – auch, wenn es dem Kind am Anfang schwerfallen wird. Der Hund sollte nicht angefasst, nicht einmal beachtet werden. Und auf gar keinen Fall sollte man hinter ihm herrennen. Für den Hund ist jetzt alles noch neu und er ist wahrscheinlich aufgeregt und gestresst. Lassen Sie dem Hund die Freiheit, sich alles zunächst in Ruhe anzuschauen und selbst zu entscheiden, wann er Kontakt aufnehmen möchte. Nähert sich der Hund dem Kind dann von sich aus, kann man eine ruhige Begrüßung zulassen. Der Hund kann am Kind schnuppern und so Hallo sagen.

Es ist ebenfalls wichtig, von Anfang an Regeln festzulegen. Und zwar nicht nur für den Hund, sondern auch für das Kind. Eine der wichtigsten Grundregeln für Sie als Eltern ist es, dass der Hund nicht mit dem Kind alleine gelassen wird. Dies dient nicht nur dem Schutz des Kindes, sondern auch dem des Hundes. Der Hund muss lernen, dass mit den Kindern nicht wild gespielt werden soll. Raufen und Toben sollten unterlassen werden, da es eskalieren kann. Der Hund muss lernen, dass es für ihn einen Rückzugsort gibt, an den die Kinder nicht dürfen und wo er Ruhe hat. So weiß der Hund, dass er jederzeit auch weggehen kann, wenn es ihm zu viel wird. Auch sollte ein Hund, der mit Kleinkindern zusammen lebt, keine Aggressionen bei Futter oder Spielzeug zeigen, falls die Kinder mal näherkommen sollten.

Ein guter Hundetrainer kann Ihnen dabei helfen, dem Hund im Vorfeld beizubringen, wie er das Abgeben von Dingen positiv lernt. Im Gegenzug ist es aber auch wichtig, dass Kinder lernen, dass sie dem Hund niemals etwas aus dem Maul nehmen dürfen.

Selbst wenn Kinder das oft und gerade am Anfang ziemlich witzig finden – und es vor allem bei einem Welpen auch unglaublich süß aussieht –, das Wegrennen vom Kind und das Hinterherrennen des Hundes kann sehr schnell kippen und zum Knappen in die Füße, Beine oder Arme oder zum Umwerfen der Kinder führen. Man sollte daher von Anfang an darauf achten, dass beide, sowohl Kind als auch Hund, einander entspannt begegnen und Fangspiele von beiden Seiten nicht erlaubt sind. Denn auch der Hund wird es nicht wirklich gut finden, wenn man ihm hinterherrennt. Zwar spielen manche Hunde wirklich gerne Fangen, aber ein Kind ist meist noch nicht in der Lage, den Unterschied zu erkennen, ob der Hund gerade spielt oder flüchtet. Das Spielen miteinander muss immer respektvoll für beide Seiten sein und muss von einem Erwachsenen jederzeit unterbrochen werden können.

Gemeinschaftliches Vorlesen, Kuscheln oder Streicheln, sodass beide sich wohlfühlen, gemeinsam entspannen und ruhige Zeit miteinander verbringen, sollte Priorität haben und fördert, dass beide Parteien lernen, entspannt miteinander umzugehen. Kinder neigen dazu, Hunde zu bedrängen. Sie wollen sie anfassen, umarmen und festhalten. Hunde mögen Umarmungen oft nicht, da sie sich dadurch sehr eingeschränkt fühlen und es ihnen zu nah ist. Es entspricht nicht ihrer natürlichen Kommunikation. Streicheln oder Nähe schätzen sie in der Regel mehr, aber auch hier sollte man immer auf ihre Körpersprache achten, um zu erkennen, ob sich der Hund dabei wohlfühlt.

Je nach Alter können Kinder ihre motorischen Fähigkeiten noch nicht gut kontrollieren und hauen den Hund, statt ihn zu streicheln oder reißen am Fell. Sind die Kinder schon älter, kann es unter Umständen zu groben Begegnungen („spielen') kommen oder der Hund wird geärgert. Das kann extremen Stress für den Hund bedeuten und wenn ihm das zu viel wird oder er das nicht will, muss er das irgendwie zeigen. Greift der Erwachsene jetzt nicht ein, sieht der Hund keine Möglichkeit zu entkommen, bleibt ihm nur noch, sich zu wehren. Das ist dann keine böse Aktion des Hundes, sondern er regelt eine Situation auf eine völlig normale, soziale Hundeart – so wie Hunde das untereinander tun würden. Das, was ein Welpe wahrscheinlich völlig schadlos übersteht, (wenn seine Mutter ihn maßregelt) führt bei Kindern aber doch oft zu Verletzungen, zumal sie dazu noch oft mit ihrem Gesicht genau auf Augenhöhe des Hundes sind. Dazu kommt, dass das Kind danach nicht selten Angst vorm Hund hat, und das, obwohl er dabei nicht einmal böse Absichten hatte oder das Kind verletzten wollte.

Wenn ein Hund also beispielsweise Beschwichtigungsignale zeigt oder das Kind sogar anknurrt oder anbellt, sollte man immer durchdacht reagieren, anstatt den Hund direkt zu bestrafen. Knurren oder auch Bellen ist eine wichtige Form der Kommunikation, mit der der Hund zeigt, dass er sich unwohl oder bedrängt fühlt. Durch Bestrafung fängt man an, ihm diese Möglichkeit zu nehmen, ohne die eigentliche Ursache seines Unwohlseins zu beseitigen. Das kann häufig zu zwei Problemen führen: Der Hund empfindet das Kind zunehmend als negativ, da er jedes Mal geschimpft wird, wenn das Kind ihm zu nahekommt und gleichzeitig schränkt er seine klare Kommunikation ein, weil er lernt, dass Knurren unerwünscht ist. Das Unwohlsein des Hundes verschwindet dadurch jedoch nicht. Stattdessen zeigt er es einfach nicht mehr an. Irgendwann wird der Hund, wenn er sich stark bedrängt fühlt, an einem Punkt kommen, an dem er sich dann einfach wehren wird und das dann vielleicht sogar ohne Vorwarnung. Schließlich hat er gelernt, dass diese bestraft wird. Nicht selten sind das die Fälle, in denen dann gesagt wird, man habe es nicht kommen sehen. Die richtige Reaktion ist, das Kind aus der Situation zu nehmen und dafür zu sorgen, dass der Hund sich künftig nicht mehr bedrängt fühlt. Es ist wichtig, den Hund und das Kind zu schützen und die Beziehung zwischen ihnen positiv zu gestalten. Wenn Unsicherheit besteht oder die Situation komplexer ist, sollte man immer einen professionellen Hundetrainer hinzuziehen, der die Ursache erkennt und die richtigen Maßnahmen empfiehlt. Es muss vor allem den Erwachsenen einfach klar sein, dass der Hund dem Kind lediglich eine Grenze setzt, weil es seinerseits Grenzen überschritten hat. Daher ist es wichtig, auch den Hund zu schützen und darauf zu achten, dass beide, sowohl Kind als auch Hund, sich wohlfühlen.

Im Anschluss an dieses Kapitels finden Sie eine Checkliste von Regeln für Sie, Ihr Kind und Ihren Hund. Vermitteln Sie Ihrem Kind, dass auch der Hund Dinge mag und Dinge nicht mag, und dass es wichtig ist, darauf Rücksicht zu nehmen. Wenn man selbst nicht gehauen werden will, sollte man das auch bei keinem anderem machen. Schützen Sie also immer Ihr Kind und Ihren Hund.

Das harmonische Zusammenleben mit Kind und Hund

Es gibt viele Hunde, die eine Menge mit sich machen lassen. Schreien, Rennen oder andere laute Geräusche bringen sie nicht aus der Ruhe. Sie sind gegenüber Kindern einfach sehr tolerant. Allerdings sollte man sich nicht darauf verlassen. Die Voraussetzung ist nämlich ein großes Vertrauen zwischen allen Beteiligten. Wenn ein Hund zu einem Mensch, egal ob Kind oder Erwachsener, eine vertrauensvolle Beziehung hat, ist es kein Problem, mit ihm zu schmusen, ihn auch mal zu umarmen oder zu küssen – immer unter der Voraussetzung, dass er es mag und nicht als bedrängend oder bedrohlich empfindet. Jeder Hund hat eigene Bedürfnisse nach Nähe und Zuneigung. Die sollte man achten und respektieren, auch wenn sie nicht den eigenen entsprechen. Warten Sie nicht ab, bis die persönliche Geduldsgrenze des Hundes erreicht ist und er Konsequenzen zieht. Denn dann ist es meist zu spät.

Immer wieder steht der Hund hinsichtlich Verletzungen von Kindern in der Kritik, vorallem bei Kleinkindern. Mal abgesehen von Hunden, die von Menschen wirklich misshandelt wurden und dadurch Verhaltensstörungen oder aggressives Verhalten entwickelt haben und Kinder deshalb verletzen, kann es durch ganz „normale" Hunde zu Verletzungen kommen. Aber wie kann man dem vorbeugen und wie kommt es dazu?

Verstehen, was der Hund will und was er auch mal nicht will

Viele Missverständnisse und Probleme zwischen Hund und Kind bzw. Mensch entstehen dadurch, dass nicht erkannt und respektiert wird, dass der Hund etwas nicht möchte. Nicht selten wird es gar nicht erkannt, dass der Hund „Nein" zu etwas sagt. Zwar versteht fast jeder, was ein Knurren bei einem Hund bedeutet, doch das ist oft nicht das erste Warnsignal, das der Hund zeigt, sondern das letzte. Und auch nicht jeder Hund knurrt, bevor er Konsequenzen zieht. Das bedeutet, dass ein Hund möglicherweise schon über eine lange Zeit (Tage, Wochen oder Monate) körpersprachlich signalisiert, dass er sich nicht wohlfühlt und etwas nicht will, aber es keiner versteht oder darauf achtet. Irgendwann sieht er keinen anderen Ausweg mehr, als sich zur Wehr zu setzen und beispielsweise das Kind in dem zu unterbrechen, was es ihm antut. Frei nach dem Motto, wenn du nicht verstehst, wenn ich „Nein" sage, muss ich wohl deutlicher werden, und das bedeutet bei einem Hund nicht selten ein „nach vorne gehen" unter Einsatz der Zähne. Bedauerlicherweise endet das oft mit einer Verletzung des Kindes und kommt für viele dann „völlig aus dem Nichts", obwohl der Hund es schon sehr lange vorher angekündigt hat.

Daher ist es so wichtig, dass Menschen, die mit Hunden umgehen wollen, es lernen, Hunde zu verstehen und deren Befinden zu respektieren. So bedeutet Schwanzwedeln nicht immer Freude, Stillhalten nicht immer, dass der Hund genießt und stark geöffnete Augen nicht immer Neugier. Um einen Hund genau lesen und verstehen zu können, muss

man sich mit der Körpersprache befassen und immer den gesamten Körper des Tieres anschauen. Ein entspannter Hund ist nicht versteift, er drückt sich nicht weg, er hat das Maul leicht geöffnet, unter Umständen auch entspannt geschlossen, aber nicht zusammengepresst. Sein ganzer Körper ist entspannt, die Ohren liegen an der Seite oder leicht hinten und die Rute hängt entspannt unten oder wedelt leicht.

Manche Hunde sind sehr aufgeregt, wenn sie Kinder sehen. Sie überdrehen förmlich, rennen umher und machen den Anschein, als würden sie vor Entzückung übersprudeln. Überschwänglich suchen sie den Kontakt zum Kind und springen vor scheinbarer Freude wild umher. Es sollte sowohl dem Hund als auch dem Kind beigebracht werden, dass der Kontakt miteinander ruhig abläuft. Denn durch große Aufregung können sich auch schneller mal Probleme entwickeln, weil Stress entsteht oder der Hund das Kind versehentlich umrennt. Vor allem Beschwichtigungssignale solltem jedem Elternteil ein geläufiger Begriff sein, die er erkennen und deuten können sollte. Zum genauen Lernen und Einschätzen der Körpersprache des Hundes helfen Bücher (Literaturempfehlung siehe hinten im Buch) und professionelle Hundetrainer.

Das Problem: Wenn der Hund das Kind erziehen muss

Hunde können Kinder durchaus erziehen wollen, wenn diese sich nicht angemessen verhalten, weil sie etwas tun, was sich aus Sicht des Hundes nicht gehört oder unangenehm ist. In solchen Situationen kann der Hund versuchen, dem Kind dies klarzumachen, so wie er das bei einem Welpen tun würde. Aus Sicht des Hundes ist das nicht nur sein gutes Recht, sondern sogar seine Aufgabe. Das hat nichts mit Aggression oder falsch verstandener Führungsposition zu tun, denn in einem Rudel erziehen vor allem die im Rang niedrigeren Tiere die Junghunde mit. Von daher wäre es für Ihren Hund selbstverständlich, das auch zu tun. Das Problem ist oft, ein Welpe würde diese Maßregelung einfach wegstecken, Menschenkinder verstehen es jedoch nicht und tragen nicht selten auch Verletzungen davon, obwohl der Hund das natürlich nicht vorhatte. Deshalb ist es ganz wichtig, Ihren Hund gar nicht erst in die Situation kommen zu lassen, das Kind erziehen bzw. maßregeln zu wollen, denn das ist ja Ihre Aufgabe. Ihr Hund wird es nur übernehmen, wenn Sie es nicht tun. Deshalb sollte man auch Kind und Hund nie alleine lassen, um sowohl das Kind vor dem Hund als auch den Hund vor dem Kind zu schützen.

Kinder und Alltag

Wenn Kinder im Haus sind, kann es oft sehr laut werden und die Energie im Raum geladen sein. Es kann schnell mal Streit geben, man schreit sich an oder ist gestresst. Wird in einem Haushalt viel geschrien, kann sich das auf den Hund auswirken. Manche Hunde beziehen es auch auf sich, wenn man einander anschreit oder sie sind allgemein geräuschempfindlich. Oft wissen die Hunde dann nicht, ob sie etwas falsch gemacht haben und können mit Stress oder Verunsicherung reagieren. Die Geräuschempfindlichkeit vieler Hunde, vor allem auf hohe, grelle Töne (dazu gehört auch das Geschrei von Kindern) kann den Hund zusätzlich stressen. Hunde haben ein sehr feines Gehör und können sogar Frequenzen im Ultraschallbereich hören. Daher reagieren Hunde auf hohe, laute Töne besonders empfindlich und zeigen das auch durch Bellen, Anspringen, Nervöswerden, Angst bekommen oder andere Stressreaktionen. Aus diesem Grund ist es wichtig, dass Kinder lernen, ein Bewusstsein dafür zu entwickeln, was der Hund braucht und möchte. Ein Weg könnte sein, gemeinsam einen Plan dafür zu erstellen, was der Hund braucht, um glücklich zu sein und was seine Bedürfnisse sind. Und um das immer vor Augen zu haben, ist es sinnvoll, diesen Plan für alle gut sichtbar aufzuhängen.

Ist mit der Zeit ein Vertrauensverhältnis zwischen Hund und Kind entstanden, werden sie einander achten und mit Respekt behandeln. Dann fühlen sich beide wohl und es kann eine tiefe Freundschaft entstehen, in der man sich vertraut und auch Kuscheln möglich ist. Viele Hunde lassen dann Dinge mit sich machen, die vielleicht kein anderer bei ihm tun darf. Kinder mit Hunden zuzusehen, die bereits eine innige Beziehung und Bindung haben, lässt einem das Herz aufgehen. Aber selbst dann gilt es immer, ein Auge auf die beiden zu haben. Nur so kann ein Hund eine großartige Ergänzung für das Leben Ihres Kindes sein.

Der Kontakt zum fremden Hunden

Wenn es in Ihrer Familie einen Hund gibt, mit dem Ihre Kinder gute Erfahrungen machen, vielleicht schmusen oder spielen können, sollten die Kindern, wissen, dass das nicht für jeden Hund gilt. Ihr Kind sollte die Regel kennen, dass fremde Hunde grundsätzlich nicht einfach angefasst werden. Man muss immer vorher klären, ob der Hund den Umgang mit Kindern kennt und ob man ihn streicheln darf. Übrigens richtet man die Frage am besten nicht nur an den Besitzer, sondern auch den Hund selbst. Das könnte so aussehen, dass man sich nach der Erlaubnis des Besitzers zusammen hinkniet und den Hund zu sich kommen lässt. So kommt der Hund nicht in die Bredouille, sich unwohl zu fühlen und kann frei entscheiden, ob er mit dem Kind Kontakt aufnehmen möchte. Kinder sollten niemals zum Hund gehen, sondern der Hund sollte immer zum Kind kommen. Bewegt sich ein Kind vielleicht sogar zu schnell auf einen Hund zu, so kann sich der Hund bedroht fühlen. Kommt der Hund unangeleint auf das Kind zugerannt, sollte sich ein Erwachsener direkt dazwischen stellen, allerdings ohne hektisch zu sein. Kurzum, es sollte darauf geachtet werden, dass alle Beteiligten sich wohlfühlen können und jeder frei entscheiden kann, wie viel Kontakt stattfindet.

Kind und Hund: Wohlfühlen auf beiden Seiten als Grundlage für Harmonie

Die Beziehung zwischen Kind und Hund kann etwas Wunderschönes sein. Entscheidend ist jedoch, zu erkennen, wann ein Hund die Nähe wirklich genießt. Nur so lassen sich Missverständnisse vermeiden, Unfälle verhindern und sicherstellen, dass sich beide wohlfühlen und entspannt bleiben. Die folgenden Bilder zeigen Kind und Hund in harmonischem Einklang. Oder doch nicht? Hätten Sie erkannt, wann der Hund die Nähe genießt und wann nicht? Hätten Sie gewusst, wann Sie hätten eingreifen und managen müssen, um Hund und Kind zu schützen? Die Auflösung finden Sie auf der nächsten Seite!

1.

2.

3.

4.

5.

6.

Bild 7:

Bild 8:

Bild 1: Okay, seien wir ehrlich – das ist eindeutig. Dieser Hund zeigt deutlich, wie unwohl er sich fühlt. Allein der Anblick der Zähne lässt jedes Elternherz in die Hose rutschen. In einer solchen Situation sollte man dem Kind unbedingt erklären, dass der Hund die Nähe nicht mag und Abstand braucht.

Bild 2: „Ach, wie süß – der Hund leckt ihr das Gesicht. Aww – er mag sie"... oder etwa doch nicht? Tatsächlich ist das Lecken im Gesicht oft eher ein Beschwichtigungssignal als ein Zeichen der Zuneigung. Erwachsene Hunde zeigen Beschwichtigungssignale, um Spannungen abzubauen, Konflikte zu vermeiden oder Unterordnung auszudrücken. Der Hund auf diesem Bild versucht also die Situation des Umklammertwerdens, die ihn offensichtlich stresst, freundlich zu deeskalieren in dem er versucht, das Mädchen zu beschwichtigen. Reagiert das Kind jetzt allerdings nicht darauf, könnte die Situation schnell kippen, da der Hund sich gezwungen fühlen könnte, deutlicher zu werden, da die ersten „höflichen" Hinweise ja nicht gehört und respektiert werden.

Bild 3: Dieser Hund fühlt sich sichtbar wohl. Er lehnt sich entspannt gegen den Jungen, hat einen weichen Blick und sucht eigenständig die Nähe. Die Zunge hängt entspannt aus dem Maul und er ist nicht angespannt. Das spricht für ein vertrauensvolles Verhältnis und ein harmonisches Miteinander.

Bild 4: Hier lehnt sich der Hund deutlich vom Kind weg. Er versucht den Abstand zu vergrößern und zeigt damit, dass er sich unwohl fühlt. Ein Hund, der freundlich bleiben möchte, würde vermutlich im nächsten Schritt aufstehen, anstatt das Kind zu maßregeln. Auch hier sollte dem Kind erklärt werden, dass der Hund das nicht mag und Abstand möchte.

Bild 5: Dieser Hund scheint die Situation sichtlich zu genießen. Er wirkt entspannt und schläft sogar. Dieses Verhalten zeigt, wie vertrauensvoll die Beziehung zwischen Kind und Hund sein kann, wenn alle sich wohlfühlen.

Bild 6: Auch hier zeigt der Hund Beschwichtigungssignale wie das Lecken des Gesichts. Zudem lehnt er sich deutlich vom Kind weg. Das zeigt, dass ihm die Nähe zu viel ist und er sich bedrängt fühlt.

Bild 7: Dieser Hund schläft – und das sehr entspannt. Auch er scheint die Nähe sehr zu genießen und zeigt keinerlei Stresssignale.

Bild 8: Dieser Hund genießt die Umarmung nicht. Er ist vom Mädchen weggedreht, wendet den Blick ab und zeigt Beschwichtigungssignale, indem er über die Schnauze leckt und sich steif macht. Alles Zeichen dafür, dass der Hund sich sichtlich unwohl fühlt und höflich um Abstand bittet.

CHECKLISTE

CHECKLISTE – REGELN FÜR HUND UND KIND

Regeln, die Sie Ihrem Kind im Umgang mit Hunden beibringen sollten:

- **Den Hund nicht küssen (Hand- und Luftküsse sind erlaubt)**
Manche Hunde mögen es nicht, wenn man so nah an ihr Gesicht kommt und sie könnten sich bedroht fühlen.
- **Den Hund nicht umarmen.** Auch hier entsteht eine Nähe, die der Hund evtl. nicht mag.
- **Nicht über den Hund drüberbeugen**
In der Hundesprache kann das eine bedrohliche Geste sein.
- **Den Hund nicht festhalten.** Der Hund könnte sich bedrängt fühlen.
- **Dem Hund nicht hinterherrennen, wenn er weggeht.** Denn vielleicht geht er weg, weil er das nicht mag und das dadurch zeigen will – das muss man respektieren.
- **Nicht laut kreischen oder schreien.** Hunde können extrem fein hören. Viele reagieren mit Stress auf laute hohes Töne und Geräusche! Also immer schön leise sein!
- **Den Hund nicht erschrecken.** Das mag er gar nicht und er könnte vor Schreck angreifen.
- **Nicht wild herumrennen oder herumfuchteln.** Das könnte den Hund animieren, einem hinterherzurennen und einen festzuhalten oder sogar umzuschubsen.
- **Den Kopf nicht von oben streicheln.** Der Hund kann nicht sehen, was Sie machen und könnte sich unwohl fühlen. Am besten streichelt man einen Hund am Hals oder von der Seite.
- **Den Hund nicht beim Schlafen, Fressen oder Spielen stören.** Er könnte sich erschrecken oder sein Futter oder Spielzeug verteidigen, weil er nicht will, dass du es ihm wegnimmst.
- **Dem Hund nicht sein Futter, sein Spielzeug oder etwas anderes wegnehmen oder gar aus dem Maul nehmen.** Wenn der Hund dir etwas wegnimmt, was er nicht soll, bitte immer einen Erwachsenen um Hilfe.
- **Dem Hund nicht in die Augen starren, denn in der Hundesprache bedeutet das Bedrohung.**
- **Niemals einen fremden Hund einfach anfassen, ohne vorher um Erlaubnis zu fragen, ob man den Hund streicheln darf.**
- **Anschließend sollte der Hund „gefragt" werden, ob er gestreichelt werden will.**
(Natürlich nicht wörtlich. Hierzu sollte der Hund zunächst an dir schnüffeln dürfen, ohne angefasst zu werden. Hat der Hund Interesse an dir und geht nicht weg, darfst du unter Aufsicht des Erwachsenen den Hund streicheln. Geht er weg, musst du das respektieren.)
- **Den Hund nicht streicheln ohne dass er es kommen sieht – er könnte sich erschrecken.** Sprich den Hund also immer vorher an, bevor du ihn anfasst.
- **Auch wenn du Angst hast – niemals vor einem Hund weglaufen.**
Bei vielen Hunden weckt das den Jagdinstinkt und sie rennen hinterher. Am besten stehenbleiben, jedoch dem Hund nicht in die Augen sehen und am besten die Arme verschränken, damit er nicht nach ihnen schnappt und sich an ihnen festhält.

REGELN IM ALLTAG MIT HUND UND KIND:

1. Allgemeine Hausregeln / Erwachsenenregeln

- Lassen Sie Kind und Hund niemals unbeaufsichtigt alleine.
- Schaffen Sie einen ruhigen Ort, an den sich der Hund zurückziehen kann, ohne dass die Kinder ihn dort stören können.
- Lernen Sie die Körpersprache Ihres Hundes zu verstehen, um erkennen zu können, ob er Stress hat oder sich unwohl fühlt.
- Achten Sie darauf, dass sowohl Hund als auch Kind sich wohlfühlen können und alle aufgestellten Regeln eingehalten werden.

2. Kinderregeln

- Der Hund muss an seinem Platz in Ruhe gelassen werden.
- Bei Kleinkindern, denen die Motorik für sanftes Streicheln noch fehlt, sollte der Hund nur mit Hilfe eines Erwachsenen gestreichelt werden.
- Dem Hund sollte immer die Möglichkeit zum Weggehen gegeben werden, falls er das will. Dem Hund dann hinterherzurennen darf nicht erlaubt sein.
- Sich bewusst machen, was der Hund möchte und braucht (evtl. aufschreiben) und beachten.
- Behandele jeden Hund so, wie du auch selbst behandelt werden möchtest.
- Den Hund ärgern oder ihm wehtun (am Schwanz ziehen, auf ihm reiten o.ä.) ist kein Spaß!

3. Hunderegeln

- Kindern darf nicht hinterhergerannt werden.
- Der Hund muss lernen, dass er nicht mit allem spielen darf, was im Haus rumliegt.
- Kindern darf nichts aus der Hand genommen werden.
- Bei Kindern soll sich der Hund ruhig verhalten – Aufgeregtheit ist nicht erwünscht.
- Der Hund sollte lernen, sich zurückzuhalten, auch wenn die Kinder laut sind, rennen oder hektisch werden. Das fällt vielen Hunden schwer.
- Der Hund sollte lernen, mit Kindern vorsichtig zu sein und respektvollen Abstand zu halten, denn sie werden schnell mal umgestoßen, haben vielleicht manchmal Angst oder ähnliches.
- Der Hund sollte entspannt am Kinderwagen gehen, ohne zu ziehen.
- Bringen Sie dem Hund als Erwachsener bei, ihm Spielzeug und Futter abnehmen zu können. (Dies funktioniert am besten mit einem Tauschspiel. Falls ein Kind dies dann doch mal unerlaubterweise tut, stehen die Chancen gut, dass dann nichts passiert.)
- Der Hund sollte seinen sicheren Rückzugsort kennen und jederzeit eigenständig erreichen können. Dieser muss für die Kinder tabu sein! Er soll lernen, dass er dort seine Ruhe hat. Bringen Sie ihm auch bei, auf Kommando dorthin zu gehen.

Hunde und andere Haustiere

Wenn ein Hund in einen neuen Haushalt einzieht, leben dort häufig schon andere Haustiere. Egal, ob das ein anderer Hund, eine Katze oder andere Kleintiere sind, ein Zusammenleben zwischen Hund und anderen Haustieren ist in den meisten Fällen sehr gut möglich – wenn man ein paar Dinge beachtet.

Gibt es im Haushalt bereits andere Haustiere, sollte man sich grundsätzlich im Vorfeld Gedanken darüber machen, mit welchem Hund man die Familie ergänzt. Es sollen sich am Ende ja auch alle anderen Tiere wohlfühlen. So spielen das Alter des Hundes und die Vorerfahrungen der Tiere eine maßgebliche Rolle bei der Vergesellschaftung. Sind die Tiere beispielsweise noch jung, ist es einfacher, ihnen beizubringen, dass das andere Haustier zum Rudel gehört und keine Beute oder ein Eindringling ist. Sind die Tiere bereits älter, spielt ihre Vorerfahrung eine entscheidende Rolle. Haben sie schon einmal andere Tiere kennengelernt und wie haben die seinerzeit reagiert? Auch kann die Rasse des Hundes eine große Rolle spielen, denn eine jagdlich geführte Rasse wird sehr viel wahrscheinlicher Katze und Kleintiere jagen als eine Rasse, die von Natur aus wenig Interesse an der Jagd hat. Aber hier gibt es natürlich auch charakterliche Unterschiede.

Für alle Situationen gilt: Wenn Sie sich unsicher sind, ob eine Vergesellschaftung mit einem weiteren Tier möglich ist, rufen Sie sich einen professionellen Hundetrainer, der die Situation noch einmal individuell und vor Ort einschätzen kann und Sie bei Ihrem Vorhaben beraten kann.

Hund und Katze

Gar nicht selten kommen Hunde in einen Haushalt, in dem es bereits eine Katze gibt. Führt man Hund und Katze zusammen, ist es am einfachsten, wenn einer der beiden oder sogar beide noch ganz jung sind. Und noch besser ist es, wenn einer bereits die andere Tierart kennengelernt hat. In vielen Züchterhaushalten gibt es bereits Katzen, sodass die

Hunde schon die Gelegenheit hatten, welche kennenzulernen Das macht die neue Vergesellschaftung definitiv einfacher, denn je jünger die Tiere sind, desto besser akzeptieren sie den anderen als Teil des Rudels. Vor allem, wenn sie miteinander aufwachsen.

Ist der Hund noch Welpe, muss er früh lernen, dass mit der Katze vorsichtig umgegangen werden muss und man nicht zu wild spielen darf. Ist der Hund bereits älter, ist vor allem das Hinterherjagen eins der größten Probleme. Hier sollte man im Vorfeld abklären, ob der Hund Katzen schon kennengelernt hat und wie er auf sie reagiert hat. Ein Hund, bei dem ein starker Jagdtrieb bekannt ist, sollte bei einem Haushalt mit Katze eher nicht gewählt werden. Ideal sind ausgewachsene Hunde, die vielleicht sogar bereits mit Katzen zusammen gelebt haben oder sich nicht für Katzen interessieren. Auch hier ist natürlich beim ersten Zusammentreffen Vorsicht geboten. Denn nur weil ein Hund eine Katze in der Vergangenheit als Rudelmitglied akzeptiert hat, heißt es nicht automatisch, dass er dies auch mit allen anderen tun wird. Es ist aber eine gute Voraussetzung. Weiß man nicht, wie der Hund auf Katzen reagiert, gilt es das in einem sicheren Umfeld auszuprobieren.

Ist die Katze schon älter, wird sie sich den Neuen erst mal aus der Ferne ansehen und wenn der Hund näher kommt, wohl dazu tendieren entweder anzugreifen oder zu flüchten. Auch die Katze braucht Zeit für das Kennenlernen, was durchaus einige Wochen dauern kann. Von Vorteil ist auch hier, wenn die Katze bereits Hunde kennt. Aber, wie bereits erwähnt, es kommt immer auf beide Tiere an. Eine Katze soll sich durchaus gegen den Hund wehren dürfen, allerdings sollte man aufpassen, dass es keine ernsthaften Verletzungen gibt. Neigt eine Katze – egal ob jung oder alt – eher zur Flucht statt zum Angriff, ist es vor allem bei ausgewachsenen Hunden ein Problem, ihren Jagdtrieb zu zügeln. Sollte dies der Fall sein, kann man ein Kennenlernen mit der Katze in einer Box stattfinden lassen – dabei kann es ratsam sein, einen Fachmann einzubeziehen, der darauf achtet, dass beide Tiere ruhig und nicht gestresst sind.

Es ist immer wichtig, dass alle Beteiligten einen sicheren Rückzugsort haben, in den der andere nicht hinein kann. Achten Sie darauf, dass weder Hund noch Katze durch die Anwesenheit des anderen dauerhaft gestresst ist, wenn zum Beispiel einer von beiden schon alt oder krank ist. Hund und Katze dauerhaft in einem Haushalt zu trennen ist keine Lösung! Alle Tiere wollen zur Gruppe gehören und im Rudel leben. Ein ständiger Ausschluss kann zu Stress führen. Außerdem ist nicht auszuschließen, dass die beiden Tiere unbeaufsichtigt aufeinander treffen und es mit einem Unfall endet.

Hund und Hund

Manchmal kommt es vor, dass – auch wenn nicht im gleichen Haus – es dennoch bereits Hunde im Familien- oder Freundeskreis gibt. Auch hier kann es helfen, ein paar grundlegende Dinge zu beachten, um das ZUsammentreffen so gut wie möglich verlaufen zu lassen.

Als erstes sollte das Ziel grundsätzlich sein, dass beide Hunde sich mit anderen Hunden gut verstehen, also grundsätzlich Sozialverträglich sind. Ist dies nicht der Fall, beispielsweise weil der Hund schlecht sozialisiert wurde oder schlechte Erfahrungen gemacht hat, sollte man sich vielleicht Rat bei einem Fachmann holen Auch gibt es Hunde, die sich zwar mit dem ein oder anderen Hund gut verstehen, eben nicht mit jedem – wie bei uns Menschen auch. Oft kann dies auch mit dem Alter zusammen hängen. Junge Hunde gehen häufig offener mit anderen fremden Hunden um als bereits ausgewachsene Hunde. Nicht jeder Hund braucht andere Hunde, um sich wohlzufühlen.

Erstes Kennenlernen

Grundsätzlich sollte das erste Kennenlernen an einem für beide Hunde neutralen Ort und definitiv vor dem Hundekauf stattfinden. Sie sollten Platz haben, um sich aus dem Weg zu gehen und den Raum haben (auch zeitlich), sich in Ruhe kennenzulernen.

Gehen Sie mit beiden spazieren und beobachten Sie ihr Verhalten. Erst wenn die Begegnung auf neutralem Boden gut geklappt hat, sollte man in die Wohnung oder ins Haus gehen. Manche Hunde verhalten sich drinnen territorialer oder aufgrund der Beengtheit fühlen sie sich unwohl. Behalten Sie die Hunde daher trotzdem im Auge, obwohl es draußen gut geklappt hat. Auch Hunde müssen sich erst mit der Zeit kennenlernen. Außerdem sollte man darauf achten, dass jeder Hund jederzeit eine Rückzugsmöglichkeit hat, wenn es ihm zu viel wird. Wenn Sie sich hier unsicher fühlen, es Ihnen aber wichtig ist, dass das erste Zusammentreffen gut verläuft, fragen Sie einen Hundetrainer um Rat, ob er Ihnen beim Kennenlernen helfen kann.

Hund und Kleintiere

Wenn bereits andere Kleintiere oder Nutztiere im Haushalt leben, ist es wichtig, zunächst zu testen, wie der Hund auf sie reagiert. Dies sollte idealerweise unter Aufsicht mit dem Hund an der Leine und dem Tier in einem sicheren Käfig geschehen. Generell gestaltet sich die Vergesellschaftung umso einfacher, je jünger beide Tiere sind. Insbesondere Kleintiere wie Hasen oder Meerschweinchen können aufgrund ihrer Fluchtnatur den starken Jagdtrieb des Hundes wecken. Aus diesem Grund ist es unerlässlich, den Hund niemals unbeaufsichtigt mit einem Kleintier zu lassen, selbst wenn es scheint, als würde es den Hund kaum interessieren. Zeigt der Hund dennoch Anzeichen von Jagdverhalten, ist es wichtig, ihm klar zu machen, dass dies inakzeptabel ist. Bei Unsicherheiten darüber, wie man dem Hund dieses Verhalten vermitteln kann, ist es ratsam, fachkundigen Rat einzuholen.

Des Weiteren ist darauf zu achten, dass die Kleintiere stets einen sicheren Rückzugsort haben, um Stress zu minimieren. Zu viel Stress kann zu ernsthaften gesundheitlichen Problemen bei den Tieren führen.

Hund und Recht

Wer sich einen Hund anschafft, wird zwangsläufig mit Gesetzen rund um das Thema Hund konfrontiert werden. Daher ist es gut, sich die rechtlichen Anforderungen einmal anzuschauen. In Deutschland gibt es ganz unterschiedliche Regelungen. Es gibt bundesweit geltende Gesetze und es gibt solche, die auf Länder bezogen sind oder nur auf eine Stadt oder Kommune.

Bundesweite Gesetze

Zu den bundesweiten Gesetzen in Deutschland gehören auch Regelungen zur Haltung von Hunden. Diese umfassen Aspekte wie die erforderliche Menge an Auslauf, die Notwendigkeit von Sozialkontakten für den Hund, die Mindestgröße von Zwingeranlagen bei Zwingerhaltung, die Gewährleistung von Tageslicht für den Hund sowie die Festlegung von Standards, ab wann die Haltung eines Hundes gegen das Tierschutzgesetz verstößt.

Des Weiteren gibt es bundesweite Gesetze zur Regulierung des Imports bestimmter Hunderassen. Das sogenannte Hundeverbringungs- und -einfuhrbeschränkungsgesetz (HundVerbrEinfG) regelt den Import von als gefährlich eingestuften Hunderassen, wie zum Beispiel Pitbull-Terrier, American Staffordshire Terrier, Staffordshire Bullterrier und Bullterrier.

Zudem sind bundesweite Vorschriften zur Sicherung von Hunden während der Autofahrt in der Straßenverkehrsordnung (StVO) festgelegt. Ebenso gibt es Regelungen, wann es erlaubt ist, einen Hund am Fahrrad zu führen.

Ländergesetze

Zusätzlich gibt es in Deutschland zahlreiche Gesetze rund um den Hund, die nicht einheitlich geregelt sind, also bei denen die Bundesländer oder teilweise auch die Städte oder Kommunen zuständig sind. Zu diesen gehören beispielsweise Themen wie Leinenzwang, Maulkorbpflicht oder die Festlegung, welche Rassen für gefährlich erachtet werden und somit zum sogenannten „Listenhund“ werden. Hier ist es wichtig, sich genau zu informieren, welche Bestimmungen für Ihren Wohnort gelten. Niedersachsen und Schleswig-Holstein haben die Rassenliste mittlerweile komplett abgeschafft. Ist ein Hund in einem Land als Listenhund geführt, so kann dies mit erhöhter Hundesteuer oder besonderen Auflagen verbunden sein. So kann es bedeuten, einen Hundeführerschein machen zu müssen, um einen solchen Hund halten zu dürfen. Auch die Höhe der Hundesteuer wird individuell von Stadt zu Stadt festgelegt. Wie hoch die Hundesteuer an Ihrem Wohnort ist, können Sie meist online einsehen oder bei der Stadtverwaltung erfragen.

Das in 2016 reformierte Hundegesetz von Schleswig-Holstein gilt derzeit als das modernste deutsche Hundegesetz. Es ist in jedem Fall ratsam, sich hinsichtlich der gesetzlichen Regelungen auf dem Laufenden zu halten, da Gesetze immer wieder verändern.

Mietwohnungen – Wohnen mit Hund

Als Mieter sollte man einige Dinge über die Hundehaltung in Mietobjekten wissen. Zunächst einmal dürfen Vermieter die Hundehaltung nicht pauschal im Mietvertrag verbieten. Das bedeutet, dass der Vermieter nicht grundsätzlich die Haltung von Haustieren untersagen kann. Allerdings kann er im Mietvertrag festlegen, dass er der Hundehaltung explizit zustimmen muss, sodass man ihn vorher um Erlaubnis fragen muss. Diese Klausel ist wirksam, da der Vermieter im Einzelfall entscheidet, ob ein Hund einziehen darf oder nicht. Auf diese Weise sollen die unterschiedlichen Interessen aller Parteien berücksichtigt werden.

Dennoch kann der Vermieter die Hundehaltung aus bestimmten Gründen verbieten, wie etwa, wenn andere Mieter unter Hundephobie oder Tierhaarallergien leiden. Hat der Vermieter jedoch einmal die Hundehaltung erlaubt, kann er diese Zusage in der Regel nicht ohne weiteres widerrufen, es sei denn, es liegen extreme Umstände vor, wie zum Beispiel, wenn der Hund jemanden verletzt.

Arbeitszeit

Ein Hund im Büro – das wünschen sich viele Hundebesitzer. Und eigentlich hätte auch der Arbeitgeber gute Gründe, dies zu erlauben. Denn mittlerweile weiß man, dass Hunde positive Effekte auf den Stresslevel der Menschen und auf das gesamte Arbeitsklima haben. Hundebesitzer sind weniger krank und haben somit auch weniger Fehltage. Ein Arbeitgeber hat also durchaus Vorteile, wenn er Hunde im Büro erlaubt. Andererseits ist es leider nicht immer möglich, Hunde mit ins Büro zu bringen, was insbesondere bei einem Vollzeitjob für den Halter nicht leicht ist. Dann heißt es, Alternativen zu suchen. Das kann eine Betreuung in einer Hundepension oder bei Freunden sein, denn der Hund sollte keinesfalls den ganzen Tag alleine zuhause sein. Jeder Hundebesitzer ist übrigens verpflichtet, eine dem Hund gerechte Unterbringung zu

organisieren. Wer keine Ganztagsbetreuung finden kann, für den kann ein Gassiservice eine Option sein.

Ganz wichtig: Lassen Sie Ihren Hund niemals im Auto vor dem Büro! Das verstößt nicht nur gegen das Tierschutzgesetz (TierSchG) (selbst, wenn Sie mit dem Hund zwischendurch immer mal wieder spazieren gehen), sondern kann schon bei leicht wärmeren Außentemperaturen lebensgefährlich für den Hund werden.

Tierhalterhaftpflicht

Nach dem bürgerlichen Gesetzbuch (BGB) haftet jeder Hundehalter für sämtliche Schäden, die sein Vierbeiner verursacht. Dabei ist es egal, ob er gerade selbst auf den Hund aufgepasst hat oder ob er gar nicht dabei war. Aus diesem Grund ist es grundsätzlich empfehlenswert, eine Tierhalterhaftpflichtversicherung abzuschließen. Denn ein Hund kann immer ein unberechenbares Verhalten zeigen. So nehmen viele Hundeschulen oder Betreuungsstätten keine Hunde ohne Haftpflichtversicherung auf. Reißt ein Hund zum Beispiel durch seinen Jagdtrieb einen Radfahrer vom Rad oder beißt einen Jogger ins Bein, muss der Hundehalter für alle Folgen aufkommen. Der Hundehalter haftet deshalb verschuldensunabhängig für sämtliche Schäden, die sein Hund verursacht. Das bedeutet, dass kein Verschulden des Hundehalters vorausgesetzt wird. Und genau diese Schäden würden von einer Tierhalterhaftpflichtversicherung übernommen werden.

Ob man verpflichtet ist, eine Tierhalterhaftpflichtversicherung abzuschließen, regelt jedes Bundesland individuell. Daher gilt auch hier, sich immer selbst und aktuell zu informieren. Auf jeden Fall ist es ratsam, dass jeder Hundebesitzer – egal ob Pflicht oder nicht – eine Tierhalterhaftpflichtversicherung abschließt. Sie kostet pro Monat nur wenige Euro und springt ein, wenn Ihr Hund Schäden verursacht – die oft teuer sind.

Sozialleistungen

Gesetzlich gibt es kein Hundehaltungsverbot für Empfänger staatlicher Sozialleistungen in Deutschland. Jeder hat grundsätzlich das Recht, ein Haustier zu halten. Es ist jedoch wichtig zu bedenken, dass die Haltung eines

Hundes mit erheblichen Kosten verbunden ist. Neben der Grundausstattung wie einem Hundebett, einer Decke und Spielzeug fallen auch regelmäßige Kosten für Futter, Versicherungen, Steuern und im Krankheitsfall möglicherweise hohe Tierarztrechnungen an.

Eine Befreiung von der Hundesteuer gibt es grundsätzlich nicht, jedoch haben Kommunen die Möglichkeit, Empfängern von Sozialleistungen die Hundesteuer ganz oder teilweise zu erlassen. Es ist daher wichtig, sich im Vorfeld gut zu überlegen, ob man die Verpflichtungen, die die Anschaffung eines Hundes mit sich bringt, übernehmen kann. Es gibt keine Zuschüsse speziell für die Anschaffung eines Hundes oder eines anderen Haustiers.

Beförderung mit dem Taxi

Taxifahrer unterliegen einer Beförderungspflicht gemäß dem Personenbeförderungsgesetz (PBefG). Diese Pflicht gilt nicht nur für Fahrgäste, sondern auch für deren Sachen. Da Hunde rechtlich wie Sachen behandelt werden, müssen Taxifahrer Hunde ebenfalls befördern und können die Mitnahme nicht pauschal verweigern. Es gibt jedoch Ausnahmen, wie beispielsweise Allergien gegen Hunde oder eine begründete Angst vor ihnen. In solchen Fällen muss der Taxifahrer einen anderen Wagen in der Zentrale anfordern, um den Transport des Hundes zu gewährleisten. Verstöße gegen die Beförderungspflicht stellen eine Ordnungswidrigkeit dar.

Öffentliche Verkehrsmittel

Das Mitnehmen von Hunden in öffentlichen Verkehrsmitteln wie Bus oder Bahn ist oft möglich, aber es gibt einige Dinge zu beachten. Zunächst sollte man sich informieren, ob das jeweilige Verkehrsunternehmen die Mitnahme von Hunden erlaubt. Wenn ja, können zusätzliche Auflagen oder Kosten anfallen. Zum Beispiel müssen Hunde in Zügen oft den halben Fahrpreis zahlen, was dem Preis für ein Kind entspricht. Außerdem besteht in öffentlichen Verkehrsmitteln oft Leinen- und manchmal auch Maulkorbpflicht. Alternativ können kleine Hunde auch in einer Transportbox befördert werden.

Es ist wichtig sicherzustellen, dass weder der Hund noch die Mitreisenden während der Fahrt gestresst sind. Es ist ratsam, das Fahren mit Bus und Bahn frühzeitig mit dem Hund zu üben, um sicherzustellen, dass er sich ruhig verhält und keine anderen Passagiere belästigt oder selbst ängstlich wird.

Reisen mit Hund

Wenn man einen Hund besitzt, bedeutet das natürlich auch, mit Hund in Urlaub zu fahren. Wenn man sich dafür entscheidet, mit dem Hund zu verreisen, muss nicht nur das „Wohin?“ geklärt werden, sondern auch das „Wie?“ und das „Was ist zu beachten?“

Mittlerweile gibt es eine Vielzahl von Angeboten für einen Urlaub mit Hund, von Ferienwohnungen über hundefreundliche Hotels bis hin zu Wellnessoasen. Hundebesitzer haben also eine recht gute Auswahlmöglichkeit.

Autofahrten mit Hund

Wer sich entscheidet, mit dem Auto zu verreisen oder auch mit dem Wohnmobil, der entscheidet sich wahrscheinlich dafür, weil es praktisch ist und der Hund – im Idealfall – die Art des Reisens kennt. Allerdings gilt es, die Fahrt gut zu planen. So nimmt ein Hund im Auto viel Platz ein, sodass der Stauraum für Gepäck gut genutzt werden muss. Meist empfiehlt sich eine Box für den Hund oder das Anschnallen auf der Rückbank (siehe Kapitel: Checkliste Hundebedarf: Grundausstattung – Sicherung im Auto). Auch ist wirklich wichtig – wie bei allen Reisen mit dem Hund – dass der Hund regelmäßig Zugang zu Trinkwasser hat und dass genug Pausen eingelegt werden, damit er sich bewegen und erleichtern kann.

Für Hunde, die dazu neigen, während der Fahrt unter Übelkeit zu leiden, sollte die Futteraufnahme im Vorfeld vermieden werden. Es ist auch wichtig zu beachten, dass Hunde, die im Kofferraum transportiert werden, keiner starken Sonneneinstrahlung ausgesetzt sein sollten, da übermäßige Hitze schnell zu einem ernsthaften Gesundheitsrisiko werden kann. Zudem sollte für ausreichende Frischluftzufuhr während längeren Autofahrten gesorgt werden.

Zugfahrten mit Hund

Wie bereits im vorherigen Kapitel beschrieben, ist es meist kein Problem, mit dem Hund im Zug zu reisen. Bei längeren Zugreisen besteht allerdings das Problem, dass der Hund sich weder ausreichend bewegen noch erleichtern kann. Daher sollte man sehr lange Strecke lieber mit mehreren Stopps planen. Auch sind mögliche Auflagen (Leinen- oder Maulkorbpflicht, Nutzung ausgewiesener Bereiche oder ähnliches) und zusätzliche Kosten bei Zugfahren zu berücksichtigen. Frischwasser sollte auch in der Bahn für den Hund regelmäßig zur Verfügung stehen. Wer mit dem Zug lange reisen möchte, sollte dies auf kurzen Strecken mit ihm geübt haben, damit dann auch bei längeren Fahrten kein Stress entsteht. Nicht für den Hund, nicht für Sie und auch nicht für andere Passagiere.

Fliegen mit Hund

Ob man wirklich mit seinem Hund fliegen sollte, darüber kann man streiten. Auf jeden Fall sollte man es sich gut überlegen, ob man seinem Hund diesen Stress zumuten möchte. Und es ist zu bedenken, dass man seinen Hund in fremde Hände gibt. Nicht jede Fluggesellschaft transportiert Haustiere. Daher sollte man sich vorher informieren, ob die gewählte Fluggesellschaft Ihren Hund überhaupt mitnimmt.

Je nach Gewicht und Größe des Hundes kann der Hund als Handgepäck mit in die Passagierkabine genommen werden oder er wird im klimatisierten Frachtraum transportiert. Für Assistenzhunde gelten meist gesonderte Regeln. Der Hund muss vor dem Flug in einer speziellen Transportbox aufgegeben werden. An diese Box sollte der Hund auf jeden Fall rechtzeitig gewöhnt werden. Die Transportboxen werden nicht gestellt, sondern müssen von Ihnen gekauft werden, was einem dann auch das Üben ermöglicht. Hier sollte man sich von einem guten Hundetrainer beraten lassen, damit dem Hund der Aufenthalt in der Box so angenehm wie möglich gestaltet werden kann. Für die Box gilt: Sie muss so groß sein, dass der Hund sich problemlos stellen, setzen, legen und drehen kann. Die jeweiligen Preise und speziellen Bedingungen kann man auf den Websites der Fluggesellschaft finden. Bei der Mitnahme für bestimmte, als

gefährlich geltende Rassen gibt es gesonderte Bestimmungen. Dies gilt auch für kurznasige Rassen. Wer sich trotz Gegenargumenten für einen Flug mit dem Hund entscheidet, sollte seinen Hund wirklich gut auf den Transport in der Reisebox vorbereiten und ihn daran gewöhnen. Außerdem ist es zu empfehlen, sich vom Tierarzt beraten zu lassen. Übrigens, auch für den Hund gibt es Reiserücktrittsversicherungen, durch die Erkrankungen oder Unfälle des Hundes mitversichert sind.

Reisen mit dem Hund ins Ausland

Wer mit seinem Hund ins Ausland reisen möchte, sollte sich vorab über die Einreisebestimmungen des Ziellandes sowie der Durchreiseländer informieren. Dazu gehören unter anderem der EU-Heimtierausweis, bestimmte Impfungen und Wurmkuren. Es kann auch Beschränkungen für die Anzahl der mitreisenden Hunde geben. Zudem sollten Reisende die Gesetze zum Führen von Hunden im Einreiseland kennen, einschließlich möglicher Leinen- oder Maulkorbpflichten sowie spezieller Bestimmungen für als gefährlich geltende Rassen. Es ist auch wichtig zu berücksichtigen, dass in anderen Ländern andere Tierkrankheiten verbreitet sein können, daher sollte der Hund entsprechenden Schutz erhalten. Beachten Sie, dass in einigen Ländern als gefährlich eingestufte Hunderassen nicht gerne gesehen sind und in bestimmten Fällen sogar beschlagnahmt werden können. Es ist daher ratsam, sich im Vorfeld genau über die Einreisebedingungen und Gesetze im Zielland zu informieren.

Fährfahrten mit Hund

Auch auf Fähren darf man meist mit Hunden reisen, zumindest, wenn die Überfahrt nicht zu lange dauert. Manchmal dürfen Hunde sogar mit an Deck oder sie müssen in dafür vorgesehenen Boxen transportiert werden, wo man sie während der Fahrt aber besuchen kann. Auch kann der Aufenthalt im eigenen Auto auf der Fähre möglich sein. Informieren Sie sich immer im voraus, denn die Bedingungen können sehr unterschiedlich sein. Bedenken Sie bitte außerdem, dass sich der Hund auf der Fähre nicht erleichtern kann.

Unterkunft mit Hund

Mittlerweile gibt es zahlreiche Möglichkeiten, mit einem oder sogar mehreren Hunden eine Urlaubsunterkunft zu finden. Online finden Sie häufig Websites, die ausschließlich Unterkünfte zeigen, in denen Hunde erlaubt sind. Alternativ kann man bei den meisten Urlaubsanbietern „Haustier erlaubt" in den Suchoptionen auswählen. Egal ob Hotel oder Ferienwohnung – man sollte sich vorher immer nochmal direkt mit dem Anbieter in Verbindung setzten. Manchmal gelten bestimmte Bedingungen oder es sind nur Hunde bis zu einer bestimmten Größe erlaubt. Auch gibt es Hotels, die manche Rassen nicht gerne sehen, weil sie dort als gefährlich gelten.

Es ist übrigens ratsam, den Hund vor der Reise an seine Reisebox zu gewöhnen. Das hat einfach den Vorteil, dass der Hund die Box bereits kennt und sich trotz fremder Wohnung sicher und wohl fühlt. Es wird ihm so leichter fallen, bei der ganzen Aufregung Ruhe zu finden und zu schlafen. Außerdem können Sie die Box einfach verschließen, wenn Sie den Hund doch mal kurz alleine lassen müssen, zum Beispiel zum Frühstücken im Hotel, sodass er nichts kaputt machen kann.

Hunde am Strand

Ein Strandbesuch mit einem Hund kann ein wunderschönes Erlebnis sein. Es gibt allerdings ein paar Dinge, die man vorher wissen und beachten sollte. Als aller erstes sollte man wissen, dass nicht an jedem Strand Hunde erlaubt sind und vielerorts gelten spezifische Vorschriften wie Leinenpflicht oder eingeschränkte Zugangszeiten. Daher ist es wichtig, sich im Vorfeld über die örtlichen Regelungen zu informieren.

Wer mit seinem Hund einen tollen Tag am Strand verbringen will, sollte dabei wichtige Punkte beachten:

Die Hitze nicht unterschätzen

Direkte Sonneneinstrahlung und heißer Sand können für Hunde schnell zur Belastung werden. Achten Sie immer auf die Temperatur des Sandes, da dieser sich extrem schnell aufheizt und die empfindliche Pfoten verbrennen kann. Bei Bedarf können Hundeschuhe oder eine Strandmatte zusätzlichen Schutz bieten. Daher sollte ein Hund am Strand immer die Möglichkeit haben, sich in den Schatten zurückzuziehen und immer frisches Wasser zur Verfügung haben, um eine Überhitzung zu vermeiden.

Meerwasser ist kein Trinkwasser

Sie sollten darauf achten, dass Ihr Hund kein Meerwasser trinkt, da dies zu Verdauungsproblemen wie Durchfall oder Erbrechen führen kann. Regelmäßige Pausen mit frischem Trinkwasser sind daher unerlässlich.

Nicht jeder Hund ist ein guter Schwimmer

Falls der Hund ins Wasser geht, ist Vorsicht geboten: Nicht alle Hunde sind von Natur aus sichere Schwimmer, und Strömungen oder hohe Wellen können selbst erfahrene Vierbeiner überfordern.

Saubermachen

Achten Sie darauf, nach dem Strandbesuch Fell und Pfoten gründlich zu reinigen, um Sand, Salz und eventuell scharfe Gegenstände wie Muscheln zu entfernen, die die Haut reizen oder Verletzungen verursachen könnten. Eine abschließende Kontrolle auf kleine Verletzungen, insbesondere an den Pfoten, rundet die Pflege ab.

Auch an andere denken

Nicht zuletzt ist ein respektvoller Umgang mit der Umgebung unerlässlich! Häufchen sollten stets weggemacht und ordnungsgemäß entsorgt werden, damit der Strand sauber bleibt und alle Besucherinnen und Besucher – ob mit oder ohne Hund – ihren Aufenthalt genießen können. Mit diesen Maßnahmen wird ein Tag am Strand sowohl für den Hund als auch für die Halterin oder den Halter zu einem sicheren und entspannten Erlebnis.

Hundekrankheiten im Ausland

Beim Reisen mit dem Hund ist es äußerst wichtig, sich mit Hundekrankheiten auseinanderzusetzen. In Europa sind beispielsweise die Mittelmeerkrankheiten weit verbreitet und stellen eine ernsthafte Gefahr für Hunde dar. Deshalb werden Hunde, die aus Mittelmeerländern nach Deutschland vermittelt werden, vorab auf diese Krankheiten getestet. Besonders bekannt ist die Leishmaniose, eine unheilbare Krankheit, die lebenslang behandelt werden muss. Sie wird durch Sandmücken übertragen und kann zu Symptomen wie Durchfall, Appetitlosigkeit, Fieber, Haut- und Fellveränderungen sowie schwer heilenden Wunden oder Hautausschlägen führen.

Um Ihren Hund zu schützen, ist es entscheidend, sich immer vor Antritt der Reise über landesspezifische Krankheiten zu informieren und entsprechende Vorsorgemaßnahmen zu treffen.

Unterbringung für Reisen, bei denen der Hund nicht mitkann

Natürlich möchte man, wenn man einen Hund hat, so viel Zeit wie möglich mit ihm verbringen. Immerhin ist er ein Familienmitglied und möchte bei allem, was Sie tun, dabei sein. Allerdings gibt es Urlaube, bei denen es nicht funktioniert, ihn mitzunehmen. Zum Beispiel, weil man ihm das Fliegen nicht zumuten möchte oder es aus anderen Gründen für ihn zu strapaziös wäre. So kann für ältere Tiere eine lange Reise sehr stressig sein und es könnte besser für sie sein, wenn man sie zuhause lässt.

Dann gibt es die Möglichkeit, den Hund bei Freunden oder in einer Hundepension unterzubringen. Die Unterbringung bei Freunden hat immer den Vorteil, dass der Hund die Leute kennt. Vielleicht haben sie auch selbst einen Hund und kennen sich mit Hunden gut aus. Achten Sie auf eine ausreichende Eingewöhnungsphase, in der die Dauer der Betreuung langsam gesteigert wird, damit der Hund eine gute Chance hat, sich daran zu gewöhnen und dort zur Ruhe finden kann. Wer allerdings keine Möglichkeit hat, den Hund zu Freunden oder Bekannten zu bringen, der kann auf eine Hundepension zurückgreifen. Diese ist jedoch meist kostspielig. Bei der Auswahl der Hundepension ist darauf zu achten, dass der Hund sich dort wohlfühlt. Es kann manchen Hund stressen, wenn er über längere Zeit mit zu viel anderen Hunden zusammen ist, weil er möglicherweise keine Ruhe findet. Das ist aber gerade über einen längeren Zeitraum sehr wichtig. Suchen Sie daher eine Pension, die Ihr Hund kennenlernen kann und bei der Sie merken, dass er sich dort wohlfühlt.

Eine weitere Alternative kann ein Hundesitter sein. Diesen sollte der Hund bereits kennengelernt haben und öfters mit ihm Gassi gegangen sein oder er hat bereits stundenweise auf Ihren Hund aufgepasst. So sind die beiden bereits vertraut und Ihr Hund ist entspannt.

Kastration beim Hund

Die Kastration von Hunden ist ein häufig diskutiertes Thema und gehört für Tierärzte oft zum täglichen Ablauf. Es gibt medizinische Gründe für eine Kastration, aber auch haltungsbedingte, wie zum Beispiel in einer Mehrhundehaltung. In vielen Fällen kann die Kastration sinnvoll sein. Dennoch sollte dieser Schritt gut durchdacht und bewusst entschieden werden. Es gibt jedoch auch Fälle, in denen Hunde kastriert werden, basierend auf falschen oder unvollständigen Informationen oder auf unrealistischen Vorstellungen über das Verhalten des Hundes. Es gibt Gerüchte, dass kastrierte Hunde leichter erziehbar sind, weniger jagen oder ein besseres Sozialverhalten zeigen würden.

Doch die Wahrheit ist: Eine Kastration ändert *nur* Verhaltensweisen, an deren Prozessen die Geschlechtshormone auch wirklich beteiligt sind. Dass ein Hund nach der Kastration pauschal grundsätzlich ruhiger würde, erweist sich meist als unwahr. Wahr ist, dass kastrierte Hunde durch den veränderten Stoffwechsel eher zum Fettansatz neigen, insbesondere schwere Hunde. Doch dies lässt sich durch Anpassung der Fütterung leicht vermeiden. In anderen Fällen können Verhaltensweisen nicht nur unverändert bleiben, sie können sich sogar noch verschlechtern, denn eine Kastration ist ein großer Eingriff in ein grundsätzlich funktionierendes System. Nimmt man ein Rädchen aus einem System (hier dem Körper des Hundes), wird das immer Folgen haben – und nicht selten in eine unerwünschte Richtung. Das kann sich sowohl gesundheitlich als auch verhaltenstechnisch auswirken. Daher sollte man sich im Vorhinein genau überlegen, ob man seinen Hund kastrieren lässt, denn rückgängig machen lässt sich dieser Prozess nicht.

Aber wann ist eine Kastration eigentlich sinnvoll? Was verändert sie beim Hund und was nicht? Und vor allem: Wie alt sollte der Hund bei der Kastration sein?

Als erstes ist wichtig: Ein guter Tierarzt wird mit Ihnen ausführlich den Grund für die Kastration besprechen. Dazu gehört, dass er sich umfassend darüber informiert, warum die Kastration angedacht ist und ob sie wirklich sinnvoll ist. Ist eine Kastration aus Verhaltensgründen gewünscht, wird der Tierarzt einen Hundetrainer zurate ziehen. Auf gar keinen Fall würde er den Wunsch des Besitzers ohne weiteres beziehungsweise ohne Fragen zu stellen umsetzen. Ein Tierarzt ist dem Tierwohl verpflichtet und kein Dienstleister, dem es nur ums Geldverdienen geht.

Um zu beurteilen, ob sich Verhaltensweisen durch eine Kastration wirklich verändern können, egal in welche Richtung, sollten Sie einen Fachmann, der das beurteilen kann, zurate ziehen! Und um zu verstehen, was eine Kastration bewirkt und was nicht, muss man ein bisschen tiefer in die Materie eintauchen.

Was sagt eigentlich das Gesetz?

Viele Hundehalter wissen gar nicht, dass das Kastrieren von Tieren in Deutschland gesetzlich geregelt ist. Das deutsche Tierschutzgesetz verbietet grundsätzlich das vollständige oder teilweise Amputieren von Körperteilen bei Tieren. Da die Entfernung der Geschlechtsorgane eines Tieres als Amputation betrachtet wird, fällt die Kastration unter dieses Gesetz. Es gibt jedoch Ausnahmen, die besagen, dass eine Amputation zur Verhinderung unkontrollierter Fortpflanzung erlaubt ist. Dies bedeutet, dass beispielsweise Katzen, die unkontrollierten Auslauf haben und deren Fortpflanzung nicht überwacht werden kann, kastriert werden dürfen und sollten.

Für Hunde, die in Deutschland keinen freien Auslauf haben, gilt diese Ausnahme in der Regel nicht. Das Gesetz deckt auch keine Kastrationen ab, die nur durchgeführt werden, um das Verhalten des Hundes zu beeinflussen oder für die Bequemlichkeit des Hundehalters. Ein Hundehalter, der die Kastration seines Hundes nur aus eigener Bequemlichkeit beauftragt, ohne echte medizinische Indikation, verstößt gegen das Tierschutzgesetz, auch wenn dies vielen Hundehaltern möglicherweise nicht bewusst ist. Jedoch, wenn ein Hund unter hormonellen Problemen, physi-

TIERSCHUTZGESETZ

§6 (1) Verboten ist das vollständige oder teilweise Amputieren von Körperteilen oder das vollständige oder teilweise Entnehmen oder Zerstören von Organen oder Geweben eines Wirbeltieres. Das Verbot gilt nicht, wenn

1. Der Eingriff im Einzelfall
   a) nach tierärztlicher Indikation geboten ist oder
   b) bei jagdlich zu führenden Hunden für die vorgesehene Nutzung des Tieres unerlässlich ist und tierärztliche Bedenken nicht entgegenstehen,

5. Zur Verhinderung der unkontrollierten Fortpflanzung oder – soweit tierärztliche Bedenken nicht entgegenstehen – zur weiteren Nutzung oder Haltung des Tieres eine Unfruchtbarmachung vorgenommen wird.

schen oder psychischen Leiden aufgrund der Geschlechtsorgane leidet und eine Kastration Abhilfe verspricht, ist sie erlaubt. Dies wird als „nach tierärztlicher Indikation“ im Gesetz bezeichnet.

Angebliche Kastrationspflicht in Tierschutzverträgen

Wer das zuvor Beschriebene im Hinterkopf hat, dem sollte klar sein, dass die in vielen „Tierschutzverträgen“ enthaltene Pauschal-Kastrationen nicht mit dem deutschen Tierschutzgesetz vereinbar ist. Übernahmeverträge von Tierheimen oder Tierschutzorganisationen, die eine verpflichtende Kastration durch den neuen Halter nach Übernahme zum Inhalt haben, sind somit nichtig bzw. diese Klausel ist unwirksam.

Unterschied Kastration und Sterilisation

Hier gilt es zunächst, ein für Laien häufig vorkommendes Missverständnis aufzuklären. Eine Kastration und eine Sterilisation sind zwei wirklich total unterschiedliche Verfahren. Häufig wird angenommen, dass eine Hündin sterilisiert und ein Rüde kastriert wird. Aber dem ist nicht so. Eine Kastration bedeutet immer eine komplette Entnahme der Geschlechtsorgane. Also bei der Hündin die Entnahme der Eierstöcke, der Eileiter und der Gebärmutter und beim Rüden das komplette Entfernen der Hoden.

Im Fall einer Sterilisation bleiben die Geschlechtsorgane erhalten, jedoch werden die Fortpflanzungswege durchtrennt. Bei Hündinnen werden die Eileiter durchtrennt, während bei Rüden die Samenleiter durchtrennt werden. Durch diese Methode bleibt der Hund hormonell vollständig intakt und wird lediglich unfruchtbar gemacht.

Kastration bei der Hündin

Wer seine Hündin kastrieren lassen möchte, tut dies meistens zur Verhinderung ungewollter Trächtigkeit, bestimmter Tumorarten, dem Vermeiden von Scheinträchtigkeit und dem Vorbeugen von Entzündungen der Gebärmutter. Allerdings sollte man sich die Gründe und auch die Konsequenzen einer Kastration genau anschauen und sich auch der möglichen Nebenwirkungen bewusst sein.

Gesundheitliche Gründe

Häufig wird gerade bei Hündinnen geraten, sie kastrieren zu lassen, um bestimmten Krebsarten wie beispielsweise Gesäugetumoren vorzubeugen. Möchte man eine Hündin aus Vorsorgegründen kastrieren lassen, sollte man wissen, dass man, um das Risiko der Erkrankung an bestimmten Tumorerkrankungen zu reduzieren, die Hündin vor der ersten Läufigkeit kastrieren lassen müsste. Eine Kastration vor der zweiten Läufigkeit würde das Risiko bereits nur noch geringfügig vermindern und nach der zweiten Läufigkeit hat eine Kastration keinen nennenswerten Einfluss mehr auf das Krebsrisiko. Das bedeutet, wirksam ist eine Kastration nur, wenn sie sehr früh durchgeführt würde. Man spricht dann von einer Frühkastration. Und eine Frühkastration kann für den Hund nicht zu unterschätzende Folgen haben und am Ende nachteilig sein. Aus diesem Grund ist eine gesundheitliche Absicherung der Hündin durch eine Kastration nach neueren veterinärmedizinischen Erkenntnissen nicht mehr das Mittel der Wahl. So steht die Kastration mittlerweile bei beiden Geschlechtern in Verdacht, im Gegenzug das Risiko für andere Krebserkrankungen zu erhöhen. Des Weiteren besteht der Verdacht, dass durch den Wegfall der Geschlechtshormone das Immunsystem beeinträchtigt wird. Das wiederum kann andere Tumorerkrankungen begünstigen sowie zu einer höheren Infektanfälligkeit führen. Außerdem gibt es bei der Entstehung von Gesäugetumoren auch andere Risikofaktoren, die diese auslösen, wie zum Beispiel Fehlernährung (zu eiweißreich und insgesamt Überernährung und Fettleibigkeit) im ersten Lebensjahr oder mehrfache chemische Läufigkeitsunterdrückung. Sie gelten als wesentlich wahrscheinlichere Ursache für diese Art Krebs. Und Krebs kann man schließlich an jedem Organ bekommen und lässt sich deshalb nicht gleich vorsorglich alle Organe entfernen.

Wer seine Hündin nicht kastrieren lassen möchte, aber andererseits Sorge bezüglich einer Tumorerkrankung hat, für den gibt es alternativ die Option einer Ultraschalluntersuchung der Gebärmutter, das Abtasten der Gesäugeleiste durch den Tierarzt sowie eine regelmäßige Blutuntersuchung. Im Prinzip eine Vorsorgeuntersuchung, wie es sie für Menschen gibt. Eine 100 %ige Sicherheit gibt es natürlich nie, aber solche Untersuchungen erlauben in der Regel eine gute Früherkennung von Krankheiten an den untersuchten Organen.

Scheinträchtigkeit

Eine Scheinträchtigkeit, auch Pseudogravidität genannt, tritt bei weiblichen Säugetieren auf, insbesondere bei Hunden und Katzen. Es handelt sich um einen physiologischen Zustand, bei dem das Tier Verhaltens- und körperliche Anzeichen einer Trächtigkeit zeigt, obwohl keine tatsächliche Befruchtung stattgefunden hat. Eine Scheinträchtigkeit ist kein Fehler oder eine Krankheit, sondern ein natürlicher Prozess, der für die Hündin in der Regel nicht problematisch ist. Während dieses Prozesses wird während des Zeitraums, in dem die Hündin normalerweise ihre Jungen bekommen würde, ein Trächtigkeitshormon namens Prolaktin produziert. Entgegen der landläufigen Meinung, dass jede Hündin in der Natur Welpen bekommen müsse, ist dies nicht wahr. In der Regel bekommt die ranghöchste Hündin in einem Rudel Nachwuchs. Damit sie sich jedoch nicht alleine um die Welpen kümmern muss, produzieren alle Hündinnen des Rudels Hormone, die sie dazu anregen, sich gemeinsam um den Nachwuchs zu kümmern. Deshalb werden auch Hündinnen, die nicht geworfen haben, scheinträchtig und zeigen entsprechende Verhaltensweisen. Viele Halter bemerken diesen Prozess bei ihrer Hündin oft nicht einmal.

Typische Anzeichen einer Scheinträchtigkeit bei Hunden sind: Nestbauverhalten, Veränderungen im Verhalten, Milchproduktion, Bauchveränderungen. Diese Anzeichen treten in der Regel etwa sechs bis acht Wochen nach der Läufigkeit auf, unabhängig davon, ob die Hündin gedeckt wurde oder nicht. In den meisten Fällen ist eine Scheinträchtigkeit kein Grund zur Sorge und klingt innerhalb weniger Wochen von selbst ab. Wenn die Symptome jedoch schwerwiegend sind oder länger als normal anhalten, sollte man einen Tierarzt aufsuchen, um andere mögliche Ursachen auszuschließen und gegebenenfalls eine geeignete Behandlung zu erhalten. Die Symptome einer Schein-

trächtigkeit können je nach Hund unterschiedlich stark ausgeprägt sein. Sie reichen von extremem Schmuse- und Nähebedürfnis über Trägheit bis hin zu massivem Nestbau, Sammeln von Spielzeug oder sogar aggressivem Verhalten. Wenn die Hündin stark unter diesen Symptomen leidet, kann man sich mit seinem Tierarzt über mögliche Behandlungsmethoden unterhalten. Dies könnte beispielsweise durch die Verabreichung von Prolaktinhemmern geschehen oder langfristig durch eine Kastration. Bei nur leichten Symptomen wie extremem Schmuse- und Nähebedürfnis oder Trägheit kann auch Ablenkung, wie zum Beispiel Spazierengehen, helfen.

Verhaltenstechnische Gründe

Verhaltenstechnisch kann man sowohl bei der Hündin als auch beim Rüden sagen, dass sich bei einer Kastration lediglich Verhaltensweisen verbessern können, die auch tatsächlich in Bezug zu den Geschlechtshormonen stehen.

Verhaltensweisen, die durch eine Kastration verbessert werden können, sind u.a.:

- Zickigkeit während der Läufigkeit
- Streunen während der Läufigkeit
- Jungtierverteidigung im Zyklus
- Verhaltensausfälligkeiten in Zusammenhang mit der Scheinschwangerschaft

Verhaltensweisen, die durch eine Kastration verschlechtert werden können, sind u.a.:

- Futteraggression
- Jagdverhalten
- stressbedingte Aggression
- Territorialverhalten

Medizinische Gründe für eine Kastration bei Hündinnen können sein:

- Wiederkehrende Scheinschwangerschaften, u.a. auch, weil als Spätfolge ein erhöhtes Risiko für bösartigen Milchdrüsenkrebs genannt wird
- Gebärmutterentzündungen und Vereiterungen, Eierstockzysten
- Bei zyklusabhängigen Gesäugetumoren
- Bei hormonell bedingten Erkrankungen

Kastration beim Rüden

Häufige Gründe für die Kastration von Rüden ist der Irrglaube, ihn damit umgänglicher oder weniger aggressiv machen zu können. Ein zweiter Grund ist die Verhinderung ungewollter Trächtigkeit von Hündinnen im Umfeld. Das Problem hierbei ist allerdings, dass ein unerzogener Rüde auch nach der Kastration unerzogen bleiben wird. Denn da hilft nur richtige und konsequente Erziehung.

Verhaltenstechnische Gründe

Wie bereits gesagt, sind beim Rüden häufig Verhaltensauffälligkeiten oder Bedenken, dass es dazu kommen könnte, der Grund für einen Kastrationswunsch. Sei es, weil er einem während der Pubertät irgendwie zu „sexuell" erscheint, oder weil die Angst besteht, der Hund könnte zu aggressiv werden, wenn er erwachsen ist. Es gibt selbstverständlich Verhaltensweisen beim Rüden, die sich durch eine Kastration verbessern lassen, aber eben auch nur, wenn diese wirklich mit den Geschlechtshormonen (beim Rüden das Testosteron) in Verbindung stehen. Zu testosterongesteuertem Verhalten gehört das Urinmarkieren im Haus, (unter Umständen) das mit Urin Markieren sexuell „intakter" Hündinnen, Unruhe, ständiges Jaulen, das Streunen auf der Suche nach läufigen Hündinnen oder Futterverweigerung und vermehrte Reizbarkeit. Letzteres kann sich bei Rüden mit starkem Sexualtrieb entwickeln, wenn eine Hündin in der weiteren Nachbarschaft läufig ist. Auch übertriebenes Imponiergehabe und aggressives Konkurrenzverhalten gegenüber anderen Rüden gehört, dazu. Zeigt der Rüde insofern aus sexueller Konkurrenz heraus ein sehr aggressives Verhalten gegenüber anderen Rüden, kann daraus unter Umständen erhebliches Leid und Schäden bei anderen Hunden entstehen und es macht aus verhaltenstechnischer Sicht durchaus Sinn, über eine Kastration nachzudenken. Ist ein Rüde allerdings aus anderen Gründen aggressiv, zum Beispiel aufgrund von Stress, Unsicherheit oder Angst, wird das Verhalten auch nach der Kastration bestehen bleiben; möglicherweise sogar schlimmer werden. Denn Testosteron ist ein natürlicher Gegenspieler des Hormons Cortisol.

Entgegen vieler Meinungen hat man in Studien mittlerweile herausgefunden, dass kastrierte Rüden viel häufiger Aggressionsprobleme haben als unkastrierte. Kastrierte Rüden werden immer wieder von unkastrierten Geschlechtsgenossen nicht mehr als Rüden wahrgenommen. Das liegt daran, dass jedes Lebewesen weibliche und männliche Hormone in einem ausbalancierten Gleichgewicht produziert. Diese werden nicht nur in den Geschlechtsorganen produziert, sondern auch in der Nebenniere. Wird ein Rüde also kastriert, hat das nur Einfluss auf die Produktion der männlichen Hormone. Dadurch ist die natürliche Balance zwischen weiblichen und männlichen Hormonen gestört, die weiblichen bekommen die Übermacht.

Der Rüde riecht also nach einer Kastration weiblich und wird damit attraktiv für andere Rüden. So kann es passieren, dass „intakte" Rüden kastrierte Rüden besteigen wollen, was durchaus zu ernsthaften Auseinandersetzungen und Beißereien führen kann. Nicht der „intakte" Rüde, der den kastrierten besteigen will, ist verhaltensgestört oder sexuell hyperaktiv, sondernern eigentlich ist es der kastrierte Rüde, mit dem etwas „nicht stimmt".

Die Reduzierung des Testosteronspiegels hat an sich keine Auswirkung auf das Temperament, den Bewegungsdrang oder das Lautäußerungsverhalten des Hundes. Auch das ständige Aufreiten beim Menschen, welches einige Rüden im Laufe der Pubertät entwickeln, ist nur dann durch eine Kastration in den Griff zu bekommen, wenn das Verhalten als vollständiges Bewegungsmuster noch nicht gespeichert ist. Oft ist das Aufreiten ein Zeichen von Stress (Bewegungsstereotypie) und nicht sexuell motiviert. Wenn das der Fall ist, kann es durch eine Kastration ebenfalls verschlimmert werden.

Medizinische Gründe für eine Kastration beim Rüden können sein:

- Eitrige Vorhautentzündungen, die häufig wiederkehren
- Veränderungen an den Hoden. So kann auch ein in der Bauchhöhle verbliebener Hoden unter Umständen ein Kastrationsgrund sein
- Hodenhochstand
- Verschiedene Tumorerkrankungen
- Wenn in der näheren Umgebung sehr viele unkastrierte Hündinnen leben und ein Rüde so sehr darunter leidet, dass er lange anhaltendem, massivem Stress ausgesetzt ist und dadurch nicht mehr richtig frisst und gar sein Immunsystem geschwächt wird
- Wenn ein Rüde im hohen Alter an wiederkehrenden Problemen mit der Prostata oder dem Enddarm leidet

Frühkastration

Eine Frühkastration, die vor Abschluss der körperlichen und geistigen Entwicklung des Hundes erfolgt, kann potenziell negative Auswirkungen auf seine Gesundheit und Entwicklung haben. Hier sind einige Gründe, warum eine Frühkastration kontraproduktiv sein kann:

Störung des Wachstums

Die Geschlechtshormone spielen eine wichtige Rolle bei der Regulation des Wachstums und der Entwicklung von Knochen und Muskeln. Eine vorzeitige Kastration kann dieses Gleichgewicht stören und zu unerwünschten

Effekten auf das Wachstum führen, wie z. B. zu langen Gliedmaßen oder einem unausgewogenen Körperbau.

Verzögerte Reifung

Die Geschlechtshormone beeinflussen auch die Reifung des Nervensystems und des Verhaltens. Eine Frühkastration kann die normale Reifung dieser Systeme beeinträchtigen und zu Verhaltensproblemen wie Angst, Unsicherheit oder Aggression führen.

Risiko für Gesundheitsprobleme

Frühzeitige Kastration kann das Risiko für bestimmte Gesundheitsprobleme erhöhen, wie zum Beispiel Harninkontinenz, Knochenkrebs oder Fettleibigkeit. Die Geschlechtshormone spielen eine Rolle bei der Regulation verschiedener Körperfunktionen, und ihr vorzeitiger Verlust kann zu Störungen führen.

Veränderung des Aussehens

Die Geschlechtshormone beeinflussen auch das Aussehen des Hundes, einschließlich des Haarkleids und der Kopfform. Eine vorzeitige Kastration kann zu Veränderungen im Aussehen führen, die nicht dem Rassestandard entsprechen. Aus diesen Gründen ist es wichtig, eine Kastration sorgfältig zu planen und sie erst nach Abschluss der körperlichen und geistigen Entwicklung des Hundes durchzuführen, es sei denn, es liegen medizinische Gründe vor, die eine frühere Kastration erforderlich machen. Es ist ratsam, sich vor einer Kastrationsentscheidung mit einem Tierarzt zu beraten und die potenziellen Vor- und Nachteile sorgfältig abzuwägen.

Kastration und Pubertät

Wenn der Hund in die Pubertät kommt, beginnen die Sexualhormone im Körper anzusteigen. Das sorgt dafür, dass die Schilddrüse aktiv wird und Wachstumshormone (Thyroxin) produziert. Diese Hormone sind, wie der Name schon vermuten lässt, für das gesamte Wachstum des Hundes verantwortlich. Wenn man einen Hund nun früh kastrieren lässt, nimmt man ihm dieses Hormon, weil man den Produzent der Sexualhormone entfernt und somit das Thyroxin nicht produziert wird. Die Folgen sind, dass dem Hund der nötige Hormonschub für die Umgestaltung der Knochen und Gelenke genommen wird. So kann es sein, dass es zu einem verstärkten Längenwachstum kommt und Gelenkflächen weniger ausgebildet werden. Dazu kommen Auswirkungen auf die Muskulatur und das Gewebe. Das ist auch der Grund, warum frühkastrierte

Hunde häufig Gelenkerkrankungen haben. Vor allem, wenn Rassen schon prädestiniert für bestimmte Gelenkerkrankungen wie zum Beispiel HD sind, kann eine Frühkastration fatale Folgen haben. Auch hat die Frühkastration Auswirkungen auf die geistige Entwicklung des Hundes. Grund dafür ist, dass während der Pubertät das Gehirn sozusagen aufgeräumt wird, wie bereits im Kapitel Welpenentwicklung erwähnt. Das Gehirn strukturiert sich neu und alles Unwichtige wird aussortiert. Emotionales Denken wird durch rationaleres ergänzt und das Gehirn lernt effektiver zu arbeiten. Durch eine Kastration vor dem Höhepunkt der Pubertät bleiben viele unnötige Verknüpfungen sowie wenig benutzte Nervenzellen erhalten. Es wird also nicht, wie bei einem normal entwickelten erwachsenen Hund, rational-vernünftiges Handeln entwickelt und gezeigt, sondern weiterhin emotionales Verhalten eines Welpen. Es wird weniger Entwicklungsschübe geben und wenig Differenzierungen. Auch im Großhirn bleibt die Aufgabenaufteilung aus. Anstatt kleine Hirnregionen mit speziellen Aufgaben zu beauftragen, sind große Regionen immer noch für viele Aufgaben gleichzeitig zuständig. Das ist keine effektive Art, zu arbeiten.

Generell kann man also sagen: Wird vor Beginn der Pubertät kastriert, ist der Hund sowohl körperlich als auch geistig noch nicht ausgereift. Der Reifeprozess wird gestört. Frühkastrierte Tiere sind manchmal kleiner und können weitere Entwicklungsstörungen haben. Auch geistig bleiben sie oft auf dem Niveau eines Junghundes stehen. Der Hund bleibt in gewisser Weise ein Welpe. Leider gibt es Tierärzte, die der Meinung sind, es sei für Menschen besser, „kindliche“ Hunde zu haben statt reife erwachsene und daher grundsätzlich raten, den Hund kastrieren zu lassen. Dies verstößt nicht nur gegen das Tierschutzgesetz, sondern sollte auch ethisch überdacht werden.

Kastration und die Auswirkung auf Stress beim Hund

Es gibt viele Hormone in unserem Körper und auch in dem des Hundes. Sie spielen im Hormonhaushalt des Hundes eine Rolle. Jedes Hormon, was aus dem System Hund entfernt wird, kann andeswo im Körper ungewollte Veränderungen auslösen. So kann die Entnahme von Geschlechtshormonen eine Auswirkung auf andere Hormone haben, die im Körper wichtige Funktionen ausüben. Das bedeutet man beeinflusst bei einer Kastration nicht nur das Hormon, das entfernt werden soll. Dabei ist ein Hormon besonders hervorzuheben:

Cortisol

Cortisol ist das sogenannte „Stresshormon“. Bei Stress wird es im Körper des Hundes ausgeschüttet. Ziel der Cortisolausschüttung ist es, in Gefahrensituationen Energie bereitzustellen und die Aufmerksamkeit auf die Gefahrensituation zu lenken. Vorerst unwichtige Dinge wie zum Beispiel Fressen werden eingestellt. Die Auswirkungen von dauerhaftem Stress sind Depressionen, Lern- und Gedächtnisschwäche, Konzentrationsprobleme, mangelnde Neugier und fehlende Lernmotivation und Muskelabbau. Außerdem wird der Schleimhautschutz im Magen geschwächt, was häufig zu Magengeschwüren führen kann. Außerdem steigt die Glukosekonzentration und damit die Anfälligkeit für Diabetes. Um dieses Stresshormon zu reduzieren, benötigt man im Körper bestimmte Gegenspieler, also Hormone, die das Cortisol bremsen und so für weniger Stress sorgen. Zu diesen Gegenspielern gehören neben Serotonin und Oxytocin auch die Sexualhormone. Daher sollte spätestens jetzt klar sein, dass verängstigte und verunsicherte Hunde, deren Steuerung überwiegend über Cortisol läuft, keineswegs kastriert werden dürfen. Dies gilt auch für Hunde, die durch Futteraggression defensive, also auf Selbstverteidigung ausgerichtete Territorialaggression oder aus Unsicherheit heraus entstehende Leinenaggression zeigen. Nimmt man Rüden beispielsweise nun das Testosteron, hat das Cortisol quasi freie Bahn, was je nach Ursache des Verhaltens dieses nicht nur nicht verbessern, sondern sogar verschlimmern kann. Übrigens hat auch Trennungsangst viel mit Cortisol zu tun.

Spätfolgen und Nebenwirkungen von Kastrationen

Die genaue Abfolge und mögliche Auswirkungen einer Kastration sind vorab nicht vorhersehbar. Sowohl die Vollnarkose als auch der Eingriff selbst bergen potenzielle Risiken und Nebenwirkungen:

- Bei kastrierten Hunden verringert sich der Grundstoffwechsel. Die Hunde haben mehr Appetit und weniger Energie.
- Inkontinenz kann vor allem bei Hündinnen immer wieder eine Folge sein. Insbesondere bei manchen Hunderassen können bis zu zwei Drittel der kastrierten Hündinnen inkontinent werden.
- In vielen Studien wurde eine erhöhte Anfälligkeit kastrierter Rüden an Prostatatumoren vermeldet. Die Wahrscheinlichkeit diese Erkrankung ist bis zu dreimal höher als bei unkastrierten Rüden. Während wiederum das Risiko von Perianaltumoren beim Rüden nach der Kastration abnimmt, kann es bei der Hündin zunehmen.
- Bei Hündinnen kann nach der Kastration häufig eine Verstärkung der Unterwolle auftreten. Bei Rüden kann durch den Wegfall der Steuerfunktion des Testosterons auf die Talgdrüsen eine stumpfere und flauschigere Fellbeschaffenheit beobachtet werden.
- Verhaltensveränderung (Hier sind auch unerwünschte Verhaltensveränderungen gemeint.

Auch sollte man bedenken, dass eine Kastration Nebenwirkungen haben kann, die nicht sichtbar sind. Bereits kleinste hormonelle Veränderungen können im Körper große Auswirkungen haben, ohne dass Außenstehende diese nachvollziehen können oder mitbekommen würden. Die Folgen auf Körper und Verhalten sind vielfältig und können entweder ausbleiben oder sehr stark ausgeprägt sein. Denn wie sollte ein Hund erklären können, dass er unter Hitzewallungen, Schmerzen (auch Kopfschmerzen), Depressionen, Muskelabbau, Schlafstörungen, Antriebslosigekeit oder Stimmungsschwankungen leidet? Auch, wenn natürlich nicht jeder Hund unter so starken Nebenwirkungen zu leiden hat, ist es dennoch möglich.

Wenn Sie sich für das Thema Interessieren und sich mehr einlesen wollen, kann ich Ihnen das Buch: *Kastration und Verhalten beim Hund* von Udo Gansloßer und Sophie Strodtbeck empfehlen.

Das respektvolle Miteinander als Hundebesitzer

Wenn man Hundebesitzer ist, gibt es im Alltag ein paar Umgangsformen und Regeln, die man wissen, beachten und vor allem respektieren sollte! Sowohl Sie als – im Idealfall – auch alle anderen Hundebesitzer. Leider gehen der Respekt und die gegenseitige Rücksichtnahme immer mehr verloren und Anstandsregeln werden immer weniger eingehalten. Damit sich das ändert, sollten wir alle ein paar Dinge im Umgang miteinander beachten – zu Ihrem eigenen Schutz, zum Schutz Ihres Hundes und zum Schutz aller, denen man begegnet – mit oder auch ohne Hund.

Leinen Sie Ihren Hund immer an, wenn Sie jemandem begegnen

Stellen Sie sich vor, Sie gehen mit Ihrem Hund, einem Welpen, spazieren. Auf einmal rast von weitem ein großer Hund auf Sie zu. Sie kennen den Hund nicht und den Halter sehen Sie nur weit entfernt. Ihr Hund hat noch keine schlechten Erfahrungen gemacht und schaut auf. Der Halter ruft aus der Ferne „Der will nur spielen!“ und hat damit wohl aus seiner Sicht sein Soll erfüllt. Jetzt stehen Sie alleine da. Vor Ihnen ein großer fremder Hund, der auf Sie zurast und der Ihren vielleicht verletzen könnte. Sie werden unsicher und haben vielleicht Angst um Ihren Welpen. Vielleicht trauen Sie sich nicht, sich dem großen Hund in den Weg zu stellen, obwohl Sie Ihren Hund eigentlich beschützen möchten. Vielleicht hat Ihr Hund auch Angst vor dem anderen Hund (besonders, wenn er bereits schlechte Erfahrungen gemacht hat) und zeigt jetzt aggressives Verhalten. Vielleicht wissen Sie auch, dass der den Kontakt zu anderen Hunden eher nicht mag.. Jetzt haben Sie ein richtiges Problem. Sie rufen dem Besitzer zu, er soll seinen Hund bitte zurückrufen und an die Leine nehmen, doch der sagt nur, „Der macht nichts“, während die Begegnung der Hunde jetzt kurz bevorsteht. Dabei haben Sie gar nicht gefragt, ob der andere Hund aggressiv ist, sondern Sie haben nur darum gebeten, dass der Hund zurückgerufen und

angeleint wird. Ihre Sorge interessiert den anderen Hundebesitzer nicht. Jetzt sind Sie in einer blöden Situation. Denn Sie müssen sich jetzt nur nicht um Ihren Hund kümmern, der vielleicht in Not ist, sondern auch um den anderen Hund, der auf Sie zusteuert. Und diesen kennen Sie nicht und können ihn nicht einschätzen. Sich jetzt schützend vor den eigenen Hund zu stellen, und bei Bedarf auch den anderen Hund energisch wegzuschicken, um ihm Sicherheit zu geben und eventuell zu verhindern, dass einem oder beiden Hunden etwas passiert, ist oft gar nicht so einfach und bedarf Mut und auch Training. Manche Hundeschule trainieren genau diese Situationen und bieten Workshops an. Da es manchmal nur sehr wenig Wirkung zeigt, andere Hundebesitzer einfach nur darum zu bitten, ihren Hund zurückzurufen und an die Leine zu nehmen, kommt man nicht drumherum zu lernen, wie man seinen eigenen Hund schützen kann. Hier kann man auch kreativ werden.

Solche Situationen können einen zur Verzweiflung bringen, und wenn Sie jetzt auch noch Pech haben, ist es Ihrem Hund zu viel und er geht gegen den anderen Hund. Es war ihm einfach zu eng und er wusste sich nicht mehr anders zu helfen. Wenn es dann hart auf hart kommt, werden Sie von dem anderen Halter noch beschimpft, entweder, weil Sie als geübter Hundebesitzer seinen Hund doch energisch weggeschickt haben, weil Ihr Hund dann doch aggressiv reagiert hat oder weil Sie Ihren Hund nicht von der Leine losgemacht hätten – denn dann wäre ja angeblich das Problem gar nicht erst entstanden. Dass das in diesem Fall rein gar nichts damit zu tun hatte und ein Ableinen die Situation möglicherweise noch verschlimmert hätte, interessiert den anderen oft in diesen Momenten nicht.

Glauben Sie mir, das Gefühl der Hilflosigkeit und Wut in solchen Situationen und über ein solches Verhalten kann einen an Grenzen bringen und richtig wütend machen. Das ist eine richtig blöde Situation – und sie gehört bedauerlicherweise zum Alltag von Hundebesitzern. Daher denken Sie bitte nicht nur an sich und Ihren Hund, sondern auch an andere.

Nicht jeder Hund möchte Kontakt. Nicht jeder Hund kann Kontakt haben. Manche Hunde sind vielleicht verletzt oder krank, manche haben Angst vor anderen Hunden, andere sind im Training und wieder andere sind einfach tatsächlich aggressiv. Es ist super, wenn Hunde miteinander spielen können (und wollen) und Ihr Hund sich mit anderen Hunden versteht. Aber nicht jeder Hund will spielen und Kontakt zu fremden Hunden. Sobald ein Hundebesitzer auf Sie zukommt, leinen Sie Ihren Hund bitte an! Und wenn er

Sie darum sogar bittet, kommen Sie dieser Bitte umgehend nach. Der andere Hundebesitzer wird seine Gründe haben! Das muss nichts mit Ihrem Hund zu tun haben. Sie wissen nicht, was der andere Hund tut, tun will oder nicht will.

Daher ist ein respektvoller Umgang so wichtig! Respektieren Sie andere Mitmenschen und Hundebesitzer, fragen Sie immer zuerst und *dann* leinen Sie ihren Hund ab. Nicht umgekehrt!

Aber nicht nur bei Hundebegegnungen sollten Sie Ihren Hund an die Leine nehmen, sondern auch wenn Sie Spaziergängern begegnen. Manche Menschen haben Angst vor Hunden, Jogger und Radfahrer haben keine Lust, gejagt zu werden und auch Reiter sind sehr dankbar, wenn Sie Ihren Hund an die Leine nehmen. Selbst wenn Ihr Hund Pferde kennt, manche Pferde haben Angst vor Hunden und scheuen, wenn sie ihnen zu nahe kommen.

Rufen Sie Ihren Hund immer zurück. Hier ist Voraussicht gefragt. Auch bei Kindern. Hunde reagieren in erster Linie auf Bewegungen, zumal diese auch sehr plötzlich und unberechenbar sein können. Ein Kind kann in einer Sekunde noch Desinteresse zeigen und in der nächsten auf Ihren Hund zurennen. Auch laute und schrille Geräusche wecken die Aufmerksamkeit Ihres Hundes und machen ihn entweder neugierig oder erschrecken ihn. Da Kinder all diese Eigenschaften mit sich bringen, sollte hier immer Respekt und Vorsicht geboten sein. Achten Sie darauf, dass das Kind keine Angst bekommt und rufen Sie Ihren Hund zu sich, auch wenn er gerade was anderes macht und sich nicht zu interessieren scheint. Zeigen Sie Ihrem Hund behutsam, dass Kinder auch eben mal laut sein können oder sich plötzlich schnell bewegen, ohne dass er darauf reagieren muss. Das fällt vielen Hunden anfangs schwer, ist aber ein absolutes Muss.

Zu mir und der Entstehung dieses Buches

Seit beinahe 15 Jahren leite ich mit großer Leidenschaft meine eigene Hundeschule, C.A.N.I.N.E. Hundepsychologie. In dieser ereignisreichen Zeit habe ich ein reichhaltiges Repertoire an wertvollen Erfahrungen und Fachkompetenz gesammelt, welches mir tiefgreifende Einblicke in die spannende Dynamik zwischen Mensch und Hund gewährt hat. Diese Zeit brachte faszinierende Entdeckungen und bereichernde Lektionen mit sich, die mein Verständnis kontinuierlich vertieften. Diese reichen Erfahrungen und Erkenntnisse dienten schließlich als Inspiration, die Feder zu ergreifen und diesen Ratgeber zu verfassen. Die Idee dazu entstand durch die Beobachtung, dass viele Probleme auf mangelnde Vorbereitung zurückzuführen sind. Diese Tatsache hat mich zutiefst frustriert, da es doch eigentlich so leicht vermieden werden könnte. Doch ich weiß auch – insbesondere die Entscheidung für den richtigen Hund kann zu einem herausfordernden Prozess werden, und es gibt nur begrenzte fundierte Materialien die einen guten, kompetenten Überblick zu diesem Thema geben. Mein Ziel ist es, diesen Umstand zu ändern und Menschen dabei zu unterstützen, einen klaren Überblick zu gewinnen, zum Nachdenken angeregt zu werden und ihnen zu helfen, die perfekte Wahl für ihren neuen vierbeinigen Begleiter zu treffen. Denn jeder verdient es, die Freude und das Glück zu erleben, die ein Hund in das Leben bringen kann. Gemeinsam können wir den Weg zu diesem unvergleichlichen Gefühl ebnen!

Für weitere Fragen rund um das Thema Hundekauf stehe ich gerne zur Verfügung. Sie erreichen mich unter: www.canine-hundepsychologie.de.

Herzliche Grüße
Céline Lintz

Dank

Mein großer Dank geht an Carsten, Linus, Isa und Nina und alle anderen, die sich die Zeit genommen haben, mich bei meinem Buch zu unterstützen und mir mit Rat und Tat zur Seite zu stehen.

MEIN BUCHTIPPS FÜR SIE

Welpen

- **Welpen: Halten und erziehen, verstehen und beschäftigen** von Perdita Lübbe-Scheuermann
- **Welpen achtsam begleiten - Bindungs- und bedürfnisorientiert von Anfang an**, Maria Rehberger

Hormone und Kastration

- **Sexualverhalten - Hormone - Kastration bei Hunden - Let's talk about sex** von Sophie Strodtbeck oder
- **Kastration und Verhalten beim Hund** von Udo Ganslośer (Autor), Sophie Strodtbeck (Autor)

Pubertät

Wenn der Welpe zum halbstarken Hund wird: Gelassen durch die Hunde-Pubertät von Sophie Strodtbeck

Kommunikation:

- **Emotionen bei Hunden sehen lernen. Eine Blickschule** von Katja Krauß und Gabi Maue
- **Hunde lesen lernen: Hundeverhalten – praxisnah erklärt. Verhalten verstehen und richtig steuern** von Maren Grote
- **Der zugewandte Hund – Körpersprache richtig verstehen und anwenden** von Sami Ayachi und Renée Herrnkind
- **Raumdenken® in der Hundeerziehung: Erziehungshilfe über Raumvorgaben. Liebevoll begrenzen – Freiheit schenken** von Ursula Löckenhoff
- **Dogwalk: Wie Hunde freudig folgen** von Ursula Löckenhoff

QUELLENVERWEISE

Kastration:

Kastration und Verhalten beim Hund – Udo Gansloßer und Sophie Strodtbeck, Müller Rüschlikon Verlag

Pubertät Hund:

Hilfe, mein Hund ist in der Pubertät!: Entspannt durch wilde Zeiten, Sophie Strodtbeck (GU Tier-Spezial) – Neuauflage: Wenn der Welpe zum halbstarken Hund wird – Sophie Strodtbeck

Entwicklung:

Ein guter Start ins Hundeleben, Udo Gansloßer, Petra Krivy, Müller Rüschlikon Verlag
https://www.bussgeldkataloge.de/hund-im-auto/
https://www.anwalt.de/rechtstipps/hunderecht
www.mein-anwalt.de/download/verkehr.pdf
www.tierschutzbund.de/information/hintergrund/heimtiere/hunde/welpenhandel/

BILDNACHWEIS

Umschlag, Layout: Céline Lintz; Titelbild und Foto Klappe: Михаил Решетников-stock.adobe.com
Céline Lintz: S. 1, S. 77 Nr. 7, S. 119, S. 170, S. 173, S. 175, S. 201, S. 206, S. 208, S. 211;
Nicole Hilgers: S. 71 Nr. 5
stock.adobe.com: Javier brosch S. 5; tierfotosheinig S. 6; Reese2000/peopleimages.com S. 7; chendongshan S. 8; Justyna S. 12, 35; teamjackson S. 15; Lorenzo_Ferrucci S. 18; Hitesh S. 19; Lars Zahner S. 23; Soloviova Liudmyla S. 24; otsphoto S. 26, S. 83 Nr. 5; Daxiao Productions S. 28; Michael S. 29; Wolfilser S. 30; yarohork S. 39; Louis S. 40; pitakareekul S. 43; Светлана Горбань S. 45; Elles Rijsdijk S. 46; Pavel Losevsky S. 48, S. 71 Nr. 1; Leoniek S. 53; Chiralli S. 55; creative studio S. 56; kusksa S. 73 Nr. 2; dogs S. 75 Nr. 1; Marjolein Hameleers S. 79 Nr. 4; José16 S. 81 Nr. 1; karpichenko Nr. 6; S. 81 Nr. 2; Anna Averianova S. 3, S. 44; S. 81 Nr. 2; R.Bitzer Photography S. 87 Nr. 3; Katja Nr. 7; makis S. 91; Даша Швецова S. 61, S. 94; IvSky S. 92 li.; Yekatseryna S.r 90; dogphotos S. 79 Nr. 2, S. 95; callipso88 S. 81 Nr. 3; Mint Images S. 106, 118; juefraphoto S. 124; hedgehog94 S. 127; Eva S. 143; sinhyu S. 155; exclusive-design S. 156, S. 164; nuzza11: S. 168, S. 184 Nr. 3, 6; Aleksandr S. 184 Nr. 1; Image's S. 184 Nr.2; melounix S. 184 Nr. 4; Ievgen Skrypko S. 184 Nr. 5; ulkas S. 185 Nr. 7; Rita Kochmarjova S. 190; Михаил Решетников S. 191, 196; kerkezz S. 197; El Paparazzo S. 198; Lightfield Studios S. 200; Anna Averianova S. 215;

Envato: AnnaStills S. 10; ivankmit S. 48; halfpoint S. 50, 140; Olga_Ovcharenko: S. 54, S. 59, S. 67 Nr. 3, Nr. 4, S. 61, S. 71 Nr. 7, S. 73 Nr. 6, Nr. 7, S. 93 li., S. 100, S. 113, S. 136; Simoneemanphotography S. 64; Photology75 S. 65; FabrikaPhoto S. 67 Nr. 5; kolesnikovsergii S. 67 Nr. 6, S. 103; cynoclub S. 67 Nr. 7, S. 83 Nr. 7; Great_bru S. 67 Nr. 1, S. 83 Nr. 6; byrdyak S. 67 Nr. 1, 2, 5, S. 87 Nr. 2; wirestock S. 71 Nr. 3, Nr. 7, S. 77 Nr. 4; S. 83 Nr. 3, 7, S. 87 Nr. 4, S. 89 Nr. 3; edb3_16 S. 71 Nr. 2; eAlisa S. 47, S. 71 Nr. 6, S. 79 Nr. 1, S. 89 Nr. 1, 4, 5, 6; Image-Source S. 71 Nr. 3; konevanv S. 73 Nr. 1; tan4ikk S. 73 Nr. 3, S. 107, S. 108, S. 167, S. 185 Nr. 8; Glebu S. 73 Nr. 4; skuler S. 73 Nr. 8; OlgaGimaeva S. 73 Nr. 2, S. 79 Nr. 5; yavoranderiy S. 75 Nr. 4; EwaStudio S. 77 Nr. 2; travelarium S. 77 Nr. 1; MatthewWilliams-Ellis S. 77 Nr. 3; egrgorovich S. 77 Nr. 5; Lazy_Bear S. 77 Nr. 6; akportfolio24 S. 79 Nr. 3, S. 188; LightFieldStudios S. 109, S. 134, S. 152, S. 177; Vikotikk S. 81 Nr. 4, S. 87 Nr. 4, 112; ollinka S. 81 Nr. 5; Carlo_vstek S. 83 Nr. 2; fotorince S. 83 Nr. 4; AFGreen S. 83 Nr. 3; shapoval08 S. 84; nd3000 S. 87 Nr. 1; serbogachuk S. 110, S. 129; SkloStudio S. 87 Nr. 6; Svetography S. 87 Nr. 5; fxqaudro S. 89 Nr. 7; Nychlee S. 92 re.; AntonioGravante S. 93 re.; sasha11 S. 114; DragonImages S. 122; Krakenimages S. 131; IciakPhotos S. 132; KatieLMayne S. 149; Leungchopan S. 150; Prostock-studio S. 161; svitlanah S. 171; lindaze S. 175; Zinkevych_D S. 179; katyatsiganok S. 181; YuriArcursPeopleimages S. 182; seventyfourimages S. 193; Chalabala S. 159, S. 199; Pasanheco S. 194; shotprime S. 195; Satura_ S. 199; palis S. 205; Image-Source S. 212; otsphoto S. 213;